校企合作机械专业精品教材

金工实习

主 审 蔡锌如

主 编 宁艳花 徐剑锋 丁邵渊

航空工业出版社

北 京

内 容 提 要

本书是以"突出技能，重在实用，淡化理论，够用为度"的指导思想进行编写的。本书是工科类专业的技能基础课程，全书共九章，分别为金工实习基础知识，钳工，车削加工，铣削加工，刨削加工，磨削加工，插削、拉削，焊接，铸造。

本书语言简洁、详略得当，并集理论性与实践性为一体，可作为高等职业院校机械类和近机类相关专业的金工实习教材，也可供其他相关工程技术人员自学参考。

图书在版编目（CIP）数据

金工实习 / 宁艳花，徐剑锋，丁邵渊主编. -- 北京：航空工业出版社，2014.8（2022.9重印）
ISBN 978-7-5165-0542-7

Ⅰ．①金… Ⅱ．①宁… ②徐… ③丁… Ⅲ．①金属加工－实习－高等职业教育－教材 Ⅳ．①TG-45

中国版本图书馆 CIP 数据核字(2014)第 181878 号

金工实习
Jingong Shixi

航空工业出版社出版发行
（北京市朝阳区京顺路 5 号曙光大厦 C 座四层　100028）
发行部电话：010-85672663　　010-85672683

捷鹰印刷（天津）有限公司印刷	全国各地新华书店经售
2014 年 9 月第 1 版	2022 年 9 月第 8 次印刷
开本：787×1092　　1/16	字数：462 千字
印张：18.5	定价：48.00 元

编者的话

为贯彻落实《教育部关于以就业为导向深化高等职业教育改革的若干意见》精神，为了适应现代职业教育的发展，我们本着"突出技能，重在实用，淡化理论，够用为度"的指导思想，结合高职学生的特点和本课程的具体情况编写了这本《金工实习》。

《金工实习》是工科类专业的技能基础课程。通过本书的实训学习，可以帮助学生了解金属加工工艺的基本方法，指导学生金属工艺技能的学习，并在实训过程中养成良好的工作学习习惯，强化安全文明生产的理念。

本书内容重点包括金工实习基础知识、钳工技能实训、车工技能实训、铣工技能实训、焊接技能实训、铸造技能实训，并对磨削、拉削和插削也做了一定介绍。另外，本书还提供了部分实训训练项目，供实训指导教师进行选择教学。不同专业的学生可以根据专业特点选学不同的相关金属加工技能。

本书由江西电力职业技术学院宁艳花、江西航空工业职业技术学院徐剑锋、江西电力职业技术学院丁邵渊担任主编，江西航空工业职业技术学院刘林根、江西工业贸易职业技术学院朱祖武担任副主编，蔡锌如对本书进行了主审。

本书在组织编写和统稿过程中，参考了大量相关资料和教材，在此向这些资料和教材的作者表示衷心的感谢。

由于水平有限，书中不足和考虑不周之处，我们期望得到广大专家、同行和读者的批评指正，使本书在教学实践中不断完善。

另外，本书配有丰富的教学资源包，读者可以登录文旌综合教育平台"文旌课堂"（www.wenjingketang.com）下载。

本书编委会

主　审：蔡锌如

主　编：宁艳花　徐剑锋　丁邵渊

副主编：刘林根　朱祖武

目 录

第 1 章 金工实习基础知识 ... 1
1.1 安全文明生产 ... 1
1.2 常用工程材料 ... 1
 1.2.1 常用工程材料的分类 ... 1
 1.2.2 金属材料的性能 ... 2
 1.2.3 钢铁材料的鉴别 ... 10
1.3 常用量具 ... 13
 1.3.1 游标卡尺的结构和使用方法 ... 13
 1.3.2 千分尺的结构和使用方法 ... 13
 1.3.3 百分表的结构和使用方法 ... 15
 1.3.4 万能量角器的结构和使用方法 ... 16
 1.3.5 钢尺和卡钳的使用 ... 17
 1.3.6 塞尺和刀口形直尺 ... 17
 1.3.7 直角尺 ... 18
 1.3.8 深度千分尺和内径千分尺 ... 19
 1.3.9 内径百分表 ... 19

第 2 章 钳工 ... 21
2.1 钳工概述 ... 21
 2.1.1 钳工加工方法 ... 21
 2.1.2 钳工的性质和特点 ... 21
 2.1.3 常用设备和工具的使用与维护 ... 22
 2.1.4 安全技术规程 ... 24
 2.1.5 车间文明生产 ... 25
2.2 划线 ... 25
 2.2.1 划线的作用 ... 25
 2.2.2 划线前的准备工作 ... 26
 2.2.3 划线工具 ... 26
 2.2.4 划线基准 ... 28
 2.2.5 划线方法 ... 28

2.3 锉削与锯割 ... 30
2.3.1 锉刀 ... 31
2.3.2 锉削操作方法 ... 32
2.3.3 锉削质量检查 ... 35
2.3.4 锯削工具 ... 37
2.3.5 锯削的基本操作 ... 38

2.4 钻、扩、铰、锪孔加工 ... 39
2.4.1 麻花钻头 ... 40
2.4.2 麻花钻头的刃磨方法及要求 ... 42
2.4.3 钻头的装夹 ... 43
2.4.4 工件的装夹 ... 45
2.4.5 钻孔的操作方法 ... 46
2.4.6 扩孔、铰孔和锪孔 ... 47
2.4.7 钻孔安全技术 ... 49

2.5 攻螺纹、套螺纹、刮削、研磨 ... 50
2.5.1 螺纹主要尺寸 ... 50
2.5.2 螺纹的应用及代号 ... 51
2.5.3 攻螺纹 ... 54
2.5.4 套螺纹 ... 55
2.5.5 刮削 ... 56
2.5.6 研磨 ... 59

2.6 钳工综合技能训练 ... 60
2.6.1 凸凹体锉配训练 ... 60
2.6.2 V形四方镶配训练 ... 64

第3章 车削加工 ... 69
3.1 概 述 ... 69
3.1.1 机床型号的编制方法 ... 69
3.1.2 常用卧式车床的加工范围 ... 72
3.1.3 CA6140 卧式车床的结构 ... 72
3.1.4 普通卧式车床的传动系统 ... 74
3.1.5 CDL6136 型高速车床的结构 ... 76
3.1.6 CDL6136 车床的传动系统 ... 76
3.1.7 车床性能指标 ... 77

3.2 润滑系统 ... 78
3.2.1 床头箱润滑 ... 78

目录

    3.2.2 进给箱润滑 ·········· 79
    3.2.3 溜板箱润滑 ·········· 79
  3.3 车床的日常维护和一级保养 ·········· 79
    3.3.1 车床的日常维护、保养要求 ·········· 79
    3.3.2 车床的一级保养要求 ·········· 79
  3.4 相关部件调整 ·········· 80
    3.4.1 主轴轴承的调整 ·········· 80
    3.4.2 主轴前轴承的调整 ·········· 80
    3.4.3 主轴后轴承的调整 ·········· 81
    3.4.4 主轴的制动调整 ·········· 81
    3.4.5 皮带涨紧的调整 ·········· 82
    3.4.6 刀架丝杠和螺母的间隙调整 ·········· 82
    3.4.7 自动走刀负荷调整 ·········· 83
    3.4.8 机床常见故障及消除 ·········· 83
  3.5 车削刀具 ·········· 84
    3.5.1 车刀的种类与用途 ·········· 84
    3.5.2 车刀的组成 ·········· 85
    3.5.3 车刀的几何角度与切削性能的关系 ·········· 86
    3.5.4 车刀的六个基本角度 ·········· 87
    3.5.5 常用刀具的材料及其性能 ·········· 89
    3.5.6 车刀的刃磨 ·········· 91
    3.5.7 车刀的安装 ·········· 93
  3.6 车外圆、端面和台阶 ·········· 94
    3.6.1 工件的装夹 ·········· 94
    3.6.2 车外圆 ·········· 96
    3.6.3 车端面 ·········· 99
    3.6.4 车台阶 ·········· 100
  3.7 切槽、切断、滚花 ·········· 101
    3.7.1 切槽 ·········· 101
    3.7.2 切断 ·········· 102
    3.7.3 滚花 ·········· 103
  3.8 车成形面、圆锥面 ·········· 105
    3.8.1 车成形面 ·········· 105
    3.8.2 车圆锥面 ·········· 106
  3.9 钻孔和镗孔 ·········· 109

金工实习

- 3.9.1 钻孔 109
- 3.9.2 镗孔 110
- 3.10 车螺纹 112
  - 3.10.1 螺纹车削的基本知识 112
  - 3.10.2 车螺纹的方法 113
  - 3.10.3 螺纹车削注意事项 115
  - 3.10.4 车螺纹的质量分析 115
- 3.11 车床附件及其使用方法 116
  - 3.11.1 用心轴安装工件 116
  - 3.11.2 中心架和跟刀架的使用 118
  - 3.11.3 用花盘或弯板安装工件 119
- 3.12 车工综合技能训练 119
  - 3.12.1 车偏心座训练 119
  - 3.12.2 车梯形螺纹配合件训练 122

第4章 铣削加工 126

- 4.1 铣削加工概述 126
  - 4.1.1 铣削加工基本内容 126
  - 4.1.2 铣削加工工艺特点 127
  - 4.1.3 铣床安全操作规程及文明生产 127
- 4.2 铣床 128
  - 4.2.1 常用铣床种类 128
  - 4.2.2 常用铣床的型号 134
- 4.3 铣刀 136
  - 4.3.1 常用铣刀 136
  - 4.3.2 铣刀刀具材料 140
  - 4.3.3 铣刀的安装与拆卸 141
  - 4.3.4 铣削用量及其选择方法 145
- 4.4 铣床附件及工件的装夹 148
  - 4.4.1 铣床的主要附件 148
  - 4.4.2 工件的装夹 151
- 4.5 铣削平面 156
  - 4.5.1 铣刀及铣削方式的选择 156
  - 4.5.2 平面铣削操作要领 158
  - 4.5.3 铣工技能实训项目一（铣平面） 159
- 4.6 铣削斜面 161

4.6.1	倾斜装夹工件铣斜面	161
4.6.2	转动立铣头铣斜面	161
4.6.3	用角度铣刀铣斜面	162
4.6.4	铣工技能实训项目二（铣斜面）	162

4.7 铣削键槽 ... 164
- 4.7.1 铣削键槽时常用的对刀方法 ... 164
- 4.7.2 检测平键槽 ... 166
- 4.7.3 铣工技能实训项目三（铣半圆键槽） ... 166

4.8 铣削花键轴 ... 167
- 4.8.1 花键轴知识 ... 167
- 4.8.2 铣削花键轴 ... 168
- 4.8.3 检验 ... 171
- 4.8.4 铣工技能实训项目四（铣削花键轴） ... 171

4.9 铣工综合技能训练 ... 173
- 4.9.1 十字槽底板加工训练 ... 173
- 4.9.2 凸耳柱塞组件加工训练 ... 176

第5章 刨削加工 ... 182

5.1 刨工概述 ... 182
- 5.1.1 刨削加工的特点 ... 182
- 5.1.2 刨削加工精度及范围 ... 183

5.2 刨床 ... 183
- 5.2.1 牛头刨床 ... 184
- 5.2.2 龙门刨床 ... 187

5.3 刨刀及其安装 ... 188
- 5.3.1 刨刀 ... 188
- 5.3.2 刨刀的安装 ... 189
- 5.3.3 工件的安装 ... 189

5.4 刨削的基本操作 ... 190
- 5.4.1 刨平面 ... 190
- 5.4.2 刨沟槽 ... 191
- 5.4.3 刨成形面 ... 192

5.5 刨削加工技能训练 ... 193
- 5.5.1 B6065牛头刨床操作技能训练 ... 193
- 5.5.2 平面刨削加工技能训练 ... 194
- 5.5.3 刨床日常维护及安全注意事项 ... 195

第 6 章　磨削加工 … 196

6.1　磨削加工概述 … 196
6.2　砂轮 … 197
6.2.1　磨料 … 197
6.2.2　粒度 … 198
6.2.3　结合剂 … 198
6.2.4　砂轮硬度 … 199
6.2.5　砂轮组织 … 199
6.2.6　砂轮的形状和尺寸 … 200
6.2.7　砂轮的标记 … 200
6.2.8　砂轮的安装及平衡 … 201
6.2.9　砂轮的修整 … 201
6.3　磨床及磨削加工方法 … 202
6.3.1　磨床类型与型号 … 202
6.3.2　外圆磨床及磨削加工方法 … 203
6.3.3　平面磨床及磨削加工方法 … 206
6.4　磨削加工技能训练 … 208
6.4.1　平面垫板磨削技能训练 … 208
6.4.2　平衡轴磨削技能训练 … 209
6.4.3　磨床日常维护及安全注意事项 … 210

第 7 章　插削、拉削 … 211

7.1　插床简介 … 211
7.1.1　插刀 … 211
7.1.2　插削加工 … 212
7.2　拉削加工 … 213
7.2.1　拉床简介 … 213
7.2.2　拉刀 … 213
7.2.3　拉床加工的图例 … 214

第 8 章　焊接 … 215

8.1　常见弧焊机的结构及使用方法 … 215
8.1.1　焊机型号及主要技术指标 … 216
8.1.2　交流弧焊机 … 216
8.1.3　直流弧焊机 … 217
8.2　手弧焊的工具、材料及操作方法 … 218

8.2.1	手弧焊工具及材料	218
8.2.2	手弧焊的操作方法	221

8.3 焊接工艺 222
8.3.1	焊接接头的形式	222
8.3.2	坡口	222
8.3.3	焊接位置	223
8.3.4	焊接工艺参数对焊缝的影响	224
8.3.5	焊件质量的检验	225

8.4 其他焊接方法简介 225
8.4.1	气焊和气割	225
8.4.2	埋弧焊	232
8.4.3	保护焊	233
8.4.4	电阻焊	235
8.4.5	钎焊	236
8.4.6	特种焊接	237

8.5 技能训练项目 240
8.5.1	低碳钢板对接平焊技能训练	240
8.5.2	低碳钢板 T 形接头平焊技能训练	243
8.5.3	焊接安全知识	244

第 9 章 铸造 246

9.1 铸造概述 246
9.1.1	型砂配置	246
9.1.2	模样的制作	248

9.2 砂型铸造 252
9.2.1	砂型铸造方法	252
9.2.2	合型与浇注	253
9.2.3	铸件的清理	254
9.2.4	铸件的缺陷分析	255
9.2.5	铸件工艺分析	257
9.2.6	铸件尺寸的确定	260

9.3 其他铸造方法 262
9.3.1	机器造型	262
9.3.2	熔模造型	265
9.3.3	金属型铸造	267
9.3.4	压力铸造	269

9.3.5　离心铸造 ……………………………………………………………… 271
9.4　技能训练项目 ……………………………………………………………… 272
　9.4.1　轴承盖的挖砂造型技能训练 ………………………………………… 272
　9.4.2　排气管的砂型铸造技能训练 ………………………………………… 277
　9.4.3　铸造安全知识 …………………………………………………………… 282

第 1 章　金工实习基础知识

1.1　安全文明生产

"金工实习"是工科类机械系列课程的重要组成部分,是门实践性极强的专业基础课程,必须通过独立操作才能体会到有关金属加工的基本理论和基本工艺。

由于实训过程必须通过学生的实际动手操作才能完成教学任务,学生经常要接触到锐利的工具或旋转机械,如果在实训过程中不严格遵守操作规程或缺乏安全知识,很容易发生人身安全事故或设备安全事故,因此,在实训过程中必须遵守安全操作规程,并做到:

① 进入实训场所必须穿工作服,女生要戴工作帽,长发要压入帽内,不准穿拖鞋、凉鞋、高跟鞋进入实训场所。
② 虚心听从实训教师的指导,注意听讲和操作示范。
③ 严格按指定地点、工位实训,不得随意串岗、离岗、追打嬉闹。
④ 机械设备未经许可严禁擅自动手操作。
⑤ 设备使用前要进行检查,发现异常情况及时报告。
⑥ 机械设备必须遵守操作规程,严禁两人同时操作一台机床。
⑦ 机床开动后不得用手触摸旋转工件和刀具,不得在工件未停止转动前测量尺寸。
⑧ 不得用手直接清除铁屑和摸工件毛刺。
⑨ 使用电器设备,必须严格遵守安全用电规程,防止触电。
⑩ 安全文明生产,工作结束要打扫机床和工作场所,工件、量具、刀具应摆放整齐。

1.2　常用工程材料

1.2.1　常用工程材料的分类

翻开人类进化史,我们不难发现,材料的开发、使用和完善贯穿其始终。从天然材料的使用到陶器和青铜器的制造,从钢铁冶炼到材料合成,人类成功地生产出满足自身需求的材料,进而使自身走出深山、洞穴,奔向茫茫平原和辽阔海洋,飞向广袤的太空。人类社会的发展历史证明,材料是人类生产与生活的物质基础,是社会进步与发展的前提。

当今社会,材料、信息和能源技术已构成了人类现代社会大厦的三大支柱,而且能源和信息的发展都离不开材料,所以世界各国都把研究、开发新材料放在突出的地位。材料是人类社会可接受、能经济地制造有用器件(或物品)的固体物质。

工程材料是在各工程领域中使用的材料。工程上使用的材料种类繁多,有许多不同的分类方法。按化学成分、结合键的特点等,工程材料可分为金属材料、非金属材料和复合材料三大类,如表1-1所示。其中金属材料应用最广,本章主要介绍金属材料。

表 1-1 工程材料的分类举例

金属材料		非金属材料		复合材料
黑色金属材料	有色金属材料	无机非金属材料	有机高分子材料	
			合成高分子材料(塑料、合成纤维、合成橡胶等)	天然高分子材料(木材、纸、纤维、皮革等)	
碳素钢、合金钢、铸铁等	铝、镁、铜、锌及其合金等	水泥、陶瓷、玻璃等	合成高分子材料(塑料、合成纤维、合成橡胶等)	天然高分子材料(木材、纸、纤维、皮革等)	金属基复合材料、塑料基复合材料、橡胶基复合材料、陶瓷基复合材料等

金属材料可分为黑色金属材料和有色金属材料。黑色金属材料主要是铁基金属合金,包括碳素钢、合金钢、铸铁等;有色金属材料包括轻金属及其合金、重金属及其合金等。而非金属材料可分为无机非金属材料和有机高分子材料。无机非金属材料包括水泥、陶瓷玻璃等,有机高分子材料包括塑料、橡胶及合成纤维等。上述两种或两种以上材料经人工合成后,获得优于组成材料特性的材料称为复合材料。

工程材料按照用途可分为两大类,即结构材料和功能材料。结构材料通常指工程上对硬度、强度、塑性及耐磨性等力学性能有一定要求的材料,主要包括金属材料、陶瓷材料、高分子材料及复合材料等。功能材料是指具有光、电、磁、热、声等功能和效应的材料,包括半导体材料、磁性材料、光学材料、电介质材料、超导体材料、非晶和微晶材料、形状记忆合金等。

工程材料按照应用领域还可分为信息材料、能源材料、建筑材料、生物材料和航空材料等多种类别。

1.2.2 金属材料的性能

工程材料具有许多良好的性能,因此被广泛地应用于制造各种构件、机械零件、工具和日常生活用具等。为了正确地使用工程材料,应充分了解和掌握材料的性能。通常所说工程材料的性能有两个方面的意义:

- **使用性能:** 指材料在使用条件下表现出的性能,如强度、塑性、韧性等力学性能,声、光、电、磁等物理性能以及耐蚀性、耐热性等化学性能;
- **工艺性能:** 指材料在加工过程中表现出的性能,如冷热加工、压力加工性能,焊接性能、铸造性能、切削性能等。

1. 金属材料的力学性能

金属材料的力学性能亦称为机械性能,是指材料抵抗各种外加载荷的能力,包括弹性与刚度、抗拉强度、屈服强度、疲劳强度、塑性、硬度、韧性等。外力即载荷,常见的各种外载荷形式如图 1-1 所示。

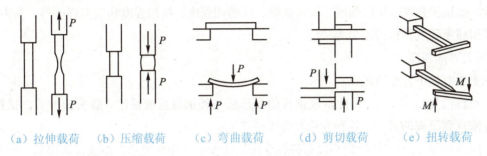

（a）拉伸载荷　　（b）压缩载荷　　（c）弯曲载荷　　（d）剪切载荷　　（e）扭转载荷

图 1-1　常见的各种外载荷的形式

（1）强度

在材料拉伸试验机上对一截面为圆形的低碳钢拉伸试样进行拉伸试验,可得到应力与应变的关系图,即拉伸图,如图 1-2 所示。

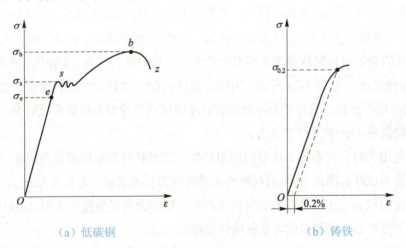

（a）低碳钢　　　　　　　　（b）铸铁

图 1-2　低碳钢和铸铁的应力-应变(σ-ε)曲线

图中的纵坐标为应力 σ（单位为 MPa）,计算公式为

$$\sigma = \frac{P}{A_0}$$

横坐标为应变 ε,计算公式为

$$\varepsilon = \frac{\Delta l}{l_0} = \frac{l_1 - l_0}{l_0} \times 100\%$$

式中：P——所加载荷；

A_0——试样原始截面积；

l_0——试样的原始标距长度；

l_1——试样变形后的标距长度；

Δl——伸长量。

材料在外力作用下抵抗变形与断裂的能力称为强度。根据外力作用方式的不同，强度有多种指标，如抗拉强度、抗压强度、抗弯强度、抗剪切强度、抗扭强度和疲劳强度等。其中，抗拉强度和屈服强度指标应用最为广泛。

1）静载时的强度

拉伸变形有如下几个阶段：

- 弹性变形阶段（Oe）：此阶段试样的变形量与外加载荷成正比，载荷卸掉后，试样恢复到原来的尺寸，这种变形称为弹性变形。

- 屈服阶段（es）：此阶段不仅有弹性变形，还发生了塑性变形，即载荷卸掉后，一部分形变恢复，还有一部分形变不能恢复，形变不能恢复的变形称为塑性变形。

- 强化阶段（sb）：此阶段为使试样继续变形，载荷必须不断增加，随着塑性变形增大，材料变形抗力也逐渐增大。

- 缩颈阶段（bz）：当载荷达到最大值时，试样的直径发生局部收缩，称为"缩颈"。此时变形所需的载荷逐渐降低。变形达到 z 点时，试样断裂。

① 弹性与刚度。在应力-应变曲线上，Oe 段为弹性变形阶段，e 点的应力 σ_e 称为弹性极限。弹性极限值表示材料保持弹性变形不产生永久变形的最大应力，是弹性零件的设计依据。

② 屈服强度 σ_s。如图 1-2a 所示，当应力超过 σ_e 时，试样发生塑性变形。当应力增加到 σ_s 时，图上出现了平台。这种外力不增加而试样继续发生变形的现象称为屈服。材料开始产生屈服时的最低应力 σ_s 称为屈服强度。

工程上使用的材料多数没有明显的屈服现象。这类材料的屈服强度在国标中规定以试样的塑性变形量为试样标距的 0.2%时材料所承受的应力值来表示，记作符号 $\sigma_{0.2}$。它是 $F_{0.2}$ 与试样原始横截面积 A_0 之比。零（构）件在工程中一般不允许发生塑性变形，所以屈服强度 σ_s 是设计时的主要参数，是材料的重要机械性能指标。

③ 抗拉强度 σ_b。材料发生屈服后，其应力与应变关系曲线如图 1-2a 的 sb 段，到 b 点应力达最大值 σ_b，b 点以后，试样的截面产生局部"缩颈"，迅速伸长，这时试样的伸长主要集中在缩颈部位，直至拉断。材料受拉时所能承受的最大应力值 σ_b 称为抗拉强度。σ_b 是机械零（构）件评定和选材时的重要强度指标。σ_s 与 σ_b 的比值称为屈强比，屈强比愈小，工程构件的可靠性愈高，即万一超载也不致于马上断裂；但若屈强比太小，会造成材料强度的有效利用率太低。

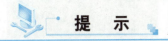

为适应金工实习车间使用习惯，上述拉伸试验及强度介绍均采用旧的国家标准 GB/T 228—1987。目前很多教材也采用新国家标准 GB/T 228—2002。具体符号对比，请参考 GB/T 228—2002。

2）动载时的强度

动载时最常用的指标是疲劳强度，它是指在大小和方向重复循环变化的载荷作用下材料抵抗断裂的能力。

许多机械零件，如曲轴、齿轮、轴承、叶片和弹簧等，在工作中各点承受的应力随时间做周期性的变化，这种随时间作周期性变化的应力称为交变应力。在周期交变应力作用下，零件所承受的应力虽然低于其屈服强度，但经过较长时间的工作会产生裂纹或突然断裂，这种现象称为材料的疲劳。据统计，大约有80%以上的机械零件失效是由疲劳失效造成的。

测定材料疲劳寿命的试验有许多种，最常用的一种是旋转梁试验，试样在旋转时交替承受大小相等的交变拉压应力。试验所得数据可绘成 $\sigma-N$ 疲劳曲线，如图 1-3 所示，图中，σ 为产生失效的应力，N 为应力循环次数。

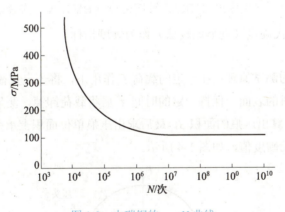

图 1-3 中碳钢的 $\sigma-N$ 曲线

对于中碳钢，承受的交变应力越大，则断裂时应力循环的次数越少；反之，循环次数越多。随着应力循环次数的增加，疲劳强度逐渐降低，以后曲线逐渐变平，即循环次数再增加时，疲劳强度也不降低。

（2）塑性

材料在外力作用下，产生永久变形而不破坏的性能称为塑性。常用的塑性指标有延伸率（δ）和断面收缩率（ψ）。

在拉伸试验中，试样拉断后，标距的伸长与原始标距的百分比称为延伸率，用符号 δ 表示，即

$$\delta = \frac{l_1 - l_0}{l_0} \times 100\%$$

式中：l_0——试样的原始标距长度（mm）；

l_1——试样拉断后的标距长度（mm）。

断面收缩率 ψ 是指断裂后试样横截面积的最大缩减量（$S_0 - S_u$）与原始横截面积（S_0）之比的百分率，即

$$\psi = \frac{S_0 - S_u}{S_0} \times 100\%$$

金属材料的 δ 和 ψ 值越大，表示材料的塑性越好。塑性好的金属可以发生塑性变形而不被破坏，便于通过各种压力加工获得形状复杂的零件，如铜、铝、铁等。工业纯铁的 δ 可达 50%，ψ 可达 80%，可以拉成细丝、压成薄板，进行深冲成形。铸铁塑性很差，δ 和 ψ 几乎为零，不能进行塑性变形加工。塑性好的材料在受力过大时，由于首先产生塑性变形而不致发生突然断裂，因此比较安全。

（3）硬度

硬度是指材料抵抗另一硬物压入其内而产生局部塑性变形的能力。通常，材料越硬，其耐磨性越好。同时通过硬度值可估计材料的近似 σ_b 值。硬度试验方法比较简单、迅速，可直接在原材料或零件表面上测试，因此被广泛应用。常用的硬度测量方法有压入法，主要性能指标有布氏硬度（HB）、洛氏硬度（HR）、维氏硬度（HV）等。陶瓷等材料还常用克努普氏显微硬度（HK）和莫氏硬度（划痕比较法）作为硬度指标。

1）布氏硬度

布氏硬度试验法的测试原理：在一定的载荷 F 作用下，将一定直径 D 的淬火钢球或硬质合金球压入到被测材料的表面，保持一定的时间 t 后将载荷卸掉，测量被测材料表面留下压痕的直径 d，根据 d 计算出压痕的面积 S，最后求出压痕单位面积上承受的平均压力，以此作为被测金属材料的布氏硬度值，如图 1-4 所示。

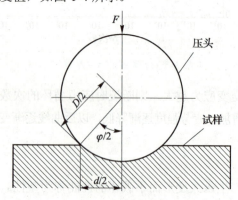

图 1-4 布氏硬度试验原理图

2）洛氏硬度

图 1-5 所示为洛氏硬度测量原理图。将金刚石压头（或钢球压头）在先后施加两个载荷（预载荷 P_0 和总载荷 P）的作用下压入金属表面。总载荷 P 为预载荷 P_0 和主载荷 P_1 之和。

卸去主载荷 P_1 后,测量其残余载荷压入深度 h_1 来计算洛氏硬度值。残余载荷压入深度 h_1 越大,表示材料硬度越低,实际测量时硬度可直接从洛氏硬度计表盘上读得。

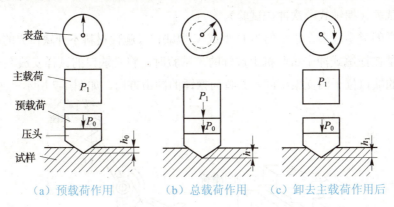

(a)预载荷作用　　(b)总载荷作用　　(c)卸去主载荷作用后

图 1-5　洛氏硬度测量原理图

3)维氏硬度

布氏硬度不适用于检测硬度较高的材料;洛氏硬度虽可检测不同硬度的材料,但不同标尺的硬度值不能相互直接比较;而维氏硬度可用同一标尺来测定从极软到极硬的材料。

维氏硬度的试验原理与布氏法相似,也是以压坑单位表面积所承受压力的大小来计算硬度值的。它是用对面夹角为 136°的金刚石四棱锥体,在一定压力作用下,在试样试验面上压出一个正方形压痕,如图 1-6 所示。

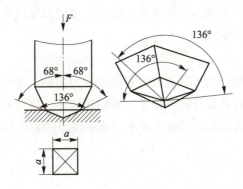

图 1-6　维氏硬度试验原理示意图

通过设在维氏硬度计上的显微镜来测量压坑两条对角线的长度,根据对角线的平均长度,从相应表中查出维氏硬度值。维氏硬度试验所用压力可根据试样的大小、厚薄等条件来选择。压力按标准规定有 49 N, 98 N, 196 N, 294 N, 490 N, 980 N 等。压力保持时间:黑色金属为 10~15 s,有色金属为 30 s±2s。

(4)韧性

1)冲击韧性

许多机械零件在工作中往往受到冲击载荷的作用,如活塞销、锤杆、冲模和锻模等。制造这类零件所用的材料不能单用在静载荷作用下的指标来衡量，而必须考虑材料抵抗冲击载荷的能力。材料抵抗冲击载荷而不被破坏的能力称为冲击韧性。为了评定材料的冲击韧性，需进行冲击试验（摆锤式一次冲击试验）。

冲击试样的类型较多，常用的为 U 型或 V 型缺口（脆性材料不开缺口）的标准试样。冲击试验通常是在摆锤式冲击试验机上进行的。试验时，将带缺口的试样安放在试验机的机架上，使试样的缺口位于两支架中间，并背向摆锤的冲击方向，如图 1-7 所示。

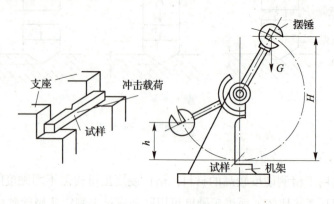

图 1-7 摆锤式一次冲击试验原理图

2）低温脆性

有些金属材料，如工程上用的中低强度钢，当温度降低到某一程度时，会出现冲击吸收功明显下降的现象，这种现象称为冷脆现象。历史上曾经发生过多次由于低温冷脆造成的船舶、桥梁等大型结构脆断的事故。

3）断裂韧性

桥梁、船舶、大型轧辊、转子等有时会发生低应力脆断，这种断裂的名义断裂应力低于材料的屈服强度。尽管构件在设计时保证了足够的延伸率、韧性和屈服强度，但仍不免被破坏，这是由于构件或零件内部存在着或大或小、或多或少的裂纹和类似裂纹的缺陷。

2. 金属材料的物理性能

- 密度：单位体积的质量，$\rho = m/V$。
- 熔点：金属或合金从固态向液态转变的温度。
- 导热性：金属材料传导热量的性能，通常用热导率来衡量。
- 导电性：金属材料传导电流的性能，通常用电阻率来衡量。
- 热膨胀性：金属材料随温度的变化而膨胀或收缩的性能。通常用线膨胀系数或体膨胀系数来表示。
- 磁性：金属材料在磁场中受到磁化的性能。根据磁化程度不同，金属材料可分为铁磁性材料、顺磁性材料和抗磁性材料三类。

第1章　金工实习基础知识

3. 金属材料的化学性能

（1）耐腐蚀性

金属材料在常温下抵抗氧、水蒸气及其他化学介质腐蚀破坏作用的能力称为耐腐蚀性。碳钢、铸铁的耐腐蚀性较差；钛及其合金、不锈钢的耐腐蚀性非常好；铝合金和铜合金有较好的耐腐蚀性。

（2）抗氧化性

金属材料在加热时抵抗氧化作用的能力称为抗氧化性。加入 Cr，Si 等合金元素，可提高钢的抗氧化性。例如，合金钢 4Cr9Si2 可在高温下使用，用于制造内燃机排气阀及加热炉炉底板、料盘等。

（3）化学稳定性

化学稳定性是金属材料耐腐蚀性和抗氧化性的总称。金属材料在高温下的化学稳定性称为热稳定性。

4. 金属材料的工艺性能

材料工艺性能的好坏会直接影响制造零件的工艺方法、质量及成本。金属材料的主要工艺性能有以下几个方面。

（1）铸造性能

材料铸造成形获得优良铸件的能力称为铸造性能。衡量铸造性能的指标有流动性、收缩性和偏析等。

- **流动性**：熔融材料的流动能力称为流动性。它主要受化学成分和浇注温度等因素影响。流动性好的材料容易充满铸腔，从而获得外形完整、尺寸精确和轮廓清晰的铸件。
- **收缩性**：铸件在凝固和冷却过程中，其体积和尺寸减小的现象称为收缩性。铸件收缩不仅影响尺寸，还会使铸件产生缩孔、缩松、内应力、变形和开裂等缺陷。因此用于铸造的材料，其收缩性越小越好。
- **偏析**：铸件凝固后，内部化学成分和组织的不均匀现象称为偏析。偏析严重的铸件，其各部分的力学性能会有很大的差异，会降低产品的质量。一般来说，铸铁比钢的铸造性能好，金属材料比工程塑料的铸造性能好。

（2）锻造性能

锻造性能是指材料是否易于进行压力加工的性能。它取决于材料的塑性和变形抗力。塑性越好，变形抗力越小，材料的锻造性能越好。例如，纯铜在室温下就有良好的锻造性能，碳钢在加热状态锻造性能良好，铸铁则不能锻造。热塑性塑料可经挤压和压塑成形，这与金属挤压和模压成形相似。

（3）焊接性能

两块材料在局部加热至熔融状态下能牢固地焊接在一起的能力称为焊接性能。碳钢的焊接性能主要由化学成分决定,其中碳含量的影响最大。例如,低碳钢具有良好的焊接性,而高碳钢、铸铁的焊接性不好。某些工程塑料也有良好的可焊性,但与金属的焊接机制及工艺方法不同。

(4) 热处理性能

热处理是指通过加热、保温、冷却的方法使材料在固态下的组织结构发生改变,从而获得所要求性能的一种加工工艺。在生产上,热处理既可用于提高材料的力学性能及某些特殊性能,以进一步充分发挥材料的潜力,亦可用于改善材料的加工工艺性能,如改善切削加工、拉拔挤压加工和焊接性能等。常用的热处理方法有退火、正火、淬火、回火及表面热处理(表面淬火及化学热处理)等。

(5) 切削加工性能

材料切削加工的难易程度称为切削加工性能。切削加工性能主要用切削速度、加工表面光洁度和刀具的使用寿命来衡量。影响切削加工性能的因素有工件的化学成分、组织、硬度、导热性和形变强化程度等。一般认为金属材料具有适当硬度(170～230 HBS)和足够脆性时,其切削性能良好。所以灰铸铁比钢的切削性能好,碳钢比高合金钢的切削性好。改变钢的成分(如加入少量铅、磷等元素)和进行适当的热处理(如低碳钢进行退火,高碳钢进行球化退火等)可改善钢的切削加工性能。

1.2.3 钢铁材料的鉴别

黑色金属材料中使用最多的是钢铁,钢铁是世界上的头号金属材料,年产量高达数亿吨。钢铁材料广泛用于工农业生产及国民经济各部门。例如,各种机器设备上大量使用的轴、齿轮、弹簧,建筑上使用的钢筋、钢板,以及交通运输中的车辆、铁轨、船舶等都要使用钢铁材料。通常所说的钢铁是钢与铁的总称。实际上钢铁材料是以铁为基体的铁碳合金,当碳的质量分数大于 2.11% 时称为铁,当碳的质量分数小于 2.11% 时称为钢。

1. 碳素钢

碳素钢是指碳的质量分数小于 2.11% 并含有少量硅、锰、硫、磷等杂质元素的铁碳合金,简称碳钢。其中锰、硅是有益元素,对钢有一定强化作用;硫、磷是有害元素,分别增加钢的热脆性和冷脆性,应严格控制。碳钢的价格低廉、工艺性能良好,在机械制造中应用广泛。常用碳钢的牌号及用途如表 1-2 所示。

2. 合金钢

为了改善和提高钢的性能,在碳钢的基础上加入其他合金元素的钢称为合金钢。常用的合金元素有硅、锰、铬、镍、钨、钼、钒、稀土元素等。合金钢还具有耐低温、耐腐蚀、高磁性、高耐磨性等良好的特殊性能,它在工具或力学性能、工艺性能要求高的、形状复杂的大截面零件或有特殊性能要求的零件方面，得到了广泛应用。常用合金钢的牌号、性能及用途如表 1-3 所示。

表 1-2 常用碳钢的牌号及用途

名称	牌号	应用举例	说明
碳素结构钢	Q215A 级	承受载荷不大的金属结构件，如薄板、铆钉、垫圈、地脚螺栓及焊接件等	碳素钢的牌号是由代表钢材屈服点的汉语拼音第一个字母 Q、屈服点（强度）值（MPa）、质量等级符号、脱氧方法四个部分组成。其中质量等级共分四级，分别以 A，B，C，D 表示
	Q235A 级	金属结构件、钢板、钢筋、型钢、螺母、连杆、拉杆等，Q235C 级、Q235D 级可用作重要的焊接结构	
优质碳素结构钢	15	强度低、塑性好，一般用于制造受力不大的冲压件，如螺栓、螺母、垫圈等。经过渗碳处理或氰化处理可用作表面要求耐磨、耐腐蚀的机械零件，如凸轮、滑块等	牌号的两位数字表示平均含碳量的万分数，45 钢即表示平均碳的质量分数为 0.45%。含锰量较高的钢，须加注化学元素符号 Mn
	45	综合力学性能和切削加工性能均较好，用于强度要求较高的重要零件，如曲轴、传动轴、齿轮、连杆等	
铸造碳钢	ZG200−400	有良好的塑性、韧性和焊接性能，用于受力不大、要求韧性好的各种机械零件，如机座、变速箱壳等	ZG 代表铸钢。其后面第一组数字为屈服强度（MPa）；第二组数字为抗拉强度（MPa）。ZG200−400 表示屈服强度为 200 MPa，抗拉强度 400 MPa 的铸钢

表 1-3 常用合金钢的牌号、性能及用途

种类	牌号	性能及用途
普通低合金结构钢	9Mn2，10MnSiCu，16Mn，15MnTi	强度较高，塑性良好，具有焊接性和耐蚀性，用于建造桥梁、车辆、船舶、锅炉、高压容器、电视塔等
渗碳钢	20CrMnTi，20Mn2V，20Mn2TiB	心部的强度较高，用于制造重要的或承受重载荷的大型渗碳零件
调质钢	40Cr，40Mn2，30CrMo，40CrMnSi	具有良好的综合力学性能（高的强度和足够的韧性），用于制造一些复杂的重要机器零件
弹簧钢	65Mn，60Si2Mn，60Si2CrVA	淬透性较好，热处理后组织可得到强化，用于制造承受重载荷的弹簧
滚动轴承钢	GCr4，GCr15，GCr15SiMn	用于制造滚动轴承的滚珠、套圈

3. 铸铁

碳的质量分数大于 2.11% 的铁碳合金称为铸铁。由于铸铁含有的碳和杂质较多，其力学性能比钢差，不能锻造。但铸铁具有优良的铸造性、减振性及耐磨性等特点，加之价格低廉、生产设备和工艺简单，是机械制造中应用最多的金属材料。据资料表明，铸铁件占机器总质

11

量的 45%~90%。常用铸铁的牌号和用途如表 1-4 所示。

表 1-4 常用铸铁的牌号和用途

名称	牌号	应用举例	说明
灰铸铁	HT150	用于制造端盖、泵体、轴承座、阀壳、管子及管路附件、手轮；一般机床底座、床身、滑座、工作台等	"HT"为"灰铁"两字汉语拼音的字头，后面的一组数字表示ϕ30试样的最低抗拉强度，如 HT200 表示灰口铸铁的抗拉强度为 200 MPa
	HT200	承受较大载荷和较重要的零件，如气缸、齿轮、底座、飞轮、床身等	
球墨铸铁	QT400－18 QT450－10 QT500－7 QT800－2	广泛用于机械制造业中受磨损和受冲击的零件，如曲轴（一般用 QT500－7）、齿轮（一般用 QT450－10）、气缸套、活塞环、摩擦片、中低压阀门、千斤顶座、轴承座等	"QT"是球墨铸铁的代号，它后面的数字表示最低抗拉强度和最低伸长率，如 QT500－7 即表示球墨铸铁的抗拉强度为 500 MPa，伸长率为 7%
可锻铸铁	KTH300－06 KTH330－08 KTZ450－06	用于受冲击、振动等零件，如汽车零件、机床附件（如扳手）、各种管接头、低压阀门、农具等	"KTH""KTZ"分别是黑心和珠光体可锻铸铁的代号，它们后面的数字分别代表最低抗拉强度和最低伸长率

4. 有色金属及其合金

有色金属的种类繁多，虽然其产量和使用不及黑色金属，但是由于它具有某些特殊性能，故已成为现代工业中不可缺少的材料。常用有色金属及其合金的牌号、应用及说明如表 1-5 所示。

表 1-5 常用有色金属及其合金的牌号、应用及说明

名称	牌号	应用举例	说明
纯铜	T1	电线、导电螺钉、贮藏器及各种管道等	纯铜分 T1~T4 四种，如 T1（一号铜）含铜量为 99.95%；T4 含铜量为 99.50%
黄铜	H62	散热器、垫圈、弹簧、各种网、螺钉及其他零件等	"H"表示黄铜，后面数字表示铜的质量分数，如 62 表示铜的质量分数 60.5%~63.5%
纯铝	1070A 1060 1050A	电缆、电器零件、装饰件及日常生活用品等	铝的质量分数为 98%~99.7%
铸铝	ZL102	耐磨性中上等，用于制造载荷不大的薄壁零件等	"Z"表示铸，"L"表示铝，后面数字表示顺序号，如 ZL102 表示 Al-Si 系 02 号合金

1.3 常用量具

1.3.1 游标卡尺的结构和使用方法

1. 结构

图 1-8 所示为 0.02 mm 游标卡尺的结构,它由制成刀口形的上、下量爪和深度尺组成。它的测量范围为 0~125 mm。

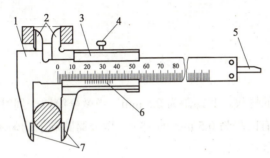

1—尺身;2—上量爪;3—尺框;4—固定螺钉;5—深度尺;6—游标;7—下量爪

图 1-8　0.02 mm 游标卡尺

2. 刻线原理

主尺每小格为 1 mm,当两测量爪合并时,主尺上的 49 mm 正好对准游标上的 50 格,则

$$49/50 = 0.98 \text{（mm）}$$

主尺与游标每格相差 $1 - 0.98 = 0.02$（mm）。

3. 使用方法

① 测量前,应将卡尺擦干净,量爪贴合后,游标和主尺零线应对齐。
② 测量时,所用的测力应使两量爪刚好接触零件表面为宜。
③ 测量时,应防止卡尺歪斜。
④ 在游标上读数时,要避免视线误差。

1.3.2 千分尺的结构和使用方法

1. 结构

图 1-9 所示是测量范围为 0~25 mm 的千分尺,它由尺架、测微螺杆、测力装置等组成。

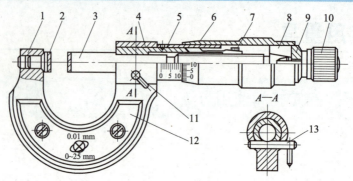

1—尺架；2—测砧；3—测微螺杆；4—螺丝轴套；5—固定套筒；6—微分筒；7—调节螺母；8—接头；9—垫片；10—测力装置；11—锁紧机构；12—绝热片；13—锁紧轴

图1-9 千分尺

2. 刻线原理

千分尺测微螺杆上的螺纹，其螺距为0.5 mm。当微分筒转一周时，测微螺杆就轴向移进0.5 mm。固定套筒上刻有间隔为0.5 mm的刻线，微分筒圆周上均匀刻有50格。因此，当微分筒每转一格时，测微螺杆就移进

$$0.5 \div 50 = 0.01 \text{（mm）}$$

3. 使用方法

① 测量前，转动千分尺的测力装置，使两测砧面靠合，并检查是否密合，同时看微分筒与固定套筒的零线是否对齐。如有偏差，应调固定套筒对零。

② 测量时，用手转动测力装置，控制测力，不允许用冲击力转动微分筒。千分尺测微螺杆的轴线应与零件表面垂直，如图1-10所示。

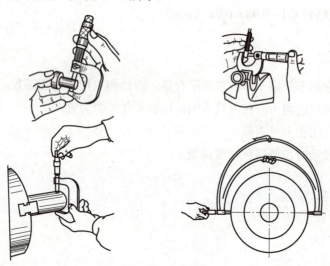

图1-10 外径千分尺的使用

③ 读数时,最好不取下千分尺进行读数,如需要取下读数时,应先锁紧测微螺杆,然后轻轻取下千分尺,防止尺寸变动。读数要细心,看清刻度,不要错读 0.5 mm。

1.3.3 百分表的结构和使用方法

1. 结构与传动原理

如图 1-11 所示,百分表的传动系统是由齿轮、齿条等组成的。测量时,当带有齿条的测量杆 4 上升时,带动小齿轮 Z_2 转动,与 Z_2 同轴的大齿轮 Z_3 及小指针也跟着转动,而 Z_3 又带动小齿轮 Z_1 及其轴上的大指针偏转。游丝的作用是迫使所有齿轮作单向啮合,以消除由于齿侧间隙而引起的测量误差。弹簧是用来控制测量力的。

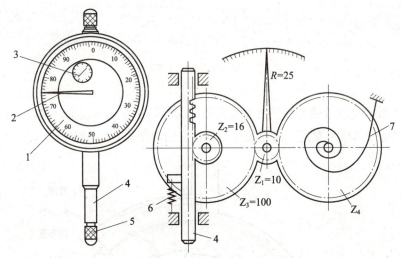

1—表盘;2—大指针;3—小指针;4—测量杆;5—测量头;6—弹簧;7—游丝

图 1-11 百分表

2. 刻线原理

百分表的测量杆移动 1 mm 时,大指针正好回转一圈。而表盘上沿圆周刻有 100 等分(格),则其刻度值为 $\frac{1}{100} = 0.01$ mm。

测量时,大指针转过 1 格刻度,表示零件尺寸变化 0.01 mm。

百分表使用时常与磁性表座配合使用,如图 1-12 所示。

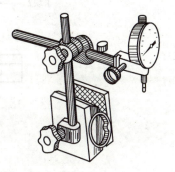

图 1-12 百分表及磁性表座

3. 使用方法

① 测量前,检查表盘和指针有无松动现象,检查指针的平稳和稳定性。

② 测量时，测量杆应垂直零件表面；测圆柱时，测量杆应对准圆柱轴中心。测量头与被测表面接触时，测量杆应预先有 0.3～1 mm 的压缩量，保持一定的初始测力，以免负偏差测不出来，如图 1-13 所示。

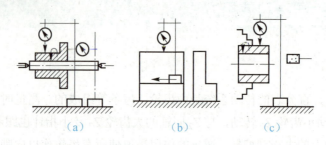

图 1-13　百分表的使用

1.3.4　万能量角器的结构和使用方法

1. 结构

如图 1-14 所示是读数值为 2′的万能量角器。游标固定在扇形板上，可以沿着主尺转动。用卡块可以把角尺和直尺固定，从而使可测量角度的范围在 0°～320°。

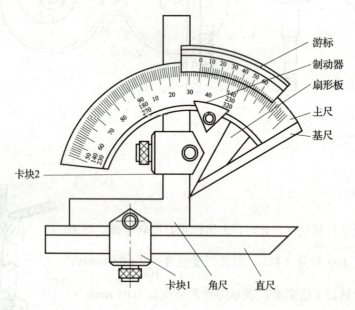

图 1-14　2′万能量角器

2. 刻线原理

扇形板上刻有 120 格刻线，间隔为 1°，游标上刻有 30 格刻线，对应扇形板上的度数为

29°，则游标上每格度数为 $\dfrac{29°}{30}=58'$，扇形板与游标每格相差 $1°-58'=2'$。

3. 使用方法

① 使用前检查零位。

② 测量时，应使万能量角器的两个测量面与被测件表面在全长上保持良好接触，然后拧紧制动器上的螺帽，读数，如图 1-15 所示。

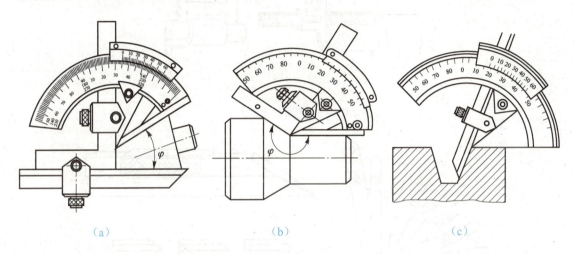

图 1-15　万能量角器的使用

③ 测量角度在 0°～50°范围内，应装上角尺和直尺；在 50°～140°范围内，应装上直尺；在 140°～230°范围内，应装上角尺；在 230°～320°范围内，不装角尺和直尺。

1.3.5　钢尺和卡钳的使用

钢尺是最常用的简单量具，其最小刻度为 1 mm，测量工件的外径和孔径时，必须与卡钳配合使用。

卡钳分为内卡钳和外卡钳或弹簧卡钳。卡钳必须和其他量具配合使用，如内卡钳与外径千分尺配合使用测量内孔，测量值能达到精度 IT7 级。

机加工过程中台阶的测量方法如图 1-16 所示。

1.3.6　塞尺和刀口形直尺

塞尺又称厚薄尺，是用它本身的厚度来测量间隙大小的量具，如图 1-17 所示。

刀口形直尺简称刀口尺，是用光隙法检验直线平面度的量具，如图 1-18 所示。

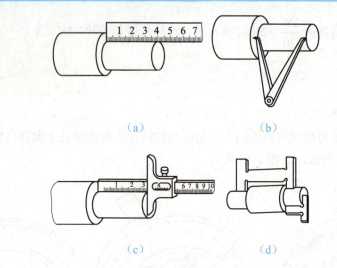

图 1-16 台阶的测量方法

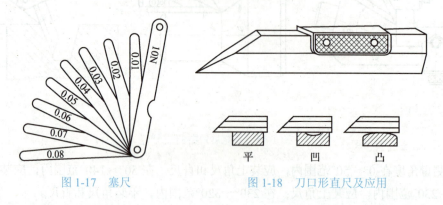

图 1-17 塞尺　　　图 1-18 刀口形直尺及应用

1.3.7 直角尺

直角尺是用来检验直线度或平面度的非直线量具，其两边成 90°，如图 1-19 所示。使用时，将其一边与工件的基准面贴合，用另外一边与工件的另一表面接触，根据光隙就可以判断误差状况，或判断垂直度。

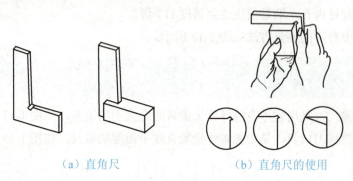

(a) 直角尺　　　　　　(b) 直角尺的使用

图 1-19 直角尺

第1章 金工实习基础知识

1.3.8 深度千分尺和内径千分尺

如图 1-20a 所示为深度千分尺，如图 1-20b 所示为内径千分尺。

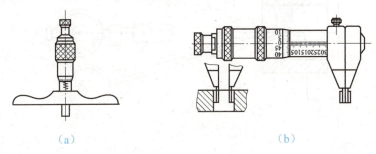

（a）　　　　　　　　　　（b）

图 1-20　深度千分尺和内径千分尺

1.3.9 内径百分表

内径百分表的结构如图 1-21 所示：

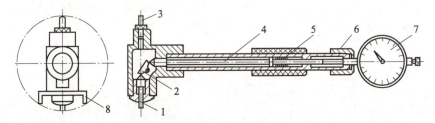

1—活动测头；2—杠杆；3—固定测头；4—传动杆；5—弹簧；6—紧固螺母；7—百分表；8—自动定心板

图 1-21　内径百分表

百分表 7 的测量头与传动杆 4 始终接触，弹簧 5 是控制测量力的，并经过传动杆 4，推动百分表 7 的量杆，使百分表指针转动。由于杠杆 2 是等臂的，所以当活动测头移动 1 mm 时，传动杆 4 也相应移动 1 mm，推动百分表指针转动一圈。固定测头 3 可以根据孔径大小更换，自动定心板 8 能使活动测头自动位于被测孔的直径位置。

百分表和固定测头在内径测量杆上的安装和调整方法如下：

在内径测量杆上安装百分表时，百分表 7 的测量头和传动杆 4 的接触量一般为 0.15 mm 左右，并用紧固螺母 6 将百分表锁紧。安装测量杆上的固定测头 3 时，其伸出长度可以调节，一般比被测量的孔径大 0.15 mm 左右。

内径百分表是用对比法测量孔径的，因此使用时应先根据被测量工件的内孔直径，用外径千分尺将表对至"零"位后，再进行测量，其测量方法如图 1-22 所示，取最小值为孔的实际尺寸。

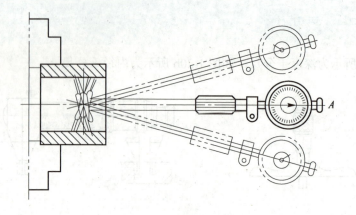

图1-22 用内径表测量孔

第 2 章　钳工

2.1　钳工概述

2.1.1　钳工加工方法

钳工以手工操作为主，使用工具来完成零件的加工、装配和修理等工作。

钳工的加工范围主要有划线、錾削、锉削、锯削、钻孔、扩孔、锪孔、攻螺纹、套螺纹、刮削、研磨和装配等。

- **划线**：在工件的毛坯或已加工表面上，按照要求的尺寸，准确划出加工界限的操作。
- **錾削**：用手锤打击錾子切除工件材料的加工方法。
- **锉削**：用锉刀从工件表面锉去多余金属的加工方法。锉削可以完成平面、孔、曲面、沟槽、内外角及各种形状的配合表面的加工。
- **锯削**：用手锯锯断金属材料或在工件表面上锯出沟槽的加工。
- **钻、扩、铰、锪孔**：都被称为钻削加工，主要是使用麻花钻（钻头）、扩孔钻、铰刀、锪孔钻等刀具，完成各种通孔、盲孔、台阶孔、锥孔等的加工。
- **攻螺纹**：又称攻丝，是利用丝锥在内孔表面加工出内螺纹的操作。
- **套螺纹**：又称套丝，是利用板牙在圆柱形工件上加工出外螺纹的操作。
- **刮削**：用刮刀在工件表面上刮去一层很薄的金属的加工。
- **研磨**：用研磨工具和研磨剂从工件上磨去一层很薄的金属的加工。

2.1.2　钳工的性质和特点

根据其加工内容的不同，钳工可分为普通钳工、工具钳工、模具钳工和机修钳工。

钳工技艺性强，具有"万能"和灵活的优势，可以完成机械加工不方便或无法完成的工作，所以在机械制造过程中起着十分重要的作用。

钳工劳动强度大，生产率低，但设备简单，一般只需钳工工作台、台虎钳等简单工具即能工作，因此，应用很广。

2.1.3 常用设备和工具的使用与维护

1. 台虎钳

台虎钳是钳工用来夹持工件进行加工的常用必备工具。其规格是以钳口的长度来表示的，常用的有 100 mm，125 mm，150 mm 等几种。

(1) 台虎钳的结构

台虎钳有固定式和回转式两种，如图 2-1 所示。

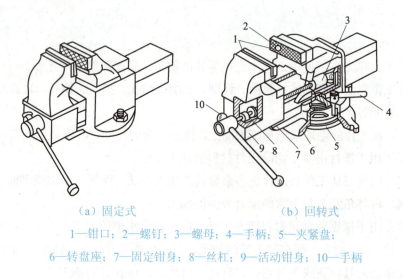

(a) 固定式　　　　　　　　(b) 回转式

1—钳口；2—螺钉；3—螺母；4—手柄；5—夹紧盘；
6—转盘座；7—固定钳身；8—丝杠；9—活动钳身；10—手柄

图 2-1 台虎钳

回转式台虎钳使用方便，应用广泛，其主要构造和工作原理简述如下：

主要零件如固定钳身 7、活动钳身 9、夹紧盘 5 和转盘座 6 均由铸铁制成。转盘座与钳台用螺栓固定。固定钳身可在转盘座上绕其轴心线转动，转到要求方向时，扳动手柄 4，旋紧夹紧螺钉，在夹紧盘的作用下把固定钳身坚固。螺母 3 固定在固定钳身上，丝杠 5 穿入活动钳身与之相配合。摇动手柄 10，丝杠旋转即可带动活动钳身前后移动，以夹紧或放松工件，固定钳身和活动钳身上各装有经过淬硬的钢质钳口 1，以延长使用寿命，磨损后可以更换。

(2) 台虎钳的正确使用

① 在钳台上安装台虎钳时，应使其固定钳身的钳口工作面处于钳台边缘之外，可夹持长条形工件。

② 夹持工件时，只允许用双手的力量来扳紧手柄 6，决不能任意接长手柄或用手锤敲击，以免损坏丝杠、螺母和钳身。

③ 台虎钳夹紧时施力的大小，应视工件的精度、表面粗糙度的高低、工件的刚度及操作要求等因素来决定，由操作者适度掌握。原则是既要夹紧牢固可靠，又不能因夹紧力过大而使工件变形或损伤已加工表面，从而影响加工件的技术要求。

④ 在活动钳身的光滑平面上，不能用手锤敲击，以免降低它与固定钳身的配合性能。

⑤ 台虎钳必须牢固地固定在钳台上，扳紧夹紧螺钉。工作时应保证钳身无松动现象，否则易损坏台虎钳和影响工作质量。

⑥ 在进行强力作业时，应尽量使作用力朝向固定钳身，否则将额外增加丝杠和螺母的载荷，易造成螺旋副的损坏。

(3) 台虎钳的维护保养

① 使用后，应及时清理钳台，工具收放整齐，将台虎钳擦拭清洁、上油。

② 台虎钳的丝杠、螺母和其他活动表面都要经常保持清洁，加油润滑，防止锈蚀。

2. 砂轮机

(1) 概述

砂轮机主要由砂轮、电动机和机体组成。按外形不同，砂轮机可分为台式砂轮机和立式砂轮机两种，如图 2-2 所示。砂轮机主要用于刃磨各种刀具和清理小零件的毛刺、锐边等。

(a) 台式　　　　　　(b) 立式

图 2-2　砂轮机

由于砂轮的质地较脆，使用时转速较高（一般在 35 m/s 左右），因此在使用砂轮机时，必须正确操作，严格遵守安全操作规程，以防砂轮碎裂，造成人身事故。

(2) 使用注意事项

① 砂轮的旋转方向必须与砂轮机指示牌上标明的旋转方向相符。

② 起动前，应检查砂轮表面有无裂缝，托板装置是否完好和牢固。

③ 起动后，应先空转，观察砂轮的旋转是否平稳，有无异常现象。待砂轮达到正常转速时才能进行磨削。

④ 使用时，不能将工件或刀具与砂轮猛撞或施加过大的压力，以防砂轮碎裂。如发现砂轮表面跳动严重，应及时用砂轮修整器进行修整。

⑤ 长度小于 50 mm 的较小工件磨削时，应用手虎钳或其他工具牢固夹住，不得用手直

接握持工件。

⑥ 砂轮机的托板与砂轮的距离，一般应保持在 3 mm 之内，过大，可能会造成磨削件被砂轮轧入而发生事故。

⑦ 磨削时，操作者应站在砂轮侧面或斜侧面位置，不可面对砂轮。

⑧ 刃磨高速钢刀具和清理工件毛刺时，应使用氧化铝砂轮；刃磨硬质合金刀具时，应使用碳化硅砂轮。

⑨ 按规定定期对砂轮机各部件进行检修。

⑩ 使用完毕后，立即切断电源。

"安全生产，人人有责"。所有人员必须加强法制观念，认真执行党和国家有关安全生产、劳动保护的政策、法令和规定，严格遵守安全技术操作规程和各项安全生产规章制度。

2.1.4　安全技术规程

1. 安全生产一般常识

① 开始工作前，必须按规定穿戴好防护用品。
② 不准擅自使用不熟悉的机床和工具。
③ 清除切屑要使用工具，不得直接用手拉，或用嘴吹。
④ 工、夹、量具应放在专门地点，严禁乱堆乱放。

2. 钳工常用工具安全技术操作规程

（1）钳工台

① 钳工台对面有人工作时，钳工台上必须设置密度适当的安全网。
② 钳工台上使用的照明电压不得超过 36 V。
③ 钳工台上的杂物要及时清理，工具和工件要放在指定地方。

（2）手锤

① 锤柄必须用硬质木料做成，大小长短要适宜，锤柄应有适当的斜度，锤头上必须加铁楔，以免工作时甩掉锤头。

② 两人击锤时，站立的位置要错开方向。扶钳、打锤要稳，落锤要准，动作要协调，以免击伤对方。

③ 使用前，应检查锤柄与锤头是否松动，是否有裂纹，锤头上是否有卷边或毛刺。如有缺陷，必须修好后方能使用。

④ 手上、锤柄上、锤头上有油污时，必须擦净后才能进行操作。

2.1.5 车间文明生产

1. 执行规章制度，遵守劳动纪律

劳动纪律是实习学生从事集体性、协作性劳动所不可缺少的条件。要求每位实习学生都能按照规定的时间、程序和方法完成自己承担的任务，保证生产过程有秩序有步骤地进行，顺利地完成各项任务。

2. 严肃工艺纪律，贯彻操作规程

严格执行工艺纪律，认真贯彻操作规程，是保证产品质量的重要前提。

3. 优化工作环境，创造良好的生产条件

清洁而整齐的工作环境，可以振奋实习学生的精神，从而提高工作效率。

4. 设备的维修保养

实习学生对所使用的设备要经常保持清洁，及时润滑，按规定进行检修和保养。

5. 严格遵守实习、生产纪律

实习学生在实习生产中，必须集中精力，严守工作岗位，不得随意到他人工作岗位闲谈聊天或嬉戏打闹。

2.2 划线

在工件的毛坯或已加工表面上，按照要求的尺寸，准确地划出加工界限，这种操作称为划线。

2.2.1 划线的作用

① 确定工件表面的加工余量、确定孔的位置或划出加工位置的找正线，给机械加工以明确的标志和依据。

② 检查毛坯外形尺寸是否合乎要求。对于加工余量小的毛坯，通过划线可以多补少，免于报废，误差大而无法补救的毛坯，也可通过划线及时发现，以避免继续加工，浪费机械加工工时。

2.2.2 划线前的准备工作

为了使划线工作能顺利进行，在划线前必须认真做好以下准备工作。

1. 工件的准备

工件的准备工作包括工件的清理、检查和表面涂色，必要时可在工件孔中安置中心塞块。

- **工件的清理**：清除铸件上的型砂、冒口、浇口和毛边；除去锻件上的飞边和氧化皮。目的是便于工件的检查和涂色，并有利于划线和保护划线工具。
- **工件的检查**：工件清理后进行工件检查，目的是为了发现毛坯上的裂缝、夹渣、缩孔以及形状和尺寸等方面的缺陷。
- **表面涂色**：为了使划出的线条清晰可见，在工件表面上应先涂上一层薄而均匀的涂料。常用的涂料有白灰浆、紫溶液和硫酸铜等。
- **在工件孔中安置中心塞块**：划线时为了在带孔的工件上找出孔的中心，便于用圆规划圆，在孔中要装置中心塞块，常用的中心塞块有木塞块、铅塞块及可调节塞块，如图 2-3 所示。

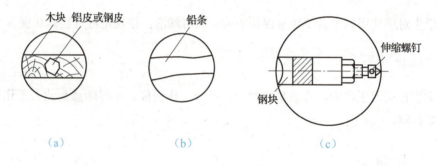

图 2-3　划中心线用的塞块

2. 工具的准备

划线前，按工件图纸要求合理选择所需工具，并检查和校验工具。如有缺陷，要进行调整和修理，以免影响划线质量。

2.2.3 划线工具

常用的划线工具如图 2-4 所示，按用途可分为基准工具、量具、绘划工具和夹持工具。

- **基准工具**：如划线平台、方箱、直角铁等。
- **量具**：测量工件尺寸和角度的工具，如钢皮尺、游标高度尺、直角尺和角度规等。
- **绘划工具**：在工件上划线的工具，如划针、划规、划针盘、划卡和冲子等。
- **夹持工具**：夹持划线工件的工具，如 V 形铁、千斤顶和方箱等。

第2章 钳工

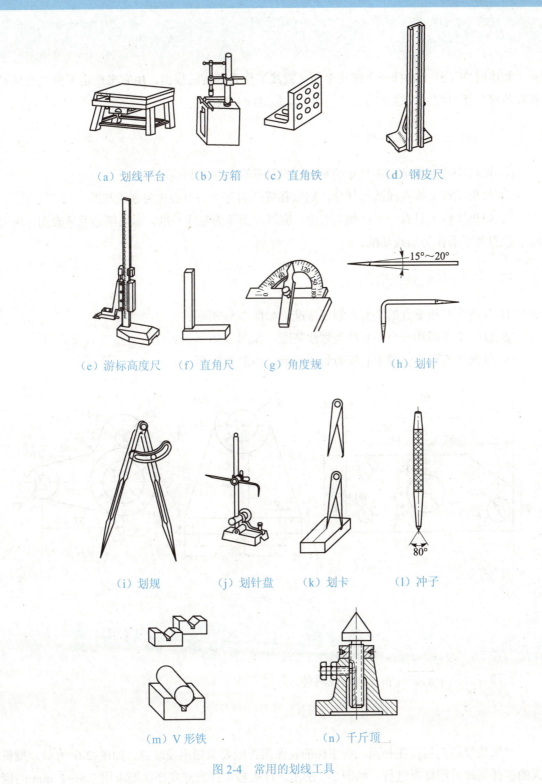

(a) 划线平台　(b) 方箱　(c) 直角铁　(d) 钢皮尺

(e) 游标高度尺　(f) 直角尺　(g) 角度规　(h) 划针

(i) 划规　(j) 划针盘　(k) 划卡　(l) 冲子

(m) V形铁　(n) 千斤顶

图 2-4　常用的划线工具

2.2.4 划线基准

划线时在工件上选择一个或几个面（或线）作为划线的根据，用它来确定工件的几何形状和各部分相对位置，这样的面（或线）就是划线基准。

1. 选择划线基准的原则

① 可将零件图纸上标注尺寸的基准（设计基准）作为划线基准。

② 如果毛坯上有孔或凸起部分，则以孔或凸起部分的中心作为划线基准。

③ 如果工件上只有一个已加工表面，应以此面作为划线基准。如果都是毛坯表面，应以较平整的大平面作为划线基准。

2. 常用划线基准

① 以两个互相垂直的平面为划线基准，如图 2-5a 所示；

② 以一个平面和一个中心线为划线基准，如图 2-5b 所示；

③ 以两条互相垂直的中心线为划线基准，如图 2-5c 所示。

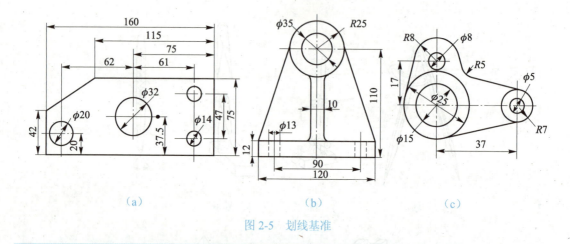

图 2-5　划线基准

2.2.5 划线方法

划线可分为平面划线和立体划线两种。

1. 平面划线

平面划线与几何作图相同，在工件的表面按图纸要求划出线或点，如图 2-6 所示。批量大的工件划线可用样板进行，如图 2-7 所示。样板按工件尺寸和形状要求用 0.5~2 mm 的钢板制成。

第 2 章　钳工

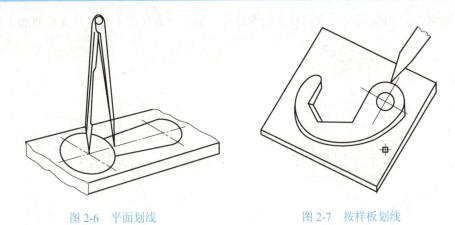

图 2-6　平面划线　　　　　图 2-7　按样板划线

平面划线后,为准确标注划线印迹,应在所划线条轮廓上打上样冲眼。平面划线实例如图 2-8 所示。

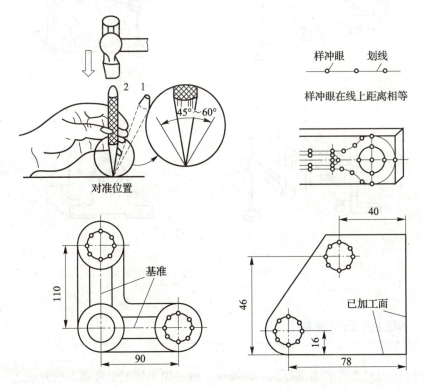

图 2-8　平面划线

2. 立体划线

以轴承座的立体划线为例,图 2-9 所示为立体划线的方法及步骤。

① 根据孔中心及上平面,调节千斤顶,使工件水平;

② 划底面加工线和大孔的水平中心线;

29

③ 转90°，用直尺两个方向找正划螺钉孔、另一个方向的中心线及大端面加工线。

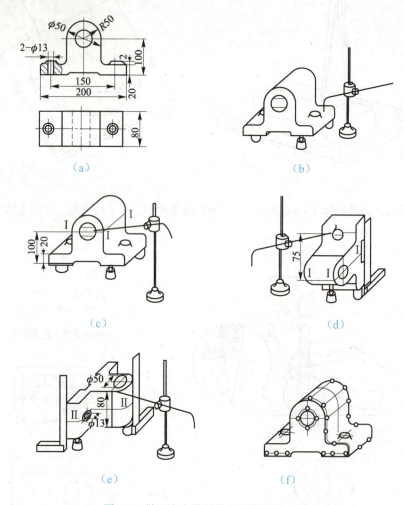

图 2-9　轴承座立体划线方法的划线步骤

2.3　锉削与锯割

锉削是用锉刀对工件表面进行加工的操作。这是钳工加工中最基本的方法之一。

锉削加工操作简单，但技艺较高，工作范围广。锉削可对工件表面上的平面、曲面、内、外圆弧面，沟槽以及其他复杂表面进行加工，还可用于成形样板、模具、型腔以及部件、机器装配时的工件修整等。锉削加工尺寸精度可达 IT8～IT7，表面粗糙度 Ra 值可达 $0.8\ \mu m$。

锯削是指用锯对材料和工件进行切断和锯槽的加工方法。它也是钳工加工的基本方法之一。

2.3.1 锉刀

锉削所用的工具为锉刀。锉刀常用 T12A 或 T13A 制成,经热处理淬硬 60~62 HRC。锉刀由锉刀面、锉刀边、锉柄等组成。

锉刀的锉齿是在剁锉机上剁出来的。锉刀的锉纹多制成双纹,以利锉削时锉屑碎断,锉面不易堵塞,锉削时省力;也有单纹锉刀,一般用于锉铝等软材料。

按用途不同,锉刀可分为普通锉、特种锉、整形锉等。其中普通锉刀应用最广。锉刀的规格一般以截面形状、锉刀长度、齿纹粗细来表示。

按截面形状不同,普通锉刀可分为平锉、方锉、圆锉、半圆锉和三角锉等五种,如图 2-10 所示。其中以平锉用得最多。锉刀大小可以其工作部分的长度表示,主要有 100 mm,150 mm,200 mm,250 mm,300 mm,350 mm 和 400 mm 等七种。按齿纹不同,普通锉刀可分为单齿纹锉刀和双齿纹锉刀。按齿纹粗细不同,普通锉刀可分为粗齿、中齿、细齿和油光齿锉刀等。

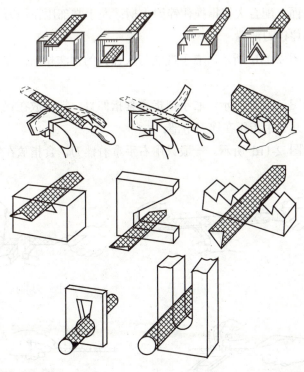

图 2-10 各种锉刀结构及用途

2.3.2 锉削操作方法

1. 准备

（1）工件装夹

工件必须牢固地装夹在台虎钳钳口的中间，并略高于钳口。夹持已加工表面时，应在钳口与工件间垫以铜片或铝片。易于变形和不便于直接装夹的工件，可以用其他辅助材料设法装夹。

（2）正确选择锉刀

锉削前，应根据金属材料的硬度、加工余量的大小、工件的表面粗糙度要求来选择锉刀。加工余量小于 0.2 mm 时，宜用细锉。

（3）锉刀的握法

大锉刀的握法如图 2-11a 所示。右手心抵着锉刀木柄的端头，大拇指放在锉刀木柄的上面，其余四指放在下面，配合大拇指捏住锉刀木柄；左手掌部压在锉刀另一端，拇指自然伸直，其余四指弯曲扣住锉刀前端。

中锉刀的握法如图 2-11b 所示。右手握法与大锉刀的握法相同；左手用大拇指和食指捏住锉刀的前端。

小锉刀的握法如图 2-11c 所示。右手拇指和食指伸直，拇指放在锉刀木柄上面，食指靠在锉刀的刀边；左手几个手指压在锉刀中部。

什锦锉的握法如图 2-11d 所示。一般只用右手拿着锉刀，食指放在锉刀上面，拇指放在锉刀的左侧。

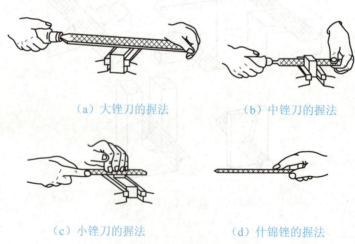

(a) 大锉刀的握法　　(b) 中锉刀的握法

(c) 小锉刀的握法　　(d) 什锦锉的握法

图 2-11　锉刀的握法

2. 锉削力与锉削速度

锉削时，两手施于锉刀的力应保持锉刀的平衡，才能锉出平整的平面，如图2-12所示。推进锉刀时的推力大小主要由右手控制，而压力的大小由两手控制。为保持锉刀平稳前进，锉刀前后两端以工件为支点所受的力矩应相等。根据锉刀位置地不断改变，两手所施加的压力要随之发生相应改变。

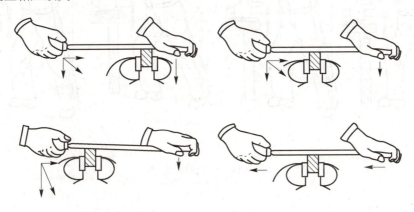

图2-12 锉削力的控制

锉削时的速度一般为每分钟30～60次左右，速度太快，容易疲劳和加快锉齿的磨损。

3. 锉削姿势和要领

正确的锉削姿势和动作，能减少疲劳，提高工作效率，保证锉削质量。只有勤学苦练，才能逐步掌握这项技能。锉削姿势与使用的锉刀大小有关，用大锉锉平面时，正确姿势如下。

（1）站立姿势（位置）

两脚立正面向虎钳，站在虎钳中心线左侧，与虎钳的距离按大小臂垂直、端平锉刀、锉刀尖部能搭放在工件上来掌握。然后迈出左脚，迈出距离从右脚尖到左脚跟约等锉刀长。左脚与虎钳中线约或30°角，右脚与虎钳中线约成75°角，如图2-13所示。

（2）锉削姿势

锉削时，左腿弯曲，右腿伸直，身体重心落在左脚上。两脚始终站稳不动，靠左腿的屈伸作往复运动。手臂和身体的运动要互相配合。锉削时要使锉刀的全长充分利用。

图2-13 锉削时足的姿势

开始锉时，身体要向前倾斜10°左右，左肘弯曲，右肘向后，但不可太大，如图2-14a所示。锉刀推到三分之一时，身体向前倾斜15°左右，使左腿稍弯曲，左肘稍直，右臂前推，如图2-14b所示。锉刀继续推到三分之二时，身体逐渐倾斜到18°左右，使左腿继续弯曲，左肘渐直，右臂向前推进，如图2-14c所示。锉刀继续向前推，把锉刀全长推尽，推锉终止时，两手按住锉刀，身体恢复原来位置，不给锉刀压力或略提起锉刀把它拉回，身体随着锉刀的反作用退回到15°位置，如图 2-14d 所示。

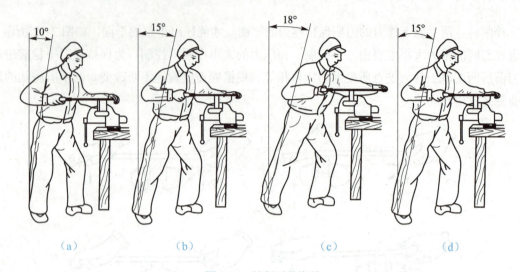

图 2-14 锉削时的姿势

4. 锉削方法

（1）平面的锉削

- 顺锉法：锉刀的切削运动是单方向的。锉刀每次退回时，横向移动 5~10 mm，如图 2-15a 所示。
- 交叉锉法：锉刀的切削运动方向是交叉进行的，如图 2-15b 所示。这种锉削方法容易锉出准确的平面，适用于锉削余量较大的工件。
- 推锉法：如图 2-15c 所示，两手横握锉刀，拇指抵住锉刀侧面，沿工件表面平稳地推拉锉刀，以得到平整光洁的表面。这种锉削法是在工件表面已经锉平，余量很小的情况下，修光工件表面用的。为降低工件表面粗糙度，可在锉刀上涂些粉笔灰，或将砂布垫在锉刀下面推锉。

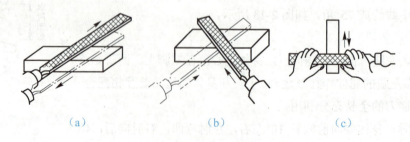

图 2-15 平面锉削方法

（2）圆弧面的锉削

锉削外圆弧面时，锉刀除向前运动外，还要沿工件加工面作圆弧运动，如图 2-16 所示。

锉削内圆弧面时，锉刀除向前运动外，锉刀本身要做旋转运动和向左或向右移动，如图 2-17 所示。

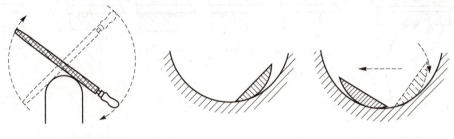

图 2-16　锉削外圆弧面　　　　　图 2-17　锉削内圆弧面

锉通孔时，根据工件通孔的形状、工件材料、加工余量、加工精度和表面粗糙度来选择所需的锉刀。通孔的锉削方法如图 2-18 所示。

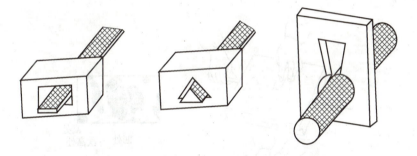

图 2-18　通孔的锉削

2.3.3　锉削质量检查

锉削属于钳工细加工，因此，锉削中一定要进行质量检查。检查时，要按图纸上的技术要求细致地进行，不可粗心大意。下面介绍几种检查方法。

1. 检查平直度

（1）透光法

将工件擦净，用刀口直尺或钢板尺以透光法来检查平直度。如图 2-19a 所示，检查时，刀口直尺或钢板尺只用三个手指——大拇指、食指、中指拿住尺边。如果刀口直尺与工件平面间透光微弱而均匀，说明该平面是平直的；如果透光强弱不一，说明该面高低不平，如图 2-19b。检查时应在工件的横向、纵向和对角线方向多处进行，如图 2-19c。移动刀口直尺或钢板尺时，应把它提起，并轻轻地放在新的位置上，不准使刀口直尺或钢板尺在工件表面上来回拉动。

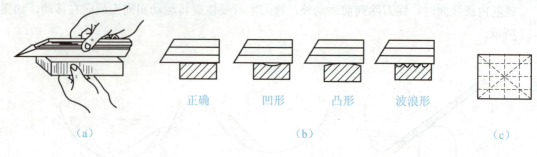

图 2-19 用刀口直尺检查平面度

(2) 研磨法

如图 2-20 所示，在平板上涂铅丹，然后把锉削平面放在平板上，均匀地轻微研磨几下。如果平面着色均匀，说明平面平直；如果有的呈灰亮色（高处），有的没有着色的（凹处），说明高低不平。

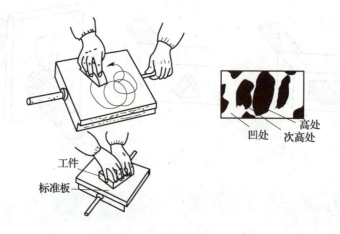

图 2-20 研磨法检查平直度

2. 检查垂直度

检查垂直度使用直角尺，检查时，也采用透光法。选择基准面，并对其他各面有次序的检查，如图 2-21a 所示，图中阴影为基准面。

3. 检查平行度

检查平行度用卡钳或游标卡尺。检查时，在全长不同的位置上，要多检查几次，如图 2-21b 所示。

4. 检查表面粗糙度

检查表面粗糙度一般用眼睛直接观察，为鉴定准确，可用表面粗糙度样板对照检查。

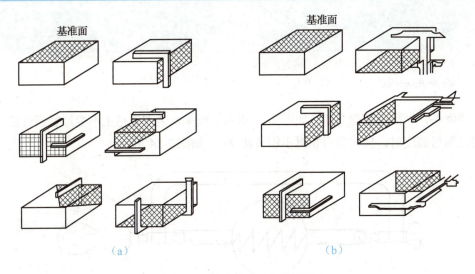

图 2-21　检查垂直度和平行度

2.3.4　锯削工具

钳工锯削主要是用手锯进行。手锯由锯弓和锯条组成。

1. 锯弓

锯弓的作用是安装和张紧锯条。它有可调式和固定式两种，图 2-22 所示为可调式锯弓。可调式锯弓由锯柄 1、锯弓 2、方形导管 3、夹头 4 和翼形螺母 5 等组成。夹头上安有装锯条的销钉。夹头的另一端带有拉紧螺栓，并配有翼形螺母，以便拉紧锯条。

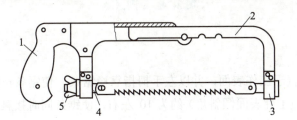

1—锯柄；2—锯弓；3—方形导管；4—夹头；5—翼形螺母

图 2-22　可调式锯弓

2. 锯条

锯条用碳素工具钢制作，并经淬火处理。常用的手工锯条约长 300 mm，宽 12 mm，厚 0.8 mm。为了适应不同硬度和厚度工件的锯削，锯条齿距大小以 25 mm 长度所含齿数多少分为粗（14～16 个齿）、中（18～22 个齿）、细（24～32 个齿）三种。锯削软材料或较厚的材料时，应选用粗齿锯条；锯削硬材料或薄材料时，应选用细齿锯条。

2.3.5 锯削的基本操作

1. 锯条的安装

安装锯条，锯齿尖必须向前，如图 2-23 所示。锯条安装在锯弓上不要过紧或过松。锯缝深度超过锯弓高度时，应将锯弓相对于锯条转 90°，如图 2-24 所示。

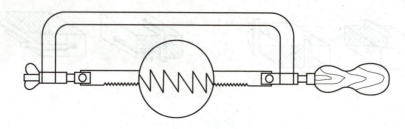

图 2-23 锯条的安装

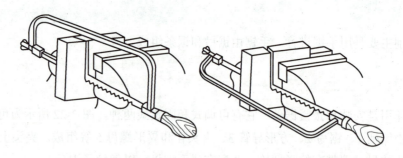

图 2-24 锯削深缝

2. 起锯方法

起锯时锯条要垂直于工作表面，并以左手拇指靠稳锯条，使锯条正确地锯在所需的位置上。起锯角度（锯条与工件表面倾斜角）约为 10°左右，使锯条同时接触工件的齿数至少要有三个，如图 2-25 所示。如果起锯角度过小，锯面增大，锯齿不易切入工件，会造成锯条拉伤工件表面；如果起锯角度过大，锯齿钩住工件的棱边，会使锯齿崩裂。锯出锯口后，逐渐将锯弓处于水平方向。

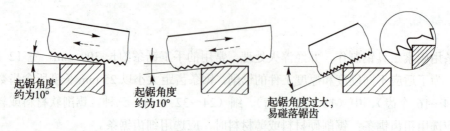

图 2-25 起锯的方法

3. 锯削的压力与速度

锯条前推时起切削作用，应给以适当压力；返回时不切削，应将锯稍微抬起或锯条从工件上轻轻滑过以减少磨损。快锯断时，用力要轻，以免碰伤手臂。锯削速度应根据工件材料及其硬度而定，锯削硬材料时应低些，锯削软材料时可高些，通常每分钟往复40～60次。

2.4 钻、扩、铰、锪孔加工

钻削一般是在钻床上进行的。钻床上可以进行下列工作：在实心工件上钻孔，如图2-26a所示；在铸出的、锻出的和预先钻出的孔上扩孔，如图 2-26b 所示；铰圆柱孔，如图 2-26c 所示；铰圆锥孔，如图 2-26d 所示；用丝锥攻螺纹，如图 2-26e 所示；锪圆柱形埋头孔，如图2-26f所示；锪圆锥形埋头孔，如图 2-26g 所示；修刮端面，如图 2-26h 所示。

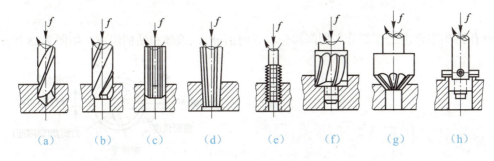

图 2-26　钻床上所能完成的工作图

用钻头在实心材料上加工出孔，称为钻孔。钻孔的工作多数是在各种钻床上进行的。钻孔时，工件固定不动。钻头装在钻床主轴内，一边旋转，一边沿钻头轴线方向切入工件内，钻出钻屑。因此，钻头的运动是由以下两种运动合成的，如图2-27所示。

图 2-27　钻床的加工

- 切削运动：为主体运动，是钻头绕本身轴线的旋转运动。它使钻头沿着圆周进行切削。

- **进给运动**：为进刀运动，是钻头沿轴线方向的前进运动，它使钻头切入工件，连续地进行切削。

由于两种运动同时进行，因此除钻头轴心线以外的每一点的运动轨迹都是螺旋线，钻屑也成螺旋形。

钻孔加工的精度一般为 IT11～IT13 级，Ra 可达 12.5 μm，适用于加工要求不高的孔。

钻头是钻孔用的主要切削工具，种类很多，有麻花钻、中心钻、锪钻等。本节主要介绍麻花钻。

2.4.1 麻花钻头

麻花钻头的材料主要是碳素工具钢和高速钢，经过热处理，硬度为 62～65 HRC，切削温度可耐 600 ℃高温。

1. 麻花钻头的构造

麻花钻头主要由工作部分（切削部分和导向部分）、颈部和钻柄组成，如图 2-28 所示。

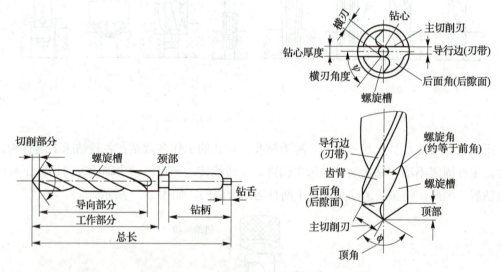

图 2-28 麻花钻的构造

（1）切削部分

切削部分包括钻心尖、横刃和两个主切削刃，即"一尖三刃"担负切削工作。

（2）导向部分

导向部分由螺旋槽、刃带、齿背和钻心组成。螺旋槽的作用是形成切削刃和前角，容纳和排除切屑、输入冷却润滑液等；刃带（导行边）是沿螺旋槽高出 0.5～1.0 mm 的部分，起着减小钻头与孔壁间的摩擦力、修光孔壁和导引钻头的作用；钻头上低于刃带的部分为齿背；钻头的两条螺旋槽之间的实心部分为钻心，用它连接两个刃瓣，以保持钻头的强度和刚度。

为了减少钻孔时的摩擦发热,一般越靠近尾端,其导向部分的直径越小(每 100 mm,直径减少 0.04~0.08 mm),这称为倒锥。

(3) 颈部

颈部是指柄部与工作部分的连接部分,可供磨削外径时砂轮退刀,并常刻有钻头的规格和厂标。

(4) 钻柄

钻柄与钻床主轴连接,传递机床动力。钻头直径在 12 mm 以上的柄部为圆锥体,直接插入钻轴锥孔内或用钻套过渡连接,靠钻削时进刀的压力,使圆锥面产生摩擦力,带动钻头旋转。尾部的最末端称为钻舌,它可防止钻头在锥孔内旋转,也便于将钻头从锥孔中退出。钻头直径小于 12 mm 时,其尾部多为圆柱体,经钻夹头夹持,再连接在钻床主轴上。

2. 麻花钻头的规格

麻花钻头的直径规格如表 2-1 所示。

表 2-1 麻花钻的直径规格　　单位:mm

0.25	1.95	4.50	7.80	10.80	14.80	18.00	21.90	26.50	32.00	37.30	42.50	47.90
0.30	2.00	4.70	7.90	10.90	14.90	18.30	22.00	26.60	32.50	37.50	42.70	48.00
0.35	2.05	4.80	8.00	11.00	15.00	18.40	22.30	26.90	32.60	37.60	42.90	48.50
0.40	2.10	4.90	8.10	11.20	15.10	18.50	22.40	27.00	32.70	37.80	43.00	48.60
0.45	2.15	5.00	8.20	11.30	15.20	18.60	22.50	27.60	32.90	37.90	43.30	48.70
0.50	2.20	5.10	8.30	11.40	15.30	18.80	22.60	27.70	33.00	38.00	43.50	48.90
0.55	2.25	5.20	8.40	11.50	15.40	18.90	22.70	27.80	33.40	38.50	43.80	49.00
0.60	2.30	5.30	8.50	11.70	15.50	19.00	22.80	27.90	33.50	38.60	44.00	49.50
0.65	2.40	5.40	8.60	11.80	15.60	19.10	22.90	28.00	33.60	38.70	44.40	49.60
0.70	2.50	5.50	8.70	11.90	15.70	19.20	23.00	28.10	33.70	38.90	44.50	49.70
0.75	2.60	5.70	8.80	12.00	15.80	19.30	23.50	28.30	33.80	39.00	44.60	49.90
0.80	2.65	5.80	8.90	12.10	15.90	19.40	23.60	28.50	33.90	39.20	44.70	50.00
0.85	2.70	5.90	9.00	12.30	16.00	19.50	23.70	28.60	34.00	39.50	44.80	50.00
0.90	2.80	6.00	9.10	12.40	16.20	19.60	23.90	28.80	34.40	39.60	44.90	51.00
0.95	2.90	6.20	9.20	12.50	16.30	19.70	24.00	29.00	34.50	39.70	45.00	52.00
1.00	3.00	6.30	9.30	12.70	16.40	19.90	24.10	29.20	34.60	39.80	45.10	53.00
1.10	3.15	6.40	9.40	12.90	16.50	20.00	24.30	29.30	34.80	39.90	45.50	54.00
1.15	3.20	6.50	9.50	13.00	16.60	20.30	24.50	29.60	35.00	40.00	45.60	55.00
1.20	3.30	6.60	9.60	13.20	16.70	20.40	24.60	30.00	35.20	40.30	45.70	56.00
1.25	3.40	6.70	9.70	13.30	16.80	20.50	24.70	30.50	35.50	40.50	45.90	57.00

续表 2-1

1.30	3.50	6.80	9.80	13.50	16.90	20.60	24.80	30.70	35.60	40.80	46.00	58.00
1.35	3.60	6.90	9.90	13.70	17.00	20.70	24.90	30.80	35.70	41.00	46.20	60.00
1.40	3.70	7.00	10.00	13.80	17.10	20.80	25.00	30.90	35.80	41.40	46.40	62.00
1.45	3.75	7.10	10.10	13.90	17.20	20.90	25.30	31.00	35.90	41.50	46.50	65.00
1.50	3.80	7.20	10.20	14.00	17.30	21.00	25.50	31.30	36.00	41.60	46.70	68.00
1.60	3.90	7.30	10.30	14.30	17.40	21.20	25.60	31.40	36.50	41.70	46.90	70.00
1.70	4.00	7.40	10.40	14.40	17.50	21.50	25.90	31.50	36.60	41.90	47.00	72.00
1.75	4.10	7.50	10.50	14.50	17.60	21.60	26.00	31.60	36.70	42.00	47.50	75.00
1.80	4.20	7.60	10.60	14.60	17.70	21.70	26.10	31.70	36.80	42.20	47.60	78.00
1.90	4.40	7.70	10.70	14.70	17.90	21.80	26.40	31.80	37.00	42.40	47.80	80.00

2.4.2 麻花钻头的刃磨方法及要求

钻头刃磨的目的，是要把钝了或损坏的切削部分刃磨成正确的几何形状，使钻头保持良好的切削性能。钻头的切削部分，对于钻孔质量和效率有直接影响。因此，钻头的刃磨是一项重要的工作，必须掌握好。钻头的刃磨大都在砂轮机上进行。

1. 磨主切削刃

右手握钻头的前端，靠在砂轮机的托板上，左手捏住钻柄，将主切削刃摆平，磨削应在砂轮机的中心面上进行，钻头的中心和砂轮面的夹角等于 1/2 顶角。刃磨时右手使刃口接触砂轮，左手使钻头柄部向下摆动，摆动的角度即是钻头的后角。当钻头柄部向下摆动时，右手捻动钻头绕自身的中心线旋转。这样磨出的钻头钻心处的后角会大些，有利于钻削。按上述步骤刃磨好一条主切削刃后，再磨另一条主切削刃。

2. 修磨横刃

钻头在钻削过程中，其横刃部分将产生很大的轴向抗力，从而消耗大量的能量和引起钻头晃动。横刃太长还会影响钻头的正确定心。因此，要适当将横刃修磨的小一些，以改善钻削条件。如果材料软，横刃可多磨去些；如果材料硬，横刃可少磨去些。但小直径钻头一般不修磨横刃（5 mm 以内的钻头）。

横刃的修磨，把横刃磨短到原来的 1/3～1/5，靠近钻心处的切削刃磨成内刃，内刃斜角约为 20°～30°，内刃前角约为 0～15°。这样，可以减小轴向抗力和便于钻头定位。

修磨横刃时，磨削点大致在砂轮水平中心面以上，钻头与砂轮的相对位置如图 2-29a 所示。钻头与砂轮侧面构成 15°角（向左偏），与砂轮中心面约构成 55°角，如图 2-29b 所示。刃磨开始时，钻头刃背与砂轮圆角接触，磨削点逐渐向钻心处移动，直至磨出内刃前面。修磨中，钻头略有转动，磨削量由大到小，当磨至钻心处时，应保证内刃前角、内刃斜角、横刃长度。磨削动作要轻，防止刃口退火或钻心过薄。

3. 钻薄板的钻头

在装配与修理工作中，常常在薄钢板、铝板、黄铜皮、紫铜皮、马口铁等金属薄板上钻孔。如果用普通钻头钻孔，会出现孔不圆、孔口飞边、孔被撕破、毛刺大，甚至使板料扭曲变形和发生事故等。因此，必须把钻头磨成如图 2-29c 所示的几何形状。钻削时，钻心先切入工件，定住中心，起钳制工件的作用；然后，两个锋利的外尖（刃口）迅速切入工件，使其切离。

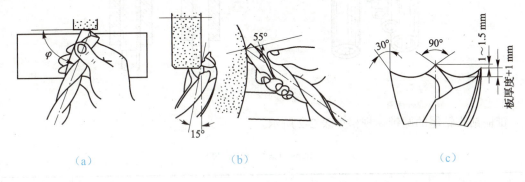

图 2-29 钻头的刃磨

2.4.3 钻头的装夹

1. 钻夹头

钻夹头用来夹持尾部为圆柱体钻头的夹具，如图 2-30 所示。它在夹头的三个斜孔内装有带螺纹的夹爪，夹爪螺纹和装在夹头套筒的螺纹相啮合，旋转套筒使三个爪同时张开或合拢，将钻头夹住或卸下。

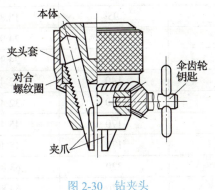

图 2-30 钻夹头

2. 钻夹套和楔铁

钻夹套是用来装夹圆锥柄钻头的夹具。由于钻头或钻夹头尾锥尺寸大小不同,为了适应钻床主轴锥孔,常常用锥体钻夹套作过渡连接。套筒以莫氏锥度为标准,它由不同尺寸组成。楔铁是用来从钻套中卸下钻头的工具,如图2-31所示。

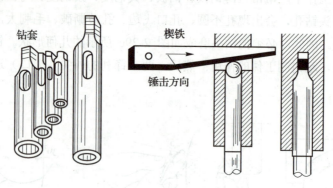

图2-31 钻夹套和楔铁

锥柄钻头钻尾的圆锥体规格如表2-2所示。

表2-2 锥柄钻头钻尾圆锥体规格表

钻头直径/mm	6~15.5	15.6~23.5	23.6~32.5	32.6~49.5	49.6~65	68~80
莫氏锥度	1	2	3	4	5	6

一般立钻主轴的孔内锥体是3号或4号莫氏锥体,摇臂钻主轴的孔内锥体是5号或6号莫氏锥体。如果将较小直径的钻头装入钻床主轴上,需要用过渡钻夹套。钻夹套规格如表2-3所示。

表2-3 钻夹套规格表

莫氏锥度		全长/mm	外锥体大端直径/mm	内锥体大端直径/mm
外锥	内锥			
1	0	80	12.963	9.046
2	1	95	18.805	12.065
3	1	115	24.906	12.065
3	2	115	24.906	17.781
4	2	140	32.427	17.781
4	3	140	32.427	23.826
5	3	170	45.495	23.826
5	4	170	45.495	31.296
6	4	220	63.892	31.296
6	5	220	63.892	44.401

2.4.4 工件的装夹

① 手虎钳和平行夹板用来夹持小工件和薄板件，如图 2-32 所示。

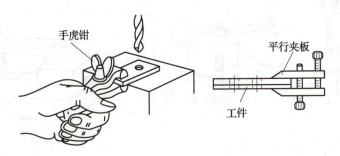

图 2-32　用手虎钳和平行夹板家持工件钻孔

② 机用虎钳用来夹持平整的工件，如图 2-33 所示。

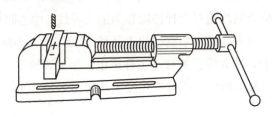

图 2-33　机用虎钳夹持工件

③ V 形铁主要用来夹持圆柱形工件，并需要有压板、垫块和螺丝来配合使用，如图 2-34 所示。

④ 将工件竖直立起装夹在弯板上钻孔，如图 2-35 所示。

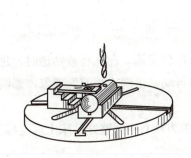 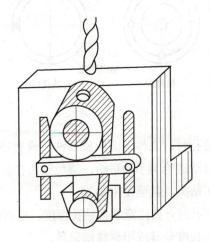

图 2-34　在圆轴上钻孔的夹持方法　　图 2-35　在弯板上夹持工件钻孔的方法

⑤ 在大直径管子和圆轴上钻孔时，所用夹具如图 2-36 所示。

⑥ 利用钻床工作台上的 T 型槽，通过螺丝、压板、垫块的相互配合夹持钻孔工件，如图 2-37 所示。

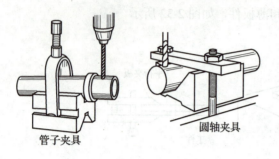

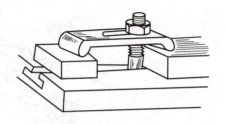

图 2-36　在大直径管子和圆轴上钻孔　　　　图 2-37　在钻床工作台上装夹工件

2.4.5　钻孔的操作方法

工件上的孔径圆及检查圆均需打上样冲眼作为加工界线，中心眼应打大些，如图 2-38 所示。钻孔时先用钻头在孔的中心锪一小窝（约占孔径 1/4），检查小窝与所划圆是否同心。如稍有偏离，可用样冲将中心冲大矫正或移动工件矫正。如偏离较多，可用窄錾在偏斜相反方向凿几条槽再钻，便可以逐渐将偏斜部分矫正过来，如图 2-39 所示。

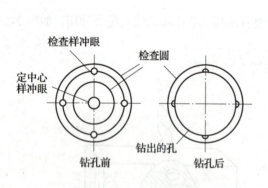

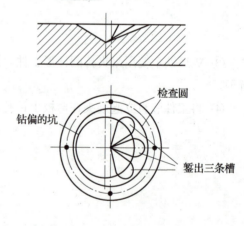

图 2-38　钻孔前的准备　　　　　　　　　图 2-39　钻偏时錾槽校正

钻通孔时，工件下面应放垫铁，或把钻头对准工作台空槽。在孔将被钻透时，进给量要小，变自动进给为手动进给，避免钻头在钻穿的瞬间抖动，出现"啃刀"现象，影响加工质量，损坏钻头，甚至发生事故。

钻盲孔时，要注意掌握钻孔深度。控制钻孔深度的方法有：调整好钻床上深度标尺挡块；安置控制长度量具或用划线做记号。

钻深孔时，要经常退出钻头及时排屑和冷却，否则易造成切屑堵塞或使钻头切削部分过热磨损、折断。

钻大孔时，直径 D 超过 30 mm 的孔应分两次钻。先用 $(0.5～0.7)D$ 的钻头钻，再用所需直径的钻头将孔扩大。这样，既有利于钻头负荷分担，也有利于提高钻孔质量。

在圆柱面和倾斜表面钻孔时最大的困难是"偏切削"，即切削刃上的径向抗力使钻头轴线偏斜，这样不但无法保证孔的位置，而且容易折断钻头，对此一般采取图 2-40a 所示的平顶钻头，由钻心部分先切入工件，而后逐渐钻进。图 2-40b 所示为一种多级平顶钻头。

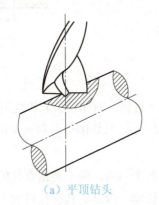 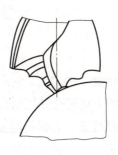

（a）平顶钻头　　　　　　　　　（b）多级平顶钻头

图 2-40　在斜面上钻孔

钻削钢件时，为降低表面粗糙度，多使用机油作冷却润滑油；为提高生产率，多使用乳化液。钻削铝件时，多用乳化液、煤油为切削液。钻削铸铁件时，用煤油为切削液。

2.4.6　扩孔、铰孔和锪孔

1. 扩孔

对已有孔进行扩大孔径的加工方法称为扩孔。它可以校正孔的轴线偏差，并使其获得较正确的几何形状，加工尺寸精度一般为 IT10～IT9，表面粗糙度 Ra 值为 3.2～6.3 μm。扩孔可作为要求不高的孔的最终加工，也可以作为精加工前的预加工。扩孔加工余量为 0.5～4 mm。

一般可用麻花钻进行扩孔，但在扩孔精度要求较高或生产批量较大时，应采用专用的扩孔钻。它有 3～4 条切削刃，无横刃，顶端为平的，螺旋槽较浅，故钻芯粗实，刚性好，不易变形，导向性能好。由于其切削较平稳，经扩孔后能提高孔的加工质量。图 2-41 所示为扩孔钻和扩孔时的情形。

2. 铰孔

铰孔是用铰刀对孔进行精加工的操作，其加工尺寸精度为 IT7～IT6，表面粗糙度 Ra 值为 0.8 μm，加工余量很小（粗铰 0.15～0.5 mm，精铰 0.05～0.25 mm）。

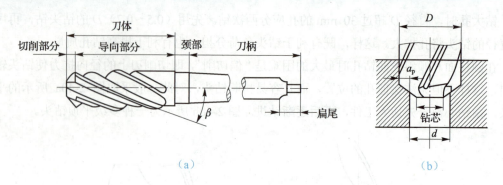

图 2-41 扩孔钻和扩孔

铰刀是用于铰削加工的刀具。它有手用铰刀（直柄、刀体较长）和机用铰刀（多为锥柄，刀体较短）之分。铰刀比扩孔钻切削刃多（6～12 个），且切削刃前角 $\gamma_0 = 0°$，并有较长的修光部分，因此加工精度高，表面粗糙度值低。

铰刀多为偶数刀刃，并成对地位于通过直径的平面内，便于测量直径的尺寸。

手铰切削速度低，不会受到切削热和振动的影响，故是对孔进行精加工的一种方法。

铰孔时铰刀不能倒转，否则，切屑会卡在孔壁和切削刃之间，划伤孔壁或使切削刃崩裂。铰通孔时，铰刀修光部分不可全露出孔外，以免把出口处划伤。

铰刀和铰孔时的情形如图 2-42 所示。

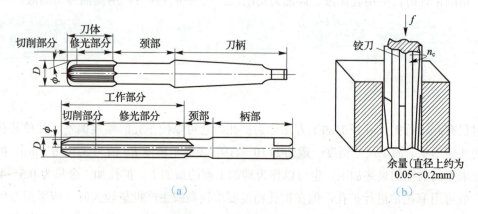

图 2-42 铰刀和铰孔

3. 锪孔

用锪钻进行孔口形面的加工称为锪孔。

在工件的连接孔端锪出柱形或锥形埋头孔，用以埋头螺钉埋入孔内把有关的零件连接起来，使外观整齐，装配位置紧凑；将孔口端面锪平并与孔中心线垂直，能使连接螺栓或螺母的端面与连接件保持良好的接触。

锪孔的形式有：

① 锪圆柱形埋头孔如图 2-43a 所示。圆柱形埋头孔锪钻的端刃起主要切削作用，周刃为副切削刃，起修光作用。为保持原有孔与埋头孔的同轴度，锪钻前端带有导柱，与已有孔相配，起定心作用。

② 锪锥形埋头孔如图 2-43b 所示。锪钻锥顶角多为 90°，并有 6～12 个刀刃。

③ 锪孔端平面如图 2-43c 所示。端面锪钻用于锪与孔垂直的孔口端面，也有导柱起定心作用。

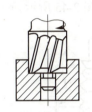  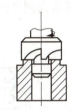

（a）锪圆柱形埋头孔　　（b）锪锥形埋头孔　　（c）锪孔端平面

图 2-43　锪孔

锪孔时，切削速度不宜过高，锪钢件时需要加润滑油，以免锪削表面产生径向振纹或出现多棱形等质量问题。

2.4.7　钻孔安全技术

① 做好钻孔前的准备工作，认真检查钻孔机具，工作现场要保持整洁，安全防护装置要妥当。

② 操作者衣袖要扎紧，严禁戴手套。头部不要靠钻头太近，女同志必须带工作帽，防止发生事故。

③ 工件夹持要牢固，一般不可用手直接拿工件钻孔，防止发生事故。

④ 钻孔过程中，严禁用棉纱擦拭切屑或用嘴吹切屑，更不能用手直接清除切屑，应该用刷子或铁钩子清理。高速钻削要及时断屑，以防止发生人身和设备事故。

⑤ 严禁在开车状况下装卸钻头和工件。检验工件和变换转速必须在停车状况下进行。

⑥ 钻削脆性金属材料时，应配带防护眼镜，以防切屑飞出伤人。

⑦ 钻通孔时工件底面应放垫块，防止钻坏工作台或虎钳的底平面。

⑧ 在钻床上钻孔时，不能同时二人操作，以免因配合不当造成事故。

⑨ 对钻具、夹具等要加以爱护，经常清理切屑和污水，及时涂油防锈。

2.5 攻螺纹、套螺纹、刮削、研磨

2.5.1 螺纹主要尺寸

螺纹有米制和英制之分，还可分为内螺纹和外螺纹，粗牙螺纹和细牙螺纹。按牙形不同，螺纹可分为三角形螺纹、梯形螺纹、矩形螺纹、锯齿形螺纹等。

下面以三角螺纹为例介绍螺纹的主要尺寸，如图 2-44 和图 2-45 所示。

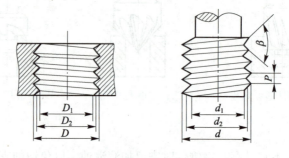

图 2-44 三角螺纹各部分的名称

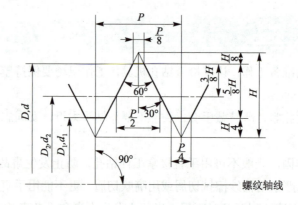

图 2-45 普通（米制）螺纹的主要尺寸

1. 大径

大径是螺纹的最大直径，即外螺纹的牙顶直径、内螺纹的牙底直径，通常称为螺纹的公称直径。内螺纹的大径用 D 表示；外螺纹的大径用 d 表示。

2. 小径

小径是螺纹的最小直径，即外螺纹的牙底直径、内螺纹的牙顶直径。内螺纹的小径用 D_1 表示；外螺纹的小径用 d_1 表示。

3. 中径

螺纹的有效直径称为中径。中径母线上的牙宽等于螺距的一半。内螺纹的中径用 D_2 表示；外螺纹的中径用 d_2 表示。

4. 螺纹工作高度

螺纹顶点到根部的垂直距离称为螺纹工作高度（或牙形高度），用 h 表示。

5. 螺纹剖面角

螺纹剖面角是螺纹剖面两侧所夹的角，也称牙形角。牙形半角 $\alpha/2$ 为牙形角 α 的一半。普通螺纹的牙形角 $\alpha = 60°$，牙形半角 $\alpha/2 = 30°$。

6. 螺距

螺距 P 是相邻两牙对应点间的轴向距离。

7. 导程

螺纹上一点沿螺旋线转一周时，该点沿轴线方向所移动的距离称为导程，用 P_h 表示。单线螺纹的导程等于螺距。螺纹线数为 n 时，导程与螺距的关系为

$$P_h = nP$$

8. 精度

粗牙螺纹有 1，2，3 三个精度等级。细牙螺纹有 1，2，2a，3 四个精度等级。梯形螺纹有 1，2，3，3s 四个精度等级。圆柱管螺纹有 2，3 两个精度等级。

2.5.2 螺纹的应用及代号

1. 螺纹的应用范围

各种螺纹的牙型如图 2-46 所示。

图 2-46 各种螺纹的牙型

- **三角形螺纹**：应用很广泛，如设备零件的连接等。

- 梯形和矩形螺纹：主要应用在传动和受力的机械上，如机床上的传动丝杠等。
- 半圆形螺纹：主要应用在管子连接上，如水管连接及螺丝口灯泡等。
- 锯齿形螺纹：主要应用在承受单面压力的机械上，如冲床上的冲头螺杆等。

2. 螺纹种类代号

各种螺纹有统一规定的代号，如表 2-4 所示，一般都采用普通螺纹，只在某些配件上采用英制螺纹。

表 2-4 标准螺纹代号

螺纹类型	牙形代号	代号示例	代号示例说明
粗牙普通螺纹	M	M10	粗牙普通螺纹，外径 10 mm
细牙普通螺纹	M	M16×1	细牙普通螺纹，外径 16 mm，螺距 1 mm
梯形螺纹	T	T36×12/2-3 左	梯形螺纹，外径 36 mm，导程 12 mm，头数 2，3 级精度，左旋
锯齿形螺纹	S	S70×10	锯齿形螺纹，外径 70 mm，螺距 10 mm
圆柱管螺纹	G	G3/4″	圆柱管螺纹，管子内径 3/4″
55°圆锥管螺纹	ZG	ZG5/8″	55°圆锥管螺纹，管子内径 5/8″
60°圆锥管螺纹	Z	Z1″	60°圆锥管螺纹，管子内径 1″

（1）普通螺纹

普通螺纹的剖面角为 60°，螺纹尖端是削平的。螺母和螺杆啮合时，底部和顶部之间有间隙。这种螺纹的尺寸单位为毫米，分粗、细两种牙，粗牙螺纹有三个精度等级，细牙螺纹有四个精度等级。其中，粗牙螺纹应用较多，1 级精度用于有振动及承受变动载荷的特别重要的机件，也用于这些机件中过盈连接的螺纹；2 级精度用于有振动的较重要的机件；3 级精度则用于一般的螺纹连接。

（2）英制螺纹

英制螺纹的剖面角为 55°，螺纹的尖端也是削平的，螺母和螺杆啮合时，底部和顶部之间也有间隙。螺纹的尺寸单位为英寸。

（3）管子螺纹

管子螺纹用在管子连接上，有圆柱和圆锥形两种。螺纹断面形状有削平的和圆角的两种。管子连接时要求密封比较好。管子螺纹的公称直径是管子的内径，并不是螺纹的外径。

3. 螺纹测量

为了弄清螺纹的尺寸规格，必须对螺纹的外径、螺距和牙形角进行测量，以利于加工及质量检查，测量方法一般有如下几种。

① 用游标卡尺测量螺纹外径，如图 2-47 所示。

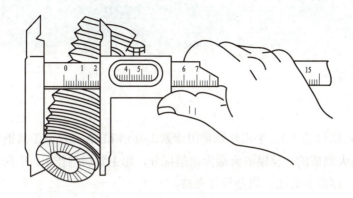

图 2-47 用游标卡尺测量螺纹外径

② 用螺纹样板量出螺距及牙形,如图 2-48 所示。

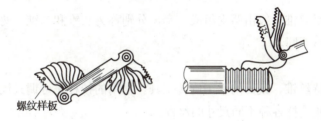

图 2-48 用螺纹样板量出螺距及牙形

③ 用钢板尺量出英制螺纹每英寸的牙数,如图 2-49 所示。

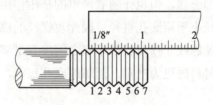

图 2-49 用英制钢板尺测量牙数

④ 用已知螺杆或丝锥放在被测量的螺纹上,测出是哪一种规格的螺纹,如图 2-50 所示。

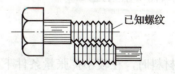

图 2-50 用已知螺杆测定公、英制螺纹

2.5.3 攻螺纹

1. 丝锥和铰杠

(1) 丝锥

丝锥是加工内螺纹的工具。手用丝锥是用碳素工具钢 T12A 或合金工具钢 9SiCr 经滚牙（或切牙）、淬火和回火制成的。丝锥的前端为切削部分，起主要切削作用；中间修正部分起修光和引导丝锥作用；尾端为方头，以便铰杠夹持。

丝锥工作部分沿轴向开有几条容屑槽并形成切削刃和前角，同时能容纳切屑；切削部分磨出切削锥角，使切削负荷分布在几个刀齿上，刀齿受力均匀，不易崩刃或折断，同时也使丝锥容易正确切入。

每种尺寸的手用丝锥一般由两支组成一套，分别称为头锥和二锥。两支丝锥的区别在于切削部分的锥度大小不同。

(2) 铰杠

铰杠是用来夹持丝锥、铰刀的手工旋转工具。常用的铰杠是可调式铰杠，转动手柄，可调节方孔大小，以便夹持各种不同尺寸的丝锥。

2. 螺纹底孔的确定

攻丝时，丝锥主要是切削金属，但也伴随着严重的挤压作用，会产生金属凸起并挤向牙尖，使攻螺纹后的螺纹孔内径小于原底孔直径。因此攻螺纹的底孔直径应稍大于螺纹内径，否则攻螺纹时因挤压作用，使螺纹牙顶与丝锥牙底之间没有足够的容屑空间，将丝锥箍住，甚至折断，此现象在攻塑性材料时更为严重。但螺纹底孔过大，又会使螺纹牙型高度不够，降低强度。

底孔直径的大小要根据工件的塑性好坏及钻孔扩张量考虑。

① 加工钢和塑性较好的材料时，在中等扩张量的条件下，钻头直径为

$$D = d - P$$

式中：D——攻螺纹前，钻螺纹底孔用钻头直径；

d——螺纹直径；

P——螺距。

② 加工铸铁和塑性较差的材料时，在较小扩张量条件下，钻头直径为

$$D = d - (1.05 \sim 1.1)P$$

3. 攻螺纹的操作方法

攻螺纹时，将头锥垂直地放入已倒好角的工件孔内，先旋入 1~2 圈，用目测或 90°角

尺在相互垂直的两个方向上检查，然后用铰杠轻压旋入。当丝锥的切削部分已经切入工件后，可只转动而不加压，每转一圈应反转 1/4 圈，以便切屑断落，如图 2-51 所示。攻完头锥后继续攻二锥。攻二锥时，先把丝锥放入孔内，旋入几扣后，再用铰杠转动，旋转铰杠时不需加压。攻钢料工件时，加机油润滑可使螺纹光洁，并能延长丝锥的使用寿命；攻铸铁件，可加煤油润滑。

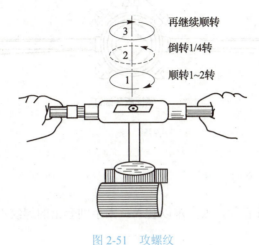

图 2-51 攻螺纹

2.5.4 套螺纹

1. 板牙和板牙架

（1）板牙

板牙是加工外螺纹的工具，是用合金工具钢 9SiCr，9Mn2V 或高速钢经淬火回火制成的。板牙由切削部分、校准部分和排屑孔组成，如图 2-52 所示。它本身就像一个圆螺母，只是在它上面钻有几个排屑孔，并形成切削刃。

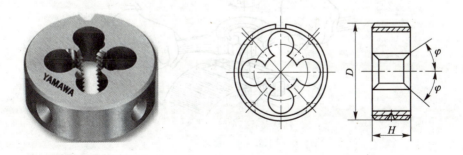

图 2-52 板牙

切削部分是板牙两端带有切削锥角（2φ）的部分，起着主要的切削作用。校准部分位于板牙中间，也是套螺纹的导向部分。板牙的外圈有一条深槽和四个锥坑。深槽可微量调节螺纹直径大小；锥坑用来定位和紧固板牙。调整螺钉压入锥坑，可以传递扭矩。

(2) 板牙架

板牙架是用来夹持圆板牙的工具，如图 2-53 所示。

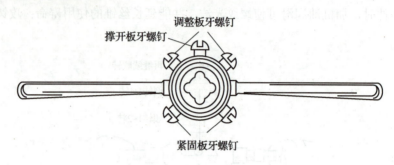

图 2-53　板牙架

2. 套螺纹前圆杆直径的确定

套螺纹前应检查圆杆直径，太大难以套入；太小则套出的螺纹不完整。圆杆直径可用下面经验公式计算：

$$圆杆直径 \approx 螺纹外径 - 0.13t$$

3. 套螺纹操作方法

套螺纹前，圆杆端部应倒角，使板牙容易对准工件中心，同时也容易切入。工件伸出钳口的长度，在不影响螺纹要求长度的前提下，应尽量短一些。套螺纹过程与攻螺纹相似，如图 2-54 所示。

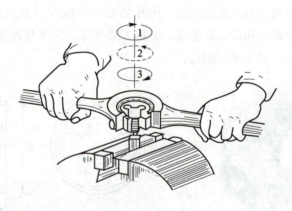

图 2-54　套螺纹

2.5.5　刮削

用刮刀在工件表面上刮去一层很薄的金属，称为刮削。

刮削后的表面具有良好的平面度，表面粗糙度 Ra 值可达 1.6 μm 以下，是钳工中的一种精密加工。零件上的配合滑动表面，如机床导轨、滑动轴承等，为了达到配合精度，增加接触表面，减少摩擦磨损，提高使用寿命，常需刮削加工。

刮削具有切削余量较小、切削力较小、产生热量少及装夹变形小等优点，但也存在劳动强度大、生产率低等缺点。

1. 刮刀及其用法

（1）刮刀

刮刀是用以刮削的主要工具，多采用 T10A，T12A 或轴承钢锻制成。平面刮刀如图 2-55 所示。使用前，刮刀端部要在砂轮上刃磨出刃口，然后再用油石磨光。

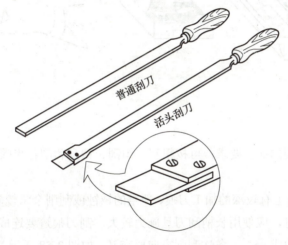

图 2-55　平面刮刀

（2）刮刀的用法

以刮削平面为例，刮削时将刮刀柄放在小腹右下侧，双手握住刀身，并加压力，利用腿力和臂部力量使刮刀向前推挤，推到适当位置时，抬起刮刀。刮削的全部动作，可归纳为"压、推、抬"，如图 2-56 所示。

图 2-56　刮刀的用法

2. 刮削精度的检验

刮削表面的精度通常是以研点法来检验的。研点法如图 2-57 所示。将工件刮削表面擦净，均匀涂上一层很薄的红丹油，然后与校准工具（如标准平板等）相配研。工件表面上的凸起点经配研后被磨去红丹油而显出亮点（即贴合点）。刮削表面的精度是以在 25 mm×25 mm 的面积内贴合点的数量与分布稀疏程度来表示的。普通机床导轨面为 8～10 点，精密机床导轨面为 12～15 点。

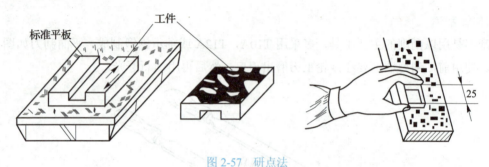

图 2-57 研点法

3. 平面刮削

平面刮削根据不同的加工要求，可按粗刮、细刮、精刮和刮花步骤进行。

（1）粗刮

刮削前，工件表面上有较深的加工刀痕、严重的锈蚀或刮削余量较多时（0.05 mm 以上），应先进行粗刮。粗刮时，应使用长柄刮刀且施力较大，刮刀痕迹要连成片，不可重复。粗刮方向要与机加工刀痕约成 45°，各次刮削方向要交叉，如图 2-58 所示。当粗刮到工件表面上贴合点增至每 25 mm×25 mm 面积内有 4～5 个点时，可以转入细刮。

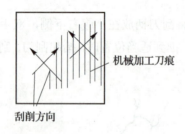

图 2-58 粗刮方向

（2）细刮

细刮采用短刮刀，施较小压力，刀痕短，将粗刮后的贴合点刮去。细刮时须按同一方向刮削，刮第二遍时要交叉刮削，以消除原方向的刀迹，否则刀刃容易沿上一次刀迹滑动，出现研点成条状不能迅速达到精度要求。随着研点数目增多，显示剂要涂得薄而均匀，以便显点清晰。在整个刮削面上达到每 25 mm×25 mm 面积内有 12～15 个点时，细刮结束。

（3）精刮

精刮时，采用精刮刀对准点子，落刀要轻，提刀要快，每刀一点，不要重刀。经反复配研、刮削，能使被刮平面上每 25 mm×25 mm 面积内有 25 个点以上。

（4）刮花

为了增加刮削表面的美观，保证良好的润滑，并借刀花的消失判断平面的磨损程度，精刮后要刮花。常见的花纹如图 2-59 所示。

(a) 斜纹花

(b) 鱼鳞花

(c) 半月花

图 2-59 刮花的花纹

4. 曲面刮削

对于某些要求较高的滑动轴承的轴瓦、衬套等也要进行刮削，以得到良好的配合。刮削轴瓦用三角刮刀，其用法如图 2-60 所示。研点的方法是在轴上涂色，然后用其与轴瓦配研。

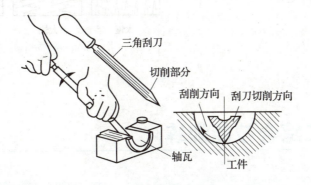

图 2-60 用三角刮刀刮削轴瓦

2.5.6 研磨

用研磨工具和研磨剂从工件上磨去一层极薄金属的加工称为研磨。研磨尺寸误差可控制在 0.001～0.005 mm 范围内，表面粗糙度 Ra 值为 0.1～0.08 μm，是精密加工方法之一。

1. 研磨剂

研磨剂由磨料（常用的有刚玉类和碳化硅类）和研磨液（常用的有机油、煤油等）混合而成。其中，磨料起到切削作用；研磨液用以调和磨料，并起冷却、润滑和加速研磨过程的作用。目前,工厂大多用研磨膏(磨料中加入黏结剂和润滑剂调制而成),使用时用油稀释。

2. 研磨方法

研磨平面是在研磨平板上进行的,如图 2-61a 所示。研磨时,用手按住工件并加一定压力 F,在平板上按"8"字形轨迹移动或作直线往复运动,并不时地将工件调头或偏转位置,以免研磨平面倾斜。研磨外圆面时,将工件装在车床顶尖之间,如图 2-61b 所示,涂以研磨剂,然后套上研磨套进行。研磨时工件转动,用手握住研磨套作往复运动,使表面磨出 45°交叉网纹。研磨一段时间后,应将工件调头再行研磨。研磨速度应适当,过快或过慢都会影响表面粗糙度。

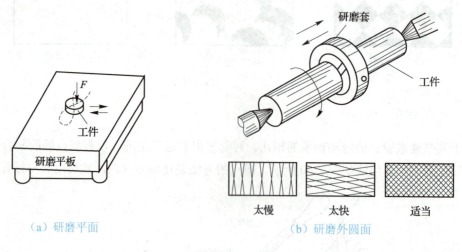

(a)研磨平面　　　　(b)研磨外圆面

图 2-61　研磨

2.6　钳工综合技能训练

2.6.1　凸凹体锉配训练

凸凹体锉配训练图如图 2-62 所示。

1. 教学要求

(1)掌握具有对称度要求工件的划线。

(2)学会正确使用和保养千分尺。

(3)初步掌握具有对称度要求的工件加工和测量方法。

(4)熟练锉削、锯削、钻削的操作技能,并使工件达到一定的加工精度要求,为锉配打下必要的基础。

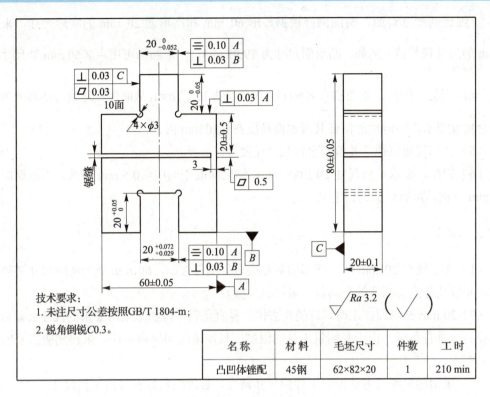

图 2-62 凸凹体锉配训练图

2. 加工步骤

（1）按图样要求锉削好外廓基准面，达到尺寸 60 ± 0.05，80 ± 0.05 和垂直度要求。

（2）按要求划出凹凸形体加工线，并钻 $4\times\phi3$ 工艺孔。

（3）加工凸形面。

① 按划线锯去垂直一角，粗锉、细锉两个垂直面。根据 80 mm 处的实际尺寸，通过控制 60 mm 的尺寸误差值（本处应控制在 80 mm 处的实际尺寸减去 $20_{-0.05}^{0}$ mm 的范围内），从而保证达到 $20_{-0.05}^{0}$ mm 的尺寸要求，同样根据 60 mm 处的实际尺寸，通过控制 40 mm 的尺寸误差值（本处应控制在 $\frac{1}{2}\times60$ mm 处的实际尺寸加 $10_{-0.05}^{+0.025}$ mm 的范围内），从而保证在取得尺寸 $20_{-0.05}^{0}$ mm 同时，又能保证其对称度在 0.10 mm 内。

② 按划线锯去另一垂直角，用上述方法控制，并锉对尺寸 $20_{-0.05}^{0}$ mm，至于凸形面的 $20_{-0.052}^{0}$ mm 的尺寸要求，可直接测量锉对。

（4）加工凹形面。

① 用钻头钻出排孔，并锯除凹形面的多余部分，然后粗锉留精加工余量。

② 细锉凹形顶面，根据 80 mm 处的实际尺寸，通过控制 60 mm 的尺寸误差值（本处与凸形面的两垂直面一样控制尺寸）保证达到与凸形件顶面的配合精度要求。

③ 细锉两侧垂直面，两面同样根据外形 60 mm 和凸形面 20 mm 的实际尺寸，来控制 20 mm 的尺寸误差值。例如，凸形面尺寸为 19.95 mm，一个侧面可用 $\frac{1}{2} \times 60$ mm 处尺寸减去 $10^{+0.04}_{+0.01}$ mm，而另一侧面必须控制 $\frac{1}{2} \times 60$ mm 尺寸减去 $10^{+0.01}_{-0.04}$ mm，从而保证达到与凸形面 20 mm 的配合精度要求，同时也能保证其对称度精度在 0.10 mm 内。

（5）全部锐边倒钝，并检查全部尺寸精度。

（6）锯削，要求达到尺寸 20±0.5 mm，锯削面的平面度≤0.5 mm 要求，不能锯断，留有 3 mm 不锯，最后修去锯口毛刺。

3. 注意事项

（1）为了能对 20 mm 凸、凹形的对称度进行测量控制，60 mm 处的实际尺寸必须测量准确，并取其各点实测值的平均数为最终测量值。

（2）20 mm 凸形面加工时，只能先去掉一垂直角料，待加工至所要求的尺寸公差后，才能去掉另一垂直角料。由于受测量工具的限制，只能采用间接测量法，来得到所需要的尺寸公差。

（3）采用间接测量方法控制工件的尺寸精度，必须控制好有关的工艺尺寸。

（4）当实习件不允许直接配锉，而要达到互配件的要求时，就必须认真控制凸、凹件的尺寸误差。

（5）为达到配合后的转位互换精度，在凸、凹形面加工时，必须控制垂直度误差（包括与大平面垂直）在最小的范围内。如果凸、凹形面没有控制好垂直度，互换配合后就会出现很大间隙。

（6）在加工垂直面时要防止锉刀侧面碰坏另一垂直侧面，因此必须将锉刀一侧在砂轮上进行修磨，并使其与锉刀面夹角略小于 90°。刃磨后最好用油石修光。

（7）检查时，应从锯缝处锯开，检查各项配合尺寸。

4. 工、量、刃具的准备

工、量、刃具的准备如表 2-5 所示。

表 2-5 工、量、刃具的准备表

名称	规格	精度	数量	备注
游标卡尺	0～150 mm	0.02 mm	1	
外径千分尺	0～25 mm	0.01 mm	1	
外径千分尺	25～50 mm	0.01 mm	1	
外径千分尺	50～5 mm	0.01 mm	1	

续表 2-5

名称	规格	精度	数量	备注
游标高度尺	0～250 mm	0.02 mm	1	
90°角尺	100×63 mm	0 级	1	
刀口形直尺	100 mm	0 级	1	
锯弓			1	
锯条			自定	
锤子			1	
狭錾子			1	
样冲			1	
划针			1	
钢直尺	150 mm		1	
粗扁锉	250 mm		1	
中扁锉	200 mm，150 mm		各 1	
细扁锉	150 mm		1	
细三角锉	150 mm		1	
软钳口			1 副	
锉刀刷			1	
毛刷			1	
V 形架			1	
塞尺	0.02～1 mm		1	
钻头	3 mm		1	

5. 凸凹体锉配操作评分

凸凹体锉配操作评分表如表 2-6 所示。

表 2-6 凸凹体锉配操作评分表

项目	考核要求	配分 IT	配分 Ra	评分标准	检测结果 IT	检测结果 Ra	得分	备注
1	尺寸要求 20（6 处）	8	4	1 处超差、降 1 级扣 2 分				
2	锯削尺寸要求 20±0.05	8	2	超差全扣				
3	锯削平面度要求 0.5（2 面）	3	1	超差全扣				

续表 2-6

项目	考核要求	配分 IT	配分 Ra	评分标准	检测结果 IT	检测结果 Ra	得分	备注
4	配合间隙＜0.10（5 处×2）	14	6	1 处超差、降 1 级扣 2 分				
5	配合后凹凸对称度 0.10 mm	10		超差全扣				
6	配合面表面粗糙度（10 面）		20	1 处降 1 级扣 2 分				
7	各配合面与 C 面的垂直度＜0.03（10 面）	10		1 处超差扣 1 分				
8	配合后大平面的平面度＜0.03（2 面）	4		超差全扣				
9	安全文明生产	10						
	合　计	67	33					

2.6.2　V 形四方镶配训练

V 形四方镶配训练图如图 2-63 所示。

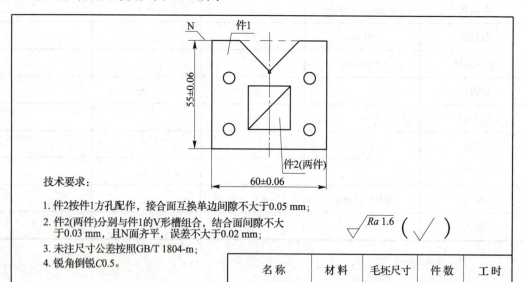

（a）

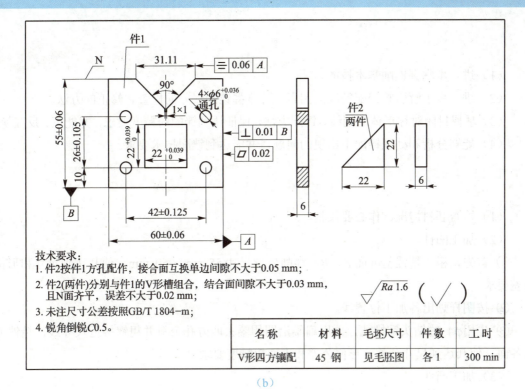

(b)

技术要求：
1. 件2按件1方孔配作，接合面互换单边间隙不大于0.05 mm；
2. 件2(两件)分别与件1的V形槽组合，结合面间隙不大于0.03 mm，且N面齐平，误差不大于0.02 mm；
3. 未注尺寸公差按照GB/T 1804-m；
4. 锐角倒锐C0.5。

名称	材料	毛坯尺寸	件数	工时
V形四方镶配	45 钢	见毛胚图	各1	300 min

毛坯尺寸

序号	L/mm	B/mm	数量
1	62±0.1	57±0.1	1
2	24±0.1	24±0.1	1

名称	材料	毛坯尺寸	件数	工时
四方镶配毛坯图	45 钢			

(c)

图2-63　V形四方镶配训练图

1. 教学要求

（1）进一步掌握锉削基本技能。
（2）进一步了解影响锉配精度的因素，并掌握锉配误差的检查和修正的方法。
（3）掌握封闭对称形体的划线、锉配方法，保证达到锉配的精度要求，并能正、反互换。
（4）能够分析和处理锉配中出现的问题，并能达到锉配技术要求。

2. 加工步骤

（1）检查胚料情况，作必要修整。
（2）加工凹件。

① 首先，粗、精锉基准面 A，B。锉削外形尺寸 55 mm×60 mm，使其达到尺寸和形位公差要求。
② 按图样划出各加工位置线。
③ 先用$\phi 4$ 的钻头钻排孔，再用扁錾沿四周錾去四方孔余料并粗锉接近尺寸线，精锉方孔各面，使其达到尺寸公差、形位公差和表面粗糙度要求。

（3）加工凸件。

将 24 mm×24 mm 凸件毛坯各侧面精锉，各锉削面的平面度误差、各相互垂直的平面间的垂直度误差均不大于 0.01 mm，沿对角线将其锯割成两个三角形，以件 1 已加工好的 22 mm×22 mm 方孔为基准，锉配两个三角形凸件，并镶嵌于方孔内，要求能够任意转位互换，各配合间隙均小于 0.05 mm。同时，此凸件作为加工件 V 形槽的基准量规。

镶配时，精锉修正各面，用透光法检查接触部位，结合涂色的方法逐步修锉达到配合要求。

（4）加工 V 形槽。

以件 2 三角形凸件作为加工 V 形槽的基准量规。加工过程中要经常用圆柱测量棒来测量 V 形槽的对称度，以达到图样要求。两块凸件分别与凹件的 V 形槽组合，接合面间隙不大于 0.03 mm，且组合后上表面要平齐，平面度误差不大于 0.02 mm。

（5）钻 4×$\phi 5.8$ 孔，用$\phi 6$ 的手铰刀进行铰孔。保证孔径、孔距的尺寸精度及位置精度。
（6）去毛刺倒角、倒棱，用塞尺检查配合间隙，复检全部精度要求。

3. 注意事项

（1）在作配合修锉时，可通过透光法和涂色显示法来确定修锉部位和余量，逐步达到正确的配合要求
（2）在加工内垂直面时，要防止锉刀侧面碰坏另一垂直侧面，因此必须将锉刀一侧在砂轮上进行修磨，并使其与锉刀面夹角略小于 90°，刃磨后最好用油石抛光。
（3）在整个加工过程中，加工面都比较窄，但一定要锉平并保证与大平面垂直。否则，互换配合后就会出现较大间隙。

（4）在试配过程中，不得用锤子敲击配合处，以防止将配锉面划伤或使工件变形。

4. 工、量、刃具的准备

工、量、刃具的准备如表2-7所示。

表2-7 工、量、刃具的准备表

名称	规格	精度	数量	备注
游标卡尺	0～150 mm	0.02 mm	1	
外径千分尺	0～25 mm	0.01 mm	1	
外径千分尺	25～50 mm	0.01 mm	1	
外径千分尺	50～75 mm	0.01 mm	1	
游标高度尺	0～300 mm	0.02 mm	1	
90°角尺	100×63 mm	0级	1	
刀口形直尺	100 mm	0级	1	
万能角度尺	0°～320°	2′	1	
百分表	0～10 mm	0.01 mm	1	
磁性表座			1	
V形架			1	
塞尺	0.02～1mm		1	
塞规	$\phi 6$	H7	1	
测量棒	$\phi 10 \times 15$		1	
麻花钻头	$\phi 4, \phi 5.8, \phi 12$		各1	
直铰刀	$\phi 6$	H7	1	
铰杠			1	
锯弓			1	
锯条			自定	
锤子			1	
狭錾子			1	
样冲			1	
划针			1	
钢直尺	150 mm		1	
粗扁锉	250 mm		1	
中扁锉	200 mm，150 mm		各1	
细扁锉	150 mm		1	

续表 2-7

名称	规格	精度	数量	备注
细三角锉	150 mm		1	
软钳口			1 副	
锉刀刷			1	
毛刷			1	

5. V 形四方镶配操作评分

V 形四方镶配操作评分表如表 2-8 所示。

表 2-8　V 形四方镶配操作评分表

项目	序号	考核要求	配分	评分标准	检测结果	得分	备注
件 2	1	$Ra \leqslant 1.6\ \mu m$（6 处）	3	1 处降 1 级扣 0.5 分			
件 1	2	60 ± 0.06	3	超差全扣			
	3	55 ± 0.06	3	超差全扣			
	4	$22_{0}^{+0.039}$（2 处）	6	超差全扣			
	5	90°	4	超差全扣			
	6	$Ra \leqslant 1.6\ \mu m$（10 处）	5	1 处降 1 级扣 0.5 分			
	7	$4 \times \phi 6_{0}^{+0.036}$	6	1 处超差扣 1.5 分			
	8	26（2 处）	6	1 处超差扣 3 分			
	9	42（2 处）	6	1 处超差扣 3 分			
	10	对称度 0.06	3	超差全扣			
	11	垂直度 0.01	3	超差全扣			
配合	12	方孔的配合间隙 ≤0.05（10 处）	30	1 处超差扣 3 分			
	13	V 形的配合间隙 ≤0.03（4 处）	8	1 处超差扣 3 分			
	14	V 形组合的平面度（2 处）	4	1 处超差扣 2 分			
其他	15	安全文明生产	10	违者酌情扣 1～10 分			
		合　　计	100				

第 3 章 车削加工

3.1 概 述

车削加工是指在车床上依靠工件做旋转运动，刀具做进给运动，对零件进行加工的加工方法。

车削加工只能加工围绕中心的回转体表面及内孔，如车削内外圆柱面、端面、止口、内外圆锥面、内外螺纹、沟槽、成形面和靠模成形等。从加工工艺的角度看，车削可分为粗加工（尺寸等级为 IT12～IT11，表面粗糙度 Ra 值为 25～12.5 μm）、半精加工（IT10～IT9，Ra 为 6.3～3.2 μm）和精加工（IT8～IT7，Ra 为 1.6～0.8 μm）。

在机械制造业中，车削加工是应用非常广泛的一种加工方法。车削加工的常用零件如图 3-1 所示。

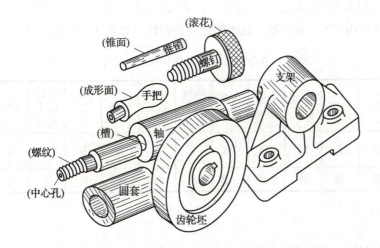

图 3-1 车削加工的零件

3.1.1 机床型号的编制方法

机床型号是机床产品的代号，用以表明机床的类型、通用性、结构特性和主要技术参数等。《金属切削机床型号编制方法》（GB/T 15375—2008）规定，我国机床型号由汉语拼音字母和阿拉伯数字按一定的规律组合而成，适用于各类通用机床、专用机床和回转体加工自动线（不包括组合机床和特种加工机床）。本节只介绍通用机床型号的编制方法。

通用机床型号由基本部分和辅助部分组成，中间用"/"（读作"之"）隔开。其中，基本部分需统一管理；辅助部分是否纳入型号由企业自定。型号的构成为：

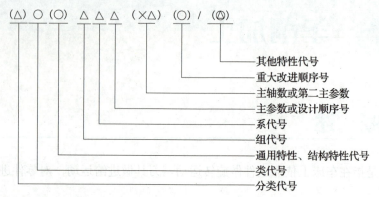

其中：① 有"()"的代号或数字，当无内容时不表示，当有内容时则不带括号；

② 有"○"符号者为大写的汉语拼音字母；

③ 有"△"符号者为阿拉伯数字；

④ 有"◎"符号者为大写的汉语拼音字母或阿拉伯数字，或两者兼有。

1. 类代号

机床类代号用大写的汉语拼音字母表示，排在型号的首位，如车床用"C"表示，磨床用"M"表示，铣床用"X"表示等。机床的分类和类代号如表3-1所示。

表3-1 机床的分类和类别代号

机床类别	车床	钻床	镗床	平磨机床	外圆磨床	内圆磨床	齿轮加工机床	螺纹加工机床	铣床	刨插床	特种加工机床	拉床	锯床	其他机床
机床代号	C	Z	T	M	2M	3M	Y	S	X	B	L	D	G	Q
读音	车	钻	镗	磨	二磨	三磨	牙	丝	铣	刨	特	拉	锯	其

2. 特性代号

机床特性包括通用特性和结构特性，用汉语拼音表示，书写于类代号之后。

通用特性代号有固定、统一的含义，在各类机床型号中表示的意义相同。如果某类机床除普通形式外还具有某种通用特性时，则在类代号后加相应的通用特性代号。但如果某类机床仅有某种通用特性，而无普通形式时，则通用特性不予表示。常用通用特性代号如表3-2所示。

表3-2 机床通用特性代号

通用特性	高精度	精密	自动	半自动	加工中心	数控	仿形	轻型	加重型	简式
代号	G	M	Z	B	H	K	F	Q	C	J
读音	高	密	自	半	换	控	仿	轻	重	简

对主参数相同而结构不同的机床,在类代号之后加结构特性代号予以区别。结构特性代号为汉语拼音字母,这些字母根据各类机床分类规定,在不同型号中意义可不同。通用特性代号已用的字母及字母"I""O"不能作结构特性代号。当有通用特性代号时,结构特性代号应排在通用特性代号之后。

3. 组、系代号

机床在类的基础上可进行组、系的进一步划分,每类机床划分为十个组,每组又划分为十个系。机床的组用一位阿拉伯数字表示,位于类代号或特性代号之后;机床的系也用一位阿拉伯数字表示,位于组代号之后。

车床的组别代号如表 3-3 所示。

表 3-3 车床的组别

组别	车床	组别	车床
0	仪表车床	5	立式车床
1	单轴自动车床	6	落地及卧式车床
2	多轴自动、半自动车床	7	仿形多刀车床
3	回轮转塔车床	8	轮、轴、辊、锭及铲齿车床
4	曲轴及凸轮轴车床	9	其他车床

4. 主参数、主轴数和第二主参数

（1）主参数的表示方法

机床主参数代表机床规格的大小,用折算值（一般为主参数实际数值的 1/10 或 1/100）表示,位于系代号之后。当无法用一个主参数表示时,则在型号中用设计顺序号表示。

（2）主轴数的表示方法

对于多轴车床、多轴钻床和排式钻床等机床,主轴数应以实际数值列入型号,置于主参数之后,用"×"（读作"乘"）分开。单轴机床的主轴数可以省略不写。

（3）第二主参数的表示方法

第二主参数是指最大跨距、最大工件长度和工作台工作面长度等。一般来说,第二参数（多轴机床的主轴除外）不予表示,如果需要表示则应以两位数的折算值为宜,最多不超过三位数。其中,以长度、深度值等表示的,其折算系数为 1/100;以直径、宽度值等表示的,其折算系数为 1/10;以厚度、最大模数值等表示的,其折算系数为 1。

5. 重大改进顺序号

当对机床的结构和性能有更高的要求,需按新产品重新设计、试制和鉴定时,按改进的先后顺序,选用 A,B,C 等汉语拼音字母（"I""O"两个字母不得选用）,来表示机床的重

金工实习

大改进顺序号。机床的重大改进顺序号位于基本部分的尾部，用于区别原机床型号。

通用车床型号示例：

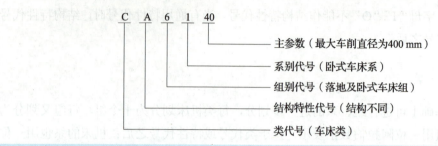

3.1.2 常用卧式车床的加工范围

卧式车床是最常用的车床，其工艺范围很广泛，在整个机械加工业，车床占总机床量的50%；这是由于在车床上，可车削端面、镗削端面、车削外圆、车削内孔、切槽、车内孔槽、车外圆锥、车内圆锥、钻孔、扩孔、镗孔、铰孔、攻丝、套丝、车内螺纹、车外螺纹、滚花等。本章主要介绍 CA6140 卧式车床及 CDL6136 型高速车床。

3.1.3 CA6140 卧式车床的结构

CA6140 卧式车床的结构如图 3-2 所示：

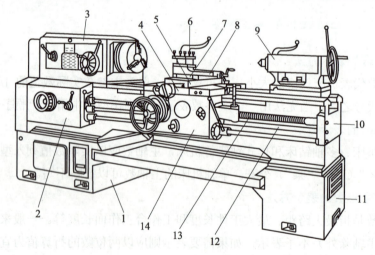

1、11—床腿；2—进给箱；3—主轴箱；4—床鞍；5—中滑板；6—刀架；7—回转盘；
8—小滑板；9—尾座；10—床身；12—光杠；13—丝杠；14—溜板箱

图 3-2 CA6140 卧式车床

第 3 章 车削加工

1. 主轴箱

主轴箱（又称床头箱）3 固定在床身 10 的左上部，其功用是支承并传动主轴，使主轴带动工件按照规定的转速旋转，以实现主运动。主轴是空心结构，能通过长棒料，主轴的右端有外螺纹，用以连接卡盘、拨盘等附件。主轴右端的内表面是莫氏 6 号锥孔，可插入锥套和顶尖，当采用顶尖并与尾架中的顶尖同时使用安装轴类工件时，主轴箱的另一重要作用是将运动传给进给箱，并可改变进给方向。

2. 进给箱

进给箱（又称走刀箱）2 固定在床身 10 的左前侧。进给箱内装有进给运动的变换机构，用于改变机动进给的进给量或改变被加工螺纹的导程。

3. 溜板箱

溜板箱又称拖板箱，是进给运动的操纵机构。它使光杠或丝杠的旋转运动，通过齿轮和齿条或丝杠和开合螺母，推动车刀作进给运动。溜板箱上有三层滑板，当接通光杠时，可使床鞍带动中滑板、小滑板及刀架沿床身导轨作纵向移动；中滑板可带动小滑板及刀架沿床鞍上的导轨作横向移动，故刀架可作纵向或横向直线进给运动。当接通丝杠并闭合开合螺母时，可车削螺纹。溜板箱内设有互锁机构，使光杠、丝杠两者不能同时使用。

4. 床身

床身 10 通过螺栓固定在左右床腿上，它是车床的基本支撑件，用以支撑其他部件，并使它们保持准确的相对位置或运动轨迹。

5. 刀架

刀架是用来装夹车刀，并可作纵向、横向及斜向运动。刀架是多层结构，它由床鞍、中滑板、转盘、小滑板、方刀架等组成。

- 床鞍：与溜板箱牢固相连，可沿床身导轨作纵向移动。
- 中滑板：装置在床鞍顶面的横向导轨上，可作横向移动。
- 转盘：固定在中滑板上，松开紧固螺母后，可转动转盘，使它和床身导轨成一个所需要的角度，而后再拧紧螺母，以加工圆锥面等。
- 小滑板：装在转盘上面的燕尾槽内，可作短距离地进给移动。
- 方刀架：固定在小滑板上，可同时装夹四把车刀。松开锁紧手柄，即可转动方刀架，把所需要的车刀更换到工作位置上。

6. 尾座

尾座用于安装后顶尖，以支持较长工件进行加工，或安装钻头、铰刀等刀具进行孔加工。偏移尾架可以车出长工件的锥体。尾架主要由套筒、尾座体和底座组成。

- **套筒**：其左端有锥孔，用以安装顶尖或锥柄刀具。套筒在尾架体内的轴向位置可用手轮调节，并可用锁紧手柄固定。将套筒退至极右位置时，即可卸出顶尖或刀具。
- **尾座体**：与底座相连，当松开固定螺钉，拧动螺杆可使尾座体在底板上作微量横向移动，以使前后顶尖对准中心或偏移一定距离车削长锥面。
- **底座**：直接安装于床身导轨上，用以支承尾座体。

7. 光杠与丝杠

光杠与丝杠将进给箱的运动传至溜板箱。光杠用于一般车削，丝杠用于车螺纹。

8. 操纵杆

操纵杆是车床的控制机构，在操纵杆左端和拖板箱右侧各装有一个手柄，操作工人可以很方便地操纵手柄以控制车床主轴正转、反转或停车。

3.1.4　普通卧式车床的传动系统

CA6140 车床的传动系统如图 3-3 所示。

第3章 车削加工

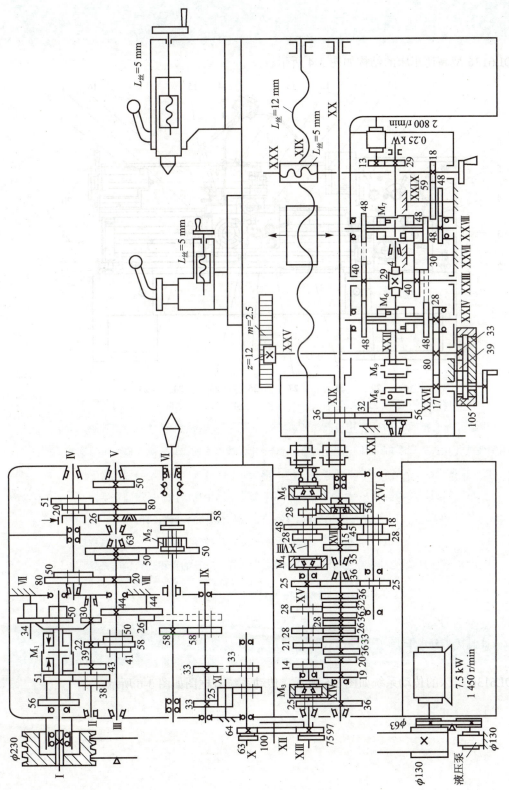

图3-3 CA6140车床传动系统

3.1.5 CDL6136型高速车床的结构

CDL6136型高速车床的结构如图3-4所示。

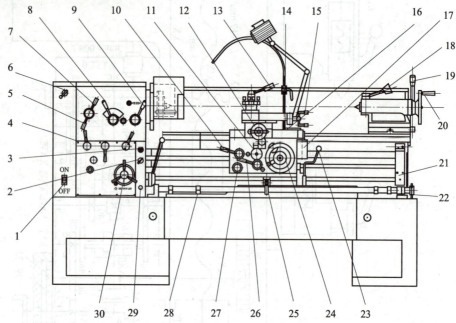

1—电源开关；2—冷却泵开关；3—总停按钮；4—进给速度选择手柄（3个）；
5—进给方向选择手柄；6—主电机高、低速转换开关；7—基本螺距与扩大螺距选择手柄；
8—主轴变速手柄；9—主轴高、低速选择手柄；10—开合螺母手柄；11—纵、横向进给选择手柄；
12—横向进给手轮；13—方刀架紧固手柄；14—冷却液开关；15—小刀架进给手柄；
16—床鞍锁紧螺栓；17—乱扣盘；18—尾座套筒紧固手柄；19—尾座固定手柄；
20—尾座套筒移动手轮；21—主轴操纵（变向）杆；22—纵向进给自动停止杆；23—主轴控制手柄；
24—纵向进给手轮；25—定位碰停装置；26—自动进给控制手柄；27—手动泵拉杆；
28—纵向进给自动停止定位环；29—通电指示灯；30—螺矩和进给量选择盘

图3-4 CDL6136高速卧式车床结构

3.1.6 CDL6136车床的传动系统

CDL6136车床的传动系统如图3-5所示，传动系统方框图如图3-6所示。

第 3 章 车削加工

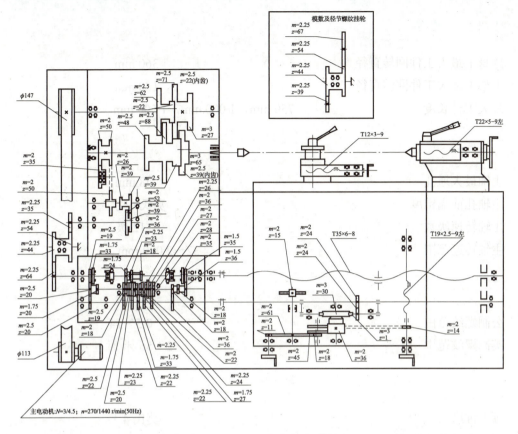

图 3-5 CDL6136 车床传动系统图

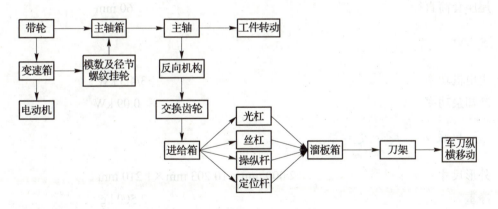

图 3-6 CDL6136 传动系统方框图

3.1.7 车床性能指标

下面以 CDL6136 高速卧式车床为例,说明车床的各种性能。

1. 主要规格

床身上最大工件回转直径	360 mm
刀架上最大工件回转直径	180 mm
最大工件长度	750 mm，1 000 mm，1 500 mm

2. 床头箱

主轴最大通孔	48 mm
主轴孔前端锥度	莫氏 6 号
主轴转速级数	12 级
主轴转速范围	32～2 000 rpm

3. 进给箱

公制螺纹范围	0.5～14
英制螺纹范围	2～56 牙/时

4. 尾座

顶尖锥度	莫氏 4 号
尾座套筒移动长度	130 mm
尾座套筒直径	60 mm

5. 电机

主电机功率	3/4.5 kW
冷却泵功率	0.09 kW

6. 机床外形尺寸及质量

外形尺寸	2 000 mm×10 203 mm×1 210 mm
净重	2 500 kg

3.2 润滑系统

3.2.1 床头箱润滑

床头箱采用油浴润滑，轴、齿轮旋转时，油飞溅而起，润滑轴承。

轴和齿轮油面需保持在一定高度，油面由床头箱上的油窗指示。换油时，旋下床头箱主轴前端右下角的油塞，便可放掉旧油，加入新油，直到油面达到油窗指示位置为止。

3.2.2　进给箱润滑

进给箱选择油淋润滑，换油时，旋下油塞放出旧油，打开加油盖，加入新油直到油窗指示位置为止。

3.2.3　溜板箱润滑

导轨和床鞍使用手动润滑，需要润滑时推拉泵杆，换油时取下溜板箱上的油塞放出旧油，打开床鞍上的油塞加入新油，直到油窗指示油面为止。

3.3　车床的日常维护和一级保养

3.3.1　车床的日常维护、保养要求

① 每天工作后，切断电源，对车床各表面、各罩壳、导轨面、丝杠、光杠、各操纵手柄和操纵杆进行擦拭，做到无油污、无铁屑、车床外表清洁。

② 每周保养床身导轨面和中、小滑板导轨面及转动部位。要求油路畅通、油标清晰，并清洗油绳和护床油毛毡，保持车床外表清洁和工作台场地整洁。

3.3.2　车床的一级保养要求

通常当车床运行 500 h 后，需要进行一级保养。保养工作以操作工人为主，在维修工的配合下进行。保养时，必须先切断电源，然后按下述顺序和要求进行。

1. 主轴箱的保养

① 清洗滤油器，使其无杂物。
② 检查主轴锁紧螺母有无松动，紧定螺钉是否拧紧。
③ 调整制动器及离合器摩擦片的间隙。

2. 交换齿轮箱的保养

① 清洗齿轮、轴套，并在油杯中注入新的润滑油。
② 调整齿轮啮合间隙。
③ 检查轴套有无晃动现象。

3. 滑板和刀架的保养

拆洗刀架和中、小滑板，洗净擦干后重新组装，并调整中、小滑板与镶条的间隙。

4. 尾座的保养

摇出尾座套筒，并擦净涂油，保持内外清洁。

5. 润滑系统的保养

① 清洗冷却泵、滤油器和盛液盘。
② 保持油路通畅，油孔、油绳、油毡清洁无铁屑。
③ 保持油质良好，油杯齐全，油标清晰。

6. 电气系统的保养

① 清扫电动机、电器箱上的灰屑。
② 电器装置固定整齐。

7. 外表的保养

① 清洗车床外表面及各罩盖，保持其内部清洁，无锈蚀、无油污。
② 清洗光杠、丝杠和操纵杆。
③ 检查并补齐螺钉、手柄、手柄球。

3.4 相关部件调整

3.4.1 主轴轴承的调整

主轴轴承的调整对加工精度、粗糙度和切削能力都有很大的影响，间隙过大，会使主轴刚性下降；间隙过小，则会使主轴运转温升过高，机床处于不正常工作状态。机床出厂前已经对主轴轴承进行了调整，用户不需要再进行调整。

根据制造标准，主轴连续运转，前后轴承的允许温度为 70 ℃，允许温升为 40 ℃。

3.4.2 主轴前轴承的调整

主轴前轴承采用预紧轴承结构，当机床使用一段时间后，双列向心短圆柱滚子轴承产生磨损，使间隙增大，此时需要调整轴承，使间隙减小。如图 3-7 所示，调整时，先将锁紧螺母 3 上的紧固螺钉 7 松开，然后向主轴正转方向稍微转动螺母，使双列向心短圆柱滚子轴承 2 的内环向前移动，减少轴承的间隙，用手转动卡盘，应感觉比调整前稍紧，但仍转动灵活（通常可自由转动 1.5~2 转左右），调整后，把螺母 3 上的紧固螺钉 7 紧固。调整过紧时，可卸下螺钉 1 注入压力油，松开轴承内环，重新调整。

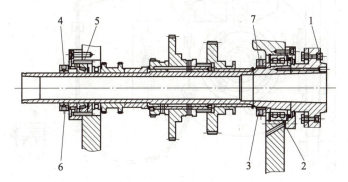

1—螺钉；2—圆柱滚子轴承；3，6—锁紧螺母；4，7—紧固螺钉；5—轴承

图 3-7　主轴前、后轴承调整示意图

3.4.3　主轴后轴承的调整

当主轴后轴承需要调整时，如图 3-7 所示，先将主轴尾部锁紧螺母 6 上的紧固螺钉 4 松开，再向主轴正转方向适当旋紧螺母 6，使轴承 5 向右移动，减小主轴的轴向间隙，调整合适后，把螺母 6 上的螺钉 4 紧固。

3.4.4　主轴的制动调整

主轴的制动是由拉力弹簧制动主电机来实现的。当手柄扳到正车或反车位置时，通过钢丝绳拉动制动块，使之松开，同时接通电源，起动主电机，使主轴转动。当需要主轴制动时，把手柄扳到中间位置时，断开主电机电源，同时钢丝绳放松，拉力弹簧将使制动块压住主电机制动轮，使主电机和主轴迅速停止，实现制动。

如图 3-8 所示，通过螺母 1 可调节拉力弹簧的拉紧程度，而通过螺母 2 和螺钉 3 则可调节钢丝的涨紧程度。图示主电机处于制动状态。调整方法如下：

① 先将总电门关闭，使电源切断，然后把主轴起动手柄扳至中间位置处，通过调节螺母 2 来适当放松钢丝绳，此时用手拉不动皮带。

② 当把主轴起动手柄扳至停止与起动挡之间的位置时，制动机构打开，这时用手能拉动皮带，调节适当后，把螺母 2 重新锁紧。

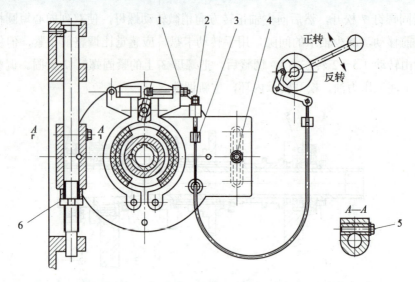

1，2—螺母；3—螺钉；4，5—固定螺钉；6—调整螺母

图 3-8　主轴制动和皮带涨紧调整

3.4.5　皮带涨紧的调整

如图 3-8 所示，放松固定螺钉 4 和 5，调整螺母 6，使电机向下移动而涨紧皮带，然后把固定螺钉 4 和 5 紧固，并拧紧螺母 6，使之托住电机支架。

3.4.6　刀架丝杠和螺母的间隙调整

如图 3-9 所示，松开横向滑板上的固定螺钉后，顺时针方向旋动顶紧螺钉，刀架丝杠和螺母之间的间隙将减小，在得到合理的间隙后拧紧固定螺钉即可。

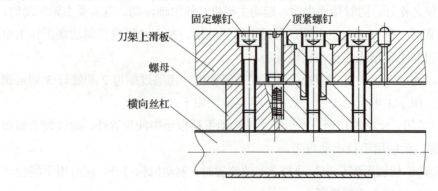

图 3-9　刀架丝杠和螺母的间隙调整

3.4.7 自动走刀负荷调整

溜板箱上有一组锥形离合器,用于过载安全保护压力调整的内六角螺钉位于指示牌中央,按指示牌调整压力符号所示顺时针拧紧螺钉,载荷增加,逆时针旋松,载荷减少。

3.4.8 机床常见故障及消除

机床常见故障及消除办法如表 3-4 所示。

表 3-4 机床常见故障及消除办法

故障	可能的原因	消除办法
振动	电动机皮带松动 操作中工件或卡盘失去平衡 三角皮带不匹配 主轴速度过高	上紧皮带轮 平衡工件和卡盘 用匹配的一组三角皮带更换或调整 降低主轴速度
震颤	刀具修磨不当或接触面积过宽 工件装夹不当 刀尖不在(旋转)中心,或切削时悬伸太长 进给量不恰当 振动 主轴轴承磨损或松动	重磨刀具或调整刀夹,使刀具和工件的接触面积减少 调整尾座中心,车细长轴时用中心架 调整刀具和刀架 选择恰当的进给量 见前项"振动" 更换或调整主轴轴承
对合螺母不能合在丝杠上	切屑等脏物留在对合螺母或丝杠内	清除切屑等脏物
工件车不圆	主轴轴承松动或磨损 顶尖磨损 工件在顶尖之间松动,或顶尖(孔口)过分磨损 卡盘、花盘不恰当地锁在主轴上 卡盘夹爪顺序不对	调整轴承 重磨顶尖 调整尾座顶尖;重磨顶尖(孔) 调整不恰当的锁紧(装置) 调整夹爪顺序
工件车不直	工件装夹不当 床头箱和尾座顶尖未对准 床身水平不对 使用(车)锥度附件时,刀具不在中心上 工件太单薄或悬出夹头过长	调整卡盘上的工件 校准尾座顶尖 重校床身水平 将刀具调到中心 用中心架或跟刀架

3.5 车削刀具

3.5.1 车刀的种类与用途

车床是一种用途非常广泛的切削机床,所以车床所使用的切削刀具也是多种多样的。

1. 车刀种类

按制作车刀的方法不同,车刀可分为焊接车刀、机夹车刀、白钢车刀(即高速钢车刀)。

按制作材料不同,车刀可分为硬质合金车刀、陶瓷车刀、金刚石车刀、高速钢车刀、特种材料制作的车刀。

按用途不同,车刀可分为外圆车刀、端面车刀、切断刀、内孔车刀、圆头车刀、螺纹车刀等,如图 3-10 所示。

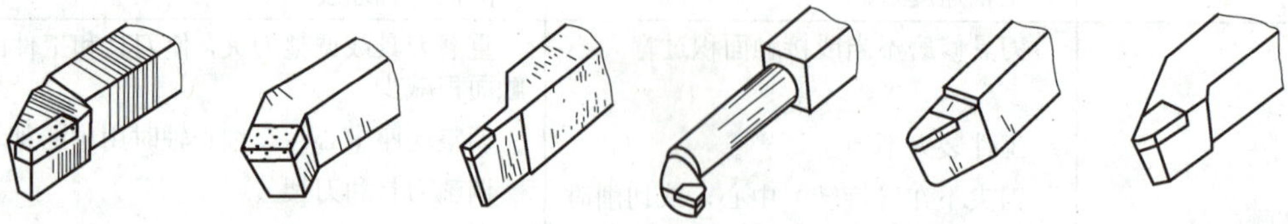

(a)外圆车刀 (b)端面车刀 (c)切断刀 (d)内孔车刀 (e)圆头车刀 (f)螺纹车刀

图 3-10 车刀的种类

- 外圆车刀:又称为 90°车刀或偏刀,主要用于车削工件的外圆、台阶、止口、端面。如果刀尖的圆弧过渡刃磨大些,也可以用来车削圆弧或圆球。90°车刀,无论是粗车,还是精车,对于车刀的刃磨要求都较高。
- 端面车刀:又称 45°车刀(俗称弯头刀),用于车削工件的外圆、端面、倒角,对于外圆及端面的粗加工,45°车刀是最好的选择。
- 切断刀:又称切槽刀,用于车削工件中间的台阶,或在工件上切槽,或切断工件。
- 内孔车刀:主要用于车削工件的内孔,也可用来车削端面的圆槽及内孔倒角等。
- 圆头车刀:主要用于车削各种大小不同的凸圆弧,或者凹圆弧成形,也广泛用于车削圆弧面或球形手柄。
- 螺纹车刀:根据螺纹的形状不同,可选择不同的螺纹车刀,如三角螺纹、梯形螺纹、矩形螺纹、内螺纹、外螺纹等。

2. 车刀的用途

常用车刀的用途如图 3-11 所示。

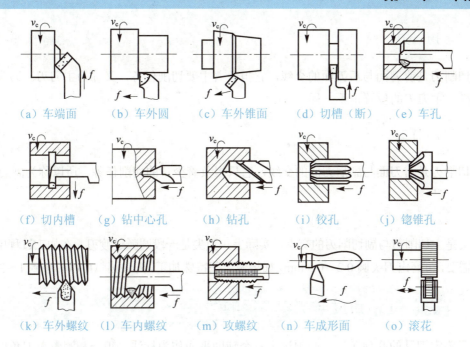

图 3-11 车削加工可完成的主要工作

3.5.2 车刀的组成

车刀由刀杆和刀头组成。如果用硬质合金作刀头,将刀头焊接在刀杆上的,称为硬质合金焊接刀;将刀头用螺钉固定在刀杆上的,称为硬质合金机夹刀。如果用高速钢做刀具,则可以直接磨出各种形状的刀刃,既可以做一般的切削刀具,也可以做出各种形状的成形刀具。但特别要注意,刃磨刀具的时候,要用水冷却。

刀头是切削部分,用来切削金属。切削部分由"一尖""两刃""三面"组成,所有车刀的切削部分都是由各种刀面、刀刃和刀尖组成的,只不过根据刀具结构类型不同,其数目有多有少而已,如切断刀有四个刀面、三个刀刃、两个刀尖。

1. 前刀面

前刀面是切屑流出的面,也就是车刀刀头的上表面。在切削中,前刀面可控制铁屑的流向、形状,以及车刀的切削力等。

2. 主后刀面

主后刀面是与工件切削加工表面相对的那个面。

3. 副后刀面

副后刀面是与工件已加工表面相对的那个面。

4. 主切削刃

主切削刃是前刀面与后刀面的交线,它担负着主要切削任务,又称为主刀刃。刀头的形状不一样,主刀刃的位置也不一样。

5. 副切削刃

副切削刃是前刀面与副后刀面的交线,它只担负着少量的切削任务,所以称为副刀刃。

6. 刀尖

刀尖是主切削刃与副切削刃的交点。实际上,刀尖是一段圆弧过渡刃。在加工过程中,根据车削需要,可磨出刀尖圆 0.2~0.8 mm,如果做一些特殊加工,刀尖圆弧可以刃磨到 1~3 mm。

3.5.3 车刀的几何角度与切削性能的关系

为了确定刀具的几何角度,必须选定三个辅助平面作为标注、刃磨和测量车刀角度的基准,称为静止坐标的参考系,它由基面、切削平面和正交平面三个相互垂直的平面所构成,如图 3-12 所示。

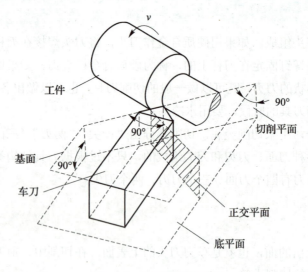

图 3-12 车刀的辅助平面

- 基面:过切削刃上选定点,并与该点切削速度方向垂直的平面。
- 切削平面:通过切削刃上选定点与切削刃相切并垂直于基面的平面。
- 正交平面:通过切削刃上选定点同时垂直于基面和切削平面的平面。

3.5.4 车刀的六个基本角度

车刀切削部分主要包括 6 个独立的基本角度：前角（γ_o）、后角（α_o）、副后角（α_o'）、主偏角（κ_r）、副偏角（κ_r'）、刃倾角（λ_s），如图 3-13 和图 3-14 所示。它们是由刀面和刀刃的空间位置而确定的角度。

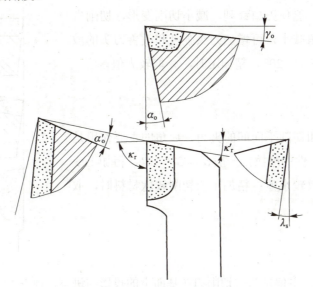

图 3-13　90°外圆车刀角度

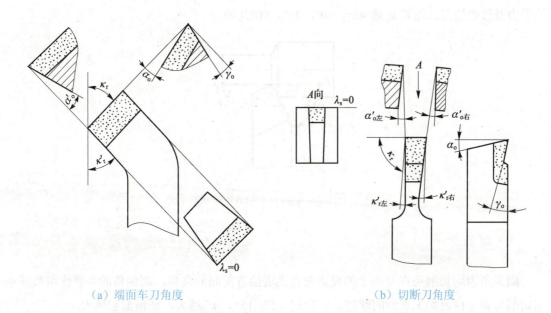

(a) 端面车刀角度　　　　　　　　　(b) 切断刀角度

图 3-14　端面车刀和切断刀的角度

1. 前角

前角是表示前刀面倾斜程度的角度，如图 3-15 所示。从面和面之间来看，前角为前刀面和基面间的夹角。从切削的角度看，前角影响刃口的锋利程度和强度，影响切削变形和切削力，前角增大，能使刃口锋利，减小切削变形，切削省力，排屑顺利。前角减小，可增加刀头强度和改善刀头的散热条件。一般选 $\gamma_o = 5°\sim 20°$，精加工时，γ_o 取较大值。

2. 后角

后角为后刀面和切削平面间的夹角。后角的主要作用是减小车刀后刀面与工件的摩擦，一般 $\alpha_o = 3°\sim 12°$，粗加工或切削较硬材料时，取较小值；精加工或切削较软材料时，取较大值。

3. 主偏角

如图 3-16 所示，主偏角为主切削刃在基面上的投影与进给方向间的夹角，主偏角的主要作用是改变主切削刃和刀头的受力及散热情况。通常 κ_r 选 45°，60°，75°，90° 几种。

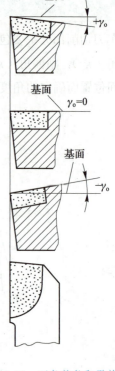

图 3-15 正负前角和零前角

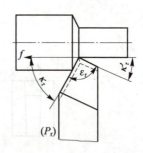

图 3-16 基面上的主偏角和副偏角

4. 副偏角

副偏角为副切削刃在基面上的投影与背离进给方向间的夹角，副偏角的主要作用是减小副切削刃和工件已加工表面的摩擦，一般 $\kappa_r' = 5°\sim 15°$，κ_r' 越大，残留面积越大。

5. 刃倾角

刃倾角为主切削刃与基面的夹角,刃倾角的主要作用是控制排屑方向,并影响刀头强度。刃倾角有正值、负值和 0 三种,如图 3-17 所示。

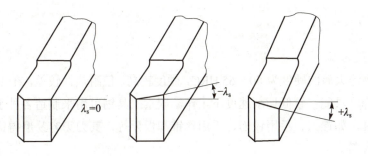

图 3-17 三种刃倾角

当刀尖位于主切削刃上的最高点时,刃倾角为正值,切削时,切屑排向工件的待加工表面,切屑不易划伤已加工表面;当刀尖位于主切削刃的最低点时,刃倾角为负,切削时,切屑排向工件的已加工表面,易划伤已加工表面,但刀尖强度好。当主切削刃与基面平行时,刃倾角为 0,切削时,切屑向垂直于主切削刃的方向排出。

6. 楔角

楔角为正交平面内前刀面与后刀面间的夹角。楔角可影响刀头的强度。

3.5.5 常用刀具的材料及其性能

刀具材料是指刀具切削部分的材料。刀具切削性能的好与坏,不仅取决于刀具的结构和参数,而且在很大程度上取决于刀具材料。刀具材料性能的好坏,直接影响切削效率、加工成本和加工表面质量,正确选择刀具材料是设计和选用刀具的重要内容之一。

1. 刀具切削部分材料的性能

(1) 高硬度

刀具是直接切除金属的,因而要求刀具材料的硬度必须高于工件材料的硬度,常用刀具的硬度在 60 HRC 以上。

(2) 足够的强度和韧度

金属切削过程中,不仅切削力大,而且有冲击和振动现象,因此,刀具材料必须具有足够强度和韧度,以防止断裂、崩刃。刀具材料的强度,通常用抗弯强度表示,冲击韧度以冲击值 A_k 来衡量。强度和韧度高的材料,其硬度与耐磨性必然会下降。

(3) 高的耐热性

耐热性是指刀具材料在高温下保持硬度的能力。高温下的硬度越高,则耐热性越好,允许的切削速度愈高。耐热性是衡量刀具材料切削性能好与坏的指标之一,可用红硬性表示,即维持刀具材料切削性能的最高温度限度。

2. 常用刀具材料

(1) 碳素工具钢

碳素工具钢淬火后的硬度为 60～65 HRC,硬度较高,但耐热性较差,在 200～250 ℃时,硬度就明显下降,只能在较低切削速度下工作。碳素工具钢可用来制造各种手用刀具和切削速度较低的刀具,如锉刀、手用铰刀、手用丝锥和板牙等,其刀刃容易磨得锋利。常用牌号有 T10A,T12A 等。

(2) 合金工具钢

在碳素工具钢中加入一些合金元素,如 Mn,Si,Cr,W 等,即成为合金工具钢。合金工具钢淬火后的硬度与碳素工具钢相近,但耐热性高,约为 300～350 ℃,所以能在较高的切削速度下工作,切削速度约为碳素工具钢的 1.2～1.5 倍,而且有较好的耐磨性和韧度,热处理变形小,淬透性能也较好,常用于制造丝锥、板牙、铰刀等。

(3) 高速钢

高速钢是一种含有较多的 Cr,W,Mo,V 等合金元素的工具钢,在热处理过程中,Cr 的作用是提高高速钢的淬透性及回火稳定性,W,V 与碳可形成高硬度的 WC 和 VC,从而提高耐磨性,Mo 的作用与 W 基本相同,并能细化晶粒,提高钢的硬度。常用的高速钢主要有钨系列(如 W18Cr4V)和钨钼系列(如 W6Mo5Cr4V2)。

高速钢刀具的强度和韧性较高,并具有一定的硬度(62～66 HRC)和耐热性(550～600 ℃),工艺性能好,可以锻造,热处理变形小,可用来制造形状复杂的刀具。高速钢的刀刃可以磨得很锋利,加工材料范围广,既能加工钢,也能加工铸铁、有色金属。

高速钢主要用于难加工材料的切削加工,如不锈钢、高温合金、钛合金、高强度钢等。

(4) 硬质合金

硬质合金是由硬度和熔点很高的金属碳化物(如 WC,TiC,VC 等粉末)和黏结金属(如 Co,Ni,Mo 等)经过压制成形,并经高温(1 500 ℃左右)烧结而成。因为硬质合金中碳化物的含量比高速钢高,因此其硬度、耐磨性和耐热性均高于高速钢,常温硬度为 89～95 HRA,耐热性为 600～1 000 ℃,允许的切削速度比高速钢高 4～10 倍。

硬质合金按其化学成分和使用性能分为以下几类:

① 钨钴类硬质合金(YG):由(WC+Co)组成,常用的有 YG3,YG6,YG8,后面的数字表示 Co 的百分含量,其余为 WC 含量。含钴量越多,合金的强度和韧性越高。YG 类硬质合金主要用于加工铸铁,不宜加工钢料;因其磨削性能好,也适合加工强度、硬度较低的有色金属材料。

② 钨钛钴类硬质合金（YT）：由（WC+TiC+Co）组成，常用的牌号有 YT5，YT14，YT15，YT30，后面的数字表示碳化钛的含量。TiC 含量越多，合金的硬度、耐磨性越高。YT 类硬质合金主要用于加工塑性材料，但不宜加工钛合金或含钛的不锈钢。因为高温下工件和刀具材料中钛元素的亲和力强，会产生严重的黏结，加剧刀具磨损。粗加工时，应选用含 TiC 少的牌号，如 YT5；精加工时，应选用含 TiC 多的牌号，如 YT30，YT14，YT15 等。

③ 加入 TaC（NbC）的硬质合金（YA，YW）：在 YG 类合金中添加少量 TaC（NbC）可显著提高硬度和耐磨性，而且可提高高温强度、高温硬度和抗氧化能力，其典型牌号是 YA6。YA 类合金主要用于难加工材料的半精加工和精加工，如冷硬铸铁、高锰钢、淬火钢等。在 YT 类合金中加入少量 TaC（NbC），其抗弯强度、抗疲劳强度、韧度、耐热性、高温硬度、抗黏结能力都有很大提高，主要牌号有 YW1，YW2。YW1 用于精加工，YW2 用于粗加工（含 Co 多）。这种合金刀具既可加工铸铁、有色金属、碳钢、合金钢，又能加工难加工的材料，因此有"通用合金"之称。但由于价格昂贵，主要用于难加工材料的加工。

3.5.6 车刀的刃磨

车刀（指整体车刀与焊接车刀）用钝后重新刃磨是在砂轮机上进行的。磨高速钢车刀用白色氧化铝砂轮，磨硬质合金车刀用绿色碳化硅砂轮。

1. 车刀刃磨的步骤

现以硬质合金外圆车刀为例，介绍手工刃磨车刀的方法。
① 先磨去车刀上的焊渣，并将车刀底面磨平。
② 粗磨主后面和副后面的刀柄部分（以形成后隙角）。刃磨时，在略高于砂轮中心的水平位置处将车刀翘起一个比刀体上的后角大 2°～3° 的角度，以便刃磨刀体上的主后角和副后角。
③ 粗磨刀体上的主后角。磨主后面时，刀柄应与砂轮轴线平行，同时，刀底底平面向砂轮方向倾斜一个比主后角大 2° 的角度。如图 3-18a 所示。刃磨时，先把车刀已磨好的后隙面靠在砂轮的外圆上，以接近砂轮中心的水平位置为刃磨的起始位置，然后，使刃磨位置继续向砂轮靠近，并左右缓慢移动。当砂轮磨至刀刃处即可结束。

（a）粗磨主后角

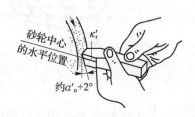
（b）粗磨副后角

图 3-18　粗磨后角、副后角

④ 粗磨刀体上的副后角。磨副后面时，刀柄尾部应向右转过一个副偏角的角度，同时，车刀底平面向砂轮方向倾斜一个比副后角大 2°的角度，如图 3-18b 所示，具体刃磨方法与粗磨刀体上主后面大体相同。不同的是粗磨副后面时砂轮应磨到刀尖处为止。

⑤ 粗磨前面。以砂轮的端面粗磨出车刀的前面，并在磨前面的同时磨出前角，如图 3-19 所示。

⑥ 磨断屑槽。手工刃磨的断屑槽一般为圆弧形。刃磨前，应先将砂轮圆柱面与端面的交点处用金刚石笔或硬砂条修成相应的圆弧。刃磨时，刀尖可以向下或向上磨，如图 3-20 所示。但选择刃磨断屑槽部位时，应考虑留出刀头倒棱的宽度，刃磨的起点位置应该与刀尖主切削刃离开一定距离，防止主切削刃和刀尖被磨塌。

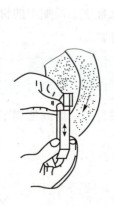

图 3-19　粗磨前面

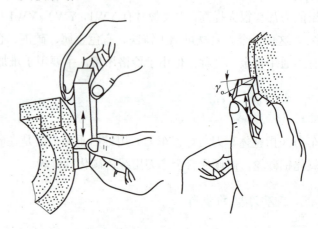

图 3-20　刃磨断屑槽的方法

⑦ 精磨主、副后面。选用碳化硅环形砂轮，精磨前应先修整好砂轮，保证回转平稳。刃磨时，将车刀底平面靠在调整好角度的托架上，使切削刃轻轻靠住砂轮端面，并沿着端面缓慢地左右移动，保证车刀刃口平直，如图 3-21 所示。

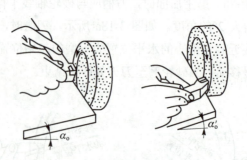

图 3-21　精磨主后面和副后面

⑧ 磨负倒棱。负倒棱如图 3-22 所示，其刃磨方法有直磨法和横磨法两种，如图 3-23 所示。刃磨时用力要轻微，要使主切削刃的后端向刀尖方向摆动。负倒棱倾斜角度为 −5°，宽度 $b = 0.4 \sim 0.8$ mm，为了保证切削刃的质量，最好采用直磨法。

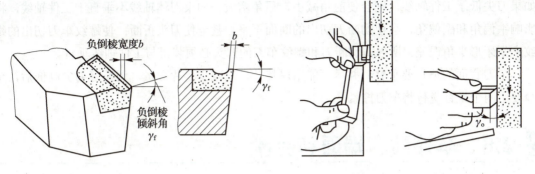

图 3-22 负倒棱示意图　　　　　图 3-23 磨制负倒棱

2. 车刀刃磨安全知识

① 刃磨刀具前,应首先检查砂轮有无裂纹,砂轮轴螺母是否拧紧,并经试转后使用,以免砂轮碎裂或飞出伤人。

② 刃磨刀具不能用力过大,否则会使手打滑而触及砂轮面,造成工伤事故。

③ 磨刀时应戴防护眼镜,以免砂砾和铁屑飞入眼中。

④ 磨刀时不要正对砂轮的旋转方向站立,以防意外。

⑤ 磨小刀头时,必须把小刀头装入刀杆上。

⑥ 砂轮支架与砂轮的间隙不得大于 3 mm,若发现过大,应适当调整。

3.5.7 车刀的安装

装卸车刀前先要锁紧方刀架。车刀安装在方刀架的左侧,用刀架上的至少两个螺栓压紧(操作时应逐个轮流旋紧螺栓);刀尖应与工件轴线等高,可用尾座顶尖校对,用垫刀片调整;刀杆中心线应与进给方向垂直;车刀在方刀架上伸出的长度以刀体厚度的 1.5~2 倍为宜(切断刀伸出更不宜太长),如图 3-24 所示。

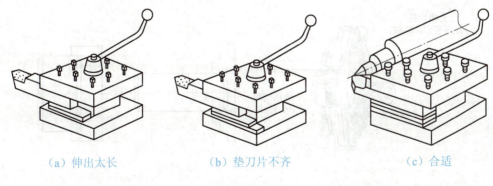

(a) 伸出太长　　　　(b) 垫刀片不齐　　　　(c) 合适

图 3-24 安装车刀

车外圆或横车时,如果车刀安装后刀尖高于工件轴线,会使前角增大,后角减小;相反,

金工实习

如果刀尖低于工件轴线,则会使前角减小,后角增大。如果刀体轴线不垂直于工件轴线,将影响主偏角和副偏角,会使切断刀切出的断面不平,甚至使刀头折断;使螺纹车刀切出的螺纹产生牙形半角误差。所以,切断刀和螺纹车刀的刀头必须装得与工件轴线垂直。

车刀底面的垫片要平整,并尽可能用厚垫片,以减少垫片数量。调整好刀尖高低后,至少要用两个螺钉交替将车刀拧紧。

3.6 车外圆、端面和台阶

3.6.1 工件的装夹

切削加工时,工件必须在机床夹具中定位和夹紧,使它在整个切削过程中始终保持正确的位置。工件的装夹直接影响加工质量和劳动生产率。

根据工件的形状、大小和加工数量不同,车削加工中的工件常用以下几种装夹方法。

1. 用三爪自定心卡盘安装工件

三爪自定心卡盘的结构如图 3-25a 所示。当用卡盘扳手转动小锥齿轮时,大锥齿轮也随之转动,在大锥齿轮背面平面螺纹的作用下,使三个爪同时向心移动或退出,能自动定心,自动定心精度可达到 0.05~0.15 mm,工件装夹后一般不需找正。但较长的工件离卡盘远端的旋转中心不一定与车床主轴旋转中心重合,这时必须找正。若卡盘使用时间较长精度下降,而工件加工部位的精度要求较高时,也需要找正。

三爪自定心卡盘装夹工件方便、省时,适用于装夹外形规则的中、小型工件,如图 3-25b 所示。当装夹直径较大的外圆工件时可用三个反爪进行,如图 3-25c 所示。但三爪自定心卡盘由于夹紧力不大,所以一般只适宜于重量较轻的工件,当工件较重时,宜用四爪单动卡盘或其他专用夹具。

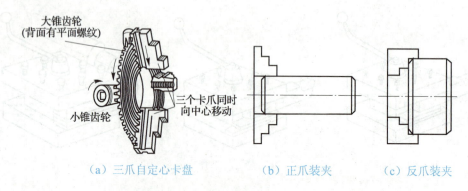

(a) 三爪自定心卡盘 (b) 正爪装夹 (c) 反爪装夹

图 3-25 三爪自定心卡盘的结构和工件安装

第 3 章 车削加工

2. 四爪单动卡盘装夹工件

四爪单动卡盘的结构如图 3-26a 所示。由于四爪单动卡盘的四个卡爪各自独立运动,因此工件装夹时必须将加工部分的旋转中心找正到与车床主轴旋转中心重合后才可车削。使用百分表找正工件如图 3-26b 所示。

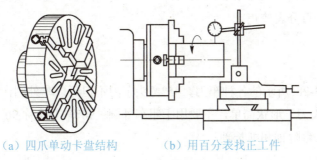

(a)四爪单动卡盘结构　　(b)用百分表找正工件

图 3-26　四爪单动卡盘装夹工件

四爪单动卡盘找正比较费时,但夹紧力较大,所以适用于装夹大型或形状不规则的工件。四爪单动卡盘可装成正爪或反爪两种形式,反爪用于装夹直径较大的工件。

3. 用一夹一顶安装工件

对于一般较短的回转体类工件,较适用于用三爪自定心卡盘装夹,但对于较长的回转体类工件,用此方法则刚性较差。所以,对较长的工件,尤其是较重要的工件,不能直接用三爪自定心卡盘装夹,而要用一端夹住,另一端用后顶尖顶住的装夹方法。这种装夹方法能承受较大的轴向切削力,且刚性大大提高,同时可提高切削用量。

4. 两顶尖装夹工件

用两顶尖装夹工件,需先在工件端面钻出中心孔。两顶尖装夹工件方便,不需找正,装夹精度高。对于较长或需经过多次装夹才能加工完成的工件,如长轴、长丝杠等,或工序较多,在车削后还要铣削或磨削的工件,为了保证每次装夹时的装夹精度(如同轴度要求),可用两顶尖装夹,如图 3-27 所示。

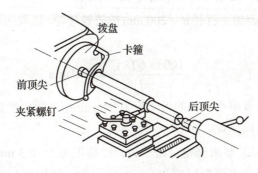

图 3-27　两顶尖装夹工件

3.6.2 车外圆

1. 安装工件和校正工件

车外圆时安装工件的方法主要有用三爪自定心卡盘、四爪卡盘或顶尖装夹工件等。校正工件主要用划针或者百分表校正。

2. 选择车刀

车外圆可用图 3-28 所示的各种车刀。45°弯头车刀不但可以车外圆，还可以车端面、倒角；75°直头车刀（尖刀）形状简单，主要用于粗车外圆；90°车刀又称 90°偏刀，分左偏刀和右偏刀，常用于加工台阶轴和细长轴。

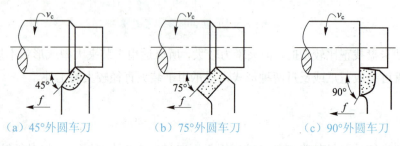

(a) 45°外圆车刀　　(b) 75°外圆车刀　　(c) 90°外圆车刀

图 3-28　车外圆的几种情况

3. 调整车床

车床的调整包括主轴转速和车刀的进给量。

主轴的转速是根据切削速度计算选取的。而切削速度的选择和工件材料、刀具材料以及工件加工精度有关。用高速钢车刀车削时，$v_c = 18 \sim 60$ m/min，用硬质合金刀时，$v_c = 60 \sim 180$ m/min。车高硬度钢比车低硬度钢的转速低一些。根据选定的切削速度计算出车床主轴的转速，再对照车床主轴转速铭牌，选取车床上最近似计算值而偏小的一挡，扳动手柄即可。特别要注意的是，必须在停车状态下扳动手柄。

例如，用硬质合金车刀加工直径 $d = 200$ mm 的铸铁带轮，选取的切削速度 $v_c = 27$ m/min，计算主轴的转速为

$$n = \frac{1000 \times 60 \times v_c}{\pi d} = 99 \text{ r/min}$$

从主轴转速铭牌中选取偏小一挡的近似值为 94 r/min，即短手柄扳向左方，长手柄扳向右方，主轴箱手柄放在低速挡位置。

进给量根据工件的加工要求确定。粗车时，一般取 0.2～0.3 mm/r；精车时，随所需要的表面粗糙度而定。例如，表面粗糙度 Ra 为 3.2 μm 时，选用 0.1～0.2 mm/r；Ra 为 1.6 μm

时，选用 0.06～0.12 mm/r 等。进给量的调整可对照车床进给量表扳动手柄位置，具体方法与调整主轴转速相似。

4. 粗车和精车

车削前要试刀。粗车的目的是尽快地切去多余的金属层，使工件接近于最后的形状和尺寸。粗车后应留下 0.5～1 mm 的加工余量。

精车是切去余下少量的金属层以获得零件所求的精度和表面粗糙度，因此背吃刀量较小，约 0.1～0.2 mm，切削速度可用较高或较低速。为了提高工件表面粗糙度，用于精车的车刀的前、后刀面应采用油石加机油磨光，有时刀尖磨成一个小圆弧。

为了保证加工的尺寸精度，应采用试切法车削。试切法的步骤如下。

① 开车对刀，使车刀和工件表面轻微接触，如图 3-29a 所示；
② 向右退出车刀，如图 3-29b 所示；
③ 按要求横向进给 a_{p1}，如图 3-29c 所示；
④ 试切 1～3 mm，如图 3-29d 所示；
⑤ 向右退出，停车，测量，如图 3-29e 所示；
⑥ 调整切深至 a_{p2} 后，自动进给车外圆，如图 3-29f 所示。

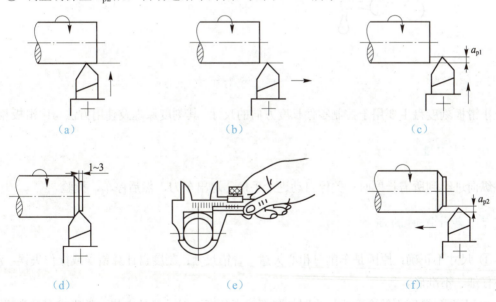

图 3-29　试切步骤

5. 刻度盘及其手柄的使用

中拖板的刻度盘紧固在丝杠轴头上，中拖板和丝杠螺母紧固在一起。当中拖板手柄带着刻度盘转一周时，丝杠也转一周，这时螺母带动中滑板移动一个螺距。所以中拖板移动的距离可根据刻度盘上的格数来计算：

刻度盘每转一格中滑板带动刀架横向移动距离＝丝杠螺距/刻度盘格数（mm）

以 CA6140 车床为例，中拖板刻度盘每转一格车刀移动距离为 0.05 mm，工件直径减小 0.1 mm。加工外圆时，车刀向零件中心移动为进刀，远离中心为退刀。而加工内孔时则与其相反。进刀时，必须慢慢转动刻度盘手柄使刻线转到所需要的格数。当手柄转过了头或试切后发现直径太小需退刀时，由于丝杠与螺母之间存在间隙，会产生空行程（即刻度盘转动而溜板并未移动），因此不能将刻度盘直接退回到所需的刻度，此时一定要向相反方向全部退回，以消除空行程，然后再转到所需要的格数。

如图 3-30a 所示，要求手柄转至 30 刻度，但摇过头成 40 刻度，此时不能将刻度盘直接退回到 30 刻度。如果直接退回到 30 刻度，是错误的，如图 3-30b 所示，而应该反转约一周后，再转至 30 刻度，如图 3-30c 所示。

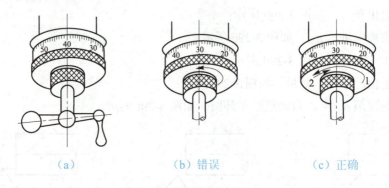

（a）　　　　　　　　（b）错误　　　　　　　（c）正确

图 3-30　手柄摇过头后的纠正方法

小滑板刻度盘主要用于控制零件长度方向的尺寸，其刻度原理及使用方法与中滑板相同。

6. 纵向进给

纵向进给到所需长度时，关停自动进给手柄，退出车刀，然后停车，检验。

7. 车外圆时的质量分析

① 尺寸不正确：原因是车削时粗心大意，看错尺寸；刻度盘计算错误或操作失误；测量时不仔细、不准确。

② 表面粗糙度不符合要求：原因是车刀刃磨角度不对；刀具安装不正确或刀具磨损，以及切削用量选择不当；车床各部分间隙过大。

③ 外径有锥度：原因是吃刀深度过大，刀具磨损；刀具或拖板松动；用小拖板车削时转盘下基准线不对准"0"线；两顶尖车削时床尾"0"线不在轴心线上；精车时加工余量不足。

3.6.3 车端面

对工件的端面进行车削的方法称为车端面。

1. 车端面的方法与步骤

车端面的步骤与车外圆类似,只是车刀的运动方向不同。用 90°右偏刀由外向中心进给车端面时,若凸台是瞬时车掉的,则容易损坏刀尖,因此切近中心时应放慢进给速度。此外,右偏刀从外向中心进给车端面时,用的是副切削刃切削,当 a_p 较大时,切削力会使车刀扎入工件而形成凹面。为了避免产生凹面,可从中心向外进给,用主切削刃切削,或用左偏刀、弯头刀、端面车刀车削,如图 3-31 所示。45°弯头刀车端面时,中心的凸台是逐步车掉的,这样不易损坏刀尖。

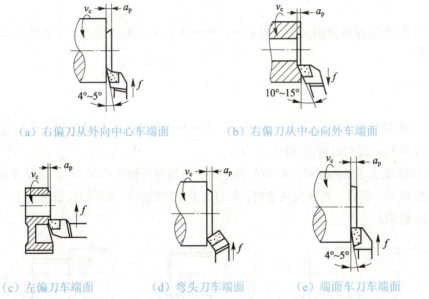

(a)右偏刀从外向中心车端面　　(b)右偏刀从中心向外车端面

(c)左偏刀车端面　　(d)弯头刀车端面　　(e)端面车刀车端面

图 3-31　车端面常用的几种方法

2. 车端面时的注意事项

① 车刀的刀尖应对准工件中心,以免车出的端面中心留有凸台。

② 偏刀车端面,当背吃刀量较大时,容易扎刀。背吃刀量 a_p 的选择:粗车时 $a_p = 0.2 \sim 1$ mm,精车时 $a_p = 0.05 \sim 0.2$ mm。

③ 端面的直径从外到中心是变化的,切削速度也在改变,在计算切削速度时必须按端面的最大直径计算。

④ 车直径较大的端面,若出现凹心或凸肚时,应检查车刀和方刀架,以及大拖板是

否锁紧。

3. 车端面的质量分析

① 端面不平,产生凸凹现象或端面中心留"小头":原因是车刀刃磨或安装不正确,刀尖没有对准工件中心,吃刀深度过大,车床有间隙拖板移动。

② 表面粗糙度差:原因是车刀不锋利,手动走刀摇动不均匀或太快,自动走刀切削用量选择不当。

3.6.4 车台阶

台阶面是常见的机械结构,它由一段圆柱面和端面组成。

1. 车刀的选择与安装

车轴上的台阶面应使用偏刀。安装时,应使车刀主切削刃垂直于零件的轴线或与零件轴线约成 95°。

2. 车台阶操作

车台阶的高度小于 5 mm 时,应使车刀主切削刃垂直于零件的轴线,台阶可一次车出,如图 3-32a 所示。装刀时可用 90°尺对刀。

车台阶高度大于 5 mm 时,应使车刀主切削刃与零件轴线约成 95°,分层纵向进给切削,如图 3-32b 所示。最后一次纵向进给时,车刀刀尖应紧贴台阶端面横向退出,以车出 90°台阶,如图 3-32c 所示。

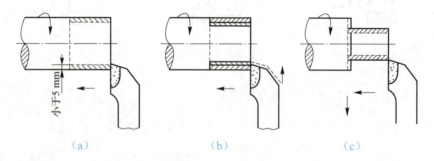

图 3-32 台阶面的车削

为使台阶长度符合要求,可用钢直尺直接在零件上确定台阶位置,并用刀尖刻出线痕,以此作为加工界线;也可用卡钳从钢直尺上量取尺寸,直接在零件上划出线痕。上述方法都不够准确,为此,划线痕应留出一定的余量。

3. 台阶长度尺寸的控制方法

台阶长度尺寸要求较低时，可直接用大拖板刻度盘控制；要求较高且长度较短时，可用小滑板刻度盘控制。台阶长度也可用钢直尺或样板确定位置，如图 3-33 所示。

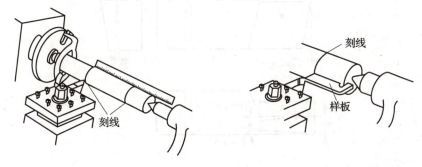

(a) 用钢直尺定位　　　　　　　　(b) 用样板定位

图 3-33　台阶长度尺寸的控制方法

车削时先用刀尖车出比台阶长度略短的刻痕作为加工界限，台阶的准确长度可用游标卡尺或深度游标卡尺测量。

4. 车台阶的质量分析

① 台阶不垂直，不清晰，长度不正确：原因是操作粗心，测量失误，自动走刀控制不当，刀尖不锋利，车刀刃磨或安装不正确。

② 表面粗糙度差：原因是车刀不锋利，手动走刀不均匀或太快，自动走刀切削用量选择不当。

3.7　切槽、切断、滚花

3.7.1　切槽

在工件表面上车沟槽的方法称为切槽，槽的形状有外槽、内槽和端面槽，如图 3-34 所示。

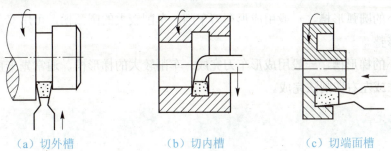

(a) 切外槽　　　　　(b) 切内槽　　　　　(c) 切端面槽

图 3-34　常用切槽的方法

1. 切槽刀的选择

常选用高速钢切槽刀切槽，切槽刀的几何形状和角度如图 3-35 所示。

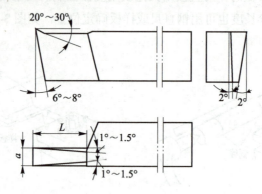

图 3-35　高速钢切槽刀

2. 切槽的方法

车削精度不高的和宽度较窄的矩形沟槽，可以用刀宽等于槽宽的切槽刀，采用直进法一次车出。精度要求较高的，一般分两次车成。

车削较宽的沟槽，可用多次直进法切削，如图 3-36 所示，并在槽的两侧留一定的精车余量，然后根据槽深、槽宽精车至尺寸。

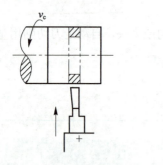 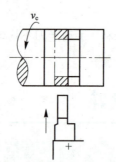 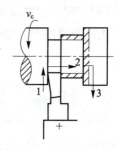

(a) 第一次横向进给　　　　(b) 第二次横向进给　　　　(c) 最后一次横向进给后纵向精车槽底

图 3-36　切宽槽方法

车削较小的圆弧形槽，一般用成形车刀车削；车削较大的圆弧槽，可用双手联动车削，用样板检查修整。

车削较小的梯形槽，一般用成形车刀完成；车削较大的梯形槽，通常先车直槽，然后用梯形刀直进法或左右切削法完成。

3.7.2　切断

切断要用切断刀。切断刀的形状与切槽刀相似，但因刀头窄而长，很容易折断。常用的切断方法有直进法和左右借刀法两种,如图 3-37 所示。直进法常用于切断铸铁等脆性材料;左右借刀法常用于切断钢等塑性材料。

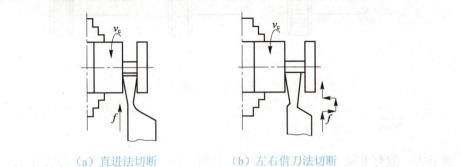

(a) 直进法切断　　　　(b) 左右借刀法切断

图 3-37　切断方法

切断时应注意以下几点:

① 切断一般在卡盘上进行时,工件的切断处应距卡盘近些,避免在顶尖安装的工件上切断。

② 切断刀刀尖必须与工件中心等高,否则切断处将剩有凸台,且刀头也容易损坏,如图 3-38 所示。

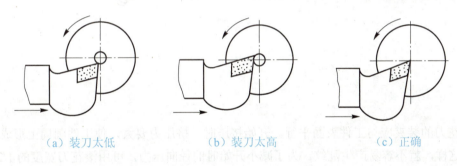

(a) 装刀太低　　　　(b) 装刀太高　　　　(c) 正确

图 3-38　切断刀刀尖必须与工件中心等高

③ 切断刀伸出刀架的长度不要过长,进给要缓慢均匀。将切断时,必须放慢进给速度,以免刀头折断。

④ 切断钢件时需要加切削液进行冷却润滑,切断铸铁时一般不加切削液,但必要时可用煤油进行冷却润滑。

⑤ 两顶尖工件切断时,不能直接切到中心,以防车刀折断,工件飞出。

3.7.3　滚花

1. 花纹的种类

滚花的花纹一般有直花纹、斜花纹和网花纹 3 种,如图 3-39 所示。

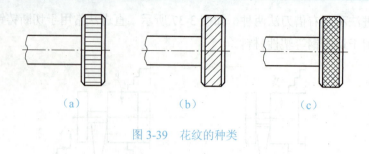

图 3-39 花纹的种类

2. 滚花刀

滚花刀一般有单轮、双轮和六轮 3 种，如图 3-40 所示。双轮滚花刀是由节距相同的一个左旋和一个右旋滚花刀组成的，六轮滚花刀以节距大小分为三组，安装在同一个特制的刀杆上，分粗、中、细三种，供操作者选用。单轮滚花刀通常用于滚压直花纹和斜花纹，双轮滚花刀和六轮滚花刀用于滚压网花纹。

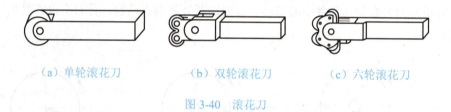

(a) 单轮滚花刀　　　　(b) 双轮滚花刀　　　　(c) 六轮滚花刀

图 3-40 滚花刀

3. 滚花方法

滚花刀的装夹应与工件表面平行。开始挤压时，挤压力要大，使工件圆周上形成较深的花纹，这样，就不容易产生乱纹。为了减小开始时的径向压力，可用滚花刀宽度的 1/2 或 1/3 进行挤压，或把滚花刀尾部装得略向左偏一些，使滚花刀与工件表面产生一个很小的夹角，如图 3-41 所示，这样滚花刀就容易切入工件表面。当停车检查花纹符合要求后，即可纵向机动进给，滚压一至两次就可完成。

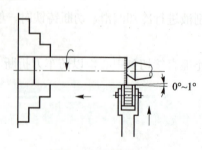

图 3-41 滚花加工

滚花时，应取较慢的转速，并应浇注充分的切削液以防滚轮发热损坏。由于滚花时径向压力较大，所以，工件装夹必须牢固。尽管如此，滚花时出现工件移位现象仍是难以避免的，因此，在车削带有滚花的工件时，通常采用先滚花再找正工件，然后再精车的方法进行。

3.8 车成形面、圆锥面

3.8.1 车成形面

轴向剖面呈现曲线形特征的表面称为成形面。下面介绍三种加工成形面的方法。

1. 成形车刀法

如图 3-42 所示,用成形车刀车成形面,其加工精度主要靠刀具保证。但要注意由于切削时接触面较大,切削抗力也大,易出现振动和工件移位。为此切削力要小些,工件必须夹紧。这种方法生产效率高,但刀具刃磨较困难,车削时容易振动,故只用于大批量车削刚性好、长度较短且较简单的成形面。

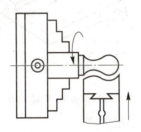

图 3-42　成形车刀车成形面

2. 靠模法

如图 3-43 所示为用靠模加工手柄的成形面。此时刀架的横向滑板已经与丝杠脱开,其前端的拉杆上装有滚柱。当大拖板纵向走刀时,滚柱即在靠模的曲线槽内移动,从而使车刀刀尖也随着作曲线移动,同时用小刀架控制切深,即可车出手柄的成形面。这种方法加工成形面,操作简单,生产率较高,因此多用于成批生产。当靠模的槽为直槽时,将靠模扳转一定角度,即可用于车削锥度。

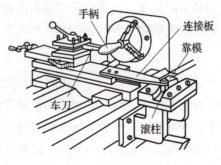

图 3-43　用靠板车成形面

3. 双手控制法

单件加工成形面时，通常采用双手控制法车削成形面，即双手同时摇动小滑板手柄和中滑板手柄，并通过双手协调的动作，使刀尖走过的轨迹和所要求的成形面曲线相仿，操作如图 3-44 所示。

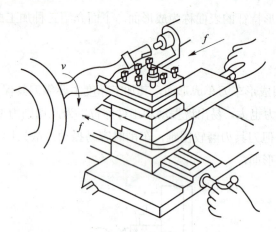

图 3-44 用双手控制纵、横向进给车成形面

这种操作技术灵活、方便，不需要其他辅助工具，但需要较高的技术水平，而且可能产生较大的误差，一般多用于单件、小批生产。

3.8.2 车圆锥面

将工件车削成圆锥表面的方法称为车圆锥。常用车锥面的方法有宽刀法、转动小刀架法、靠模法、尾座偏移法等。

1. 宽刀法

车削较短的圆锥时，可以用宽刃刀直接车出，如图 3-45 所示。其工作原理实质上是属于成形法，所以要求切削刃必须平直，切削刃与主轴轴线的夹角应等于工件圆锥半角 $\alpha/2$。同时要求车床有较好的刚性，否则易引起振动。当工件的圆锥斜面长度大于切削刃长度时，可以用多次接刀方法加工，但接刀处必须平整。

2. 转动小刀架法

当加工锥角较大、锥面不长的工件时，可用转动小刀架法车削。车削时，将小滑板下面转盘上的螺母松开，把转盘转至所需要的圆锥半角 $\alpha/2$ 的刻线上，与基准零线对齐，然后固定转盘上的螺母，如果锥角不是整数，可先估计一个值，试车后逐步找正，如图 3-46 所示。

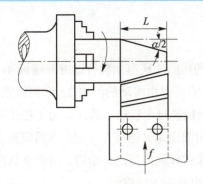
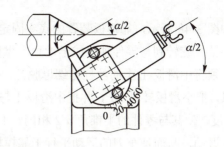

图 3-45　用宽刃刀车削圆锥　　　　图 3-46　转动小刀架车圆锥

此法调整方便，操作简单，适于车削任意角度的内外圆锥面，但受小刀架行程限制，且只能手动车削长度较短的圆锥面，因此表面质量不高。

3. 尾座偏移法

当车削锥度小、锥形部分较长的圆锥面时，可以用偏移尾座的方法，此方法可以自动走刀，缺点是不能车削整圆锥和内锥体以及锥度较大的工件。将尾座上的滑板横向偏移一个距离 S，使偏移后两顶尖连线与原来两顶尖中心线相交 α/2 角度，尾座的偏向取决于工件大小头在两顶尖间的加工位置。如图 3-47 所示，尾座的偏移量与工件的总长有关，尾座偏移量可用下列公式计算：

$$S = \frac{D-d}{2l}L$$

式中：S——尾座偏移量；
　　　D，d——锥体大头直径和锥体小头直径；
　　　l——工件锥体部分长度；
　　　L——工件总长度。

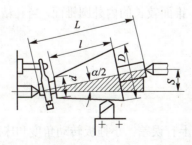

图 3-47　尾座偏移法车削圆锥

床尾的偏移方向由工件的锥体方向决定。当工件的小端靠近床尾处，床尾应向里移动；反之，床尾应向外移动。

4. 靠模法

如图 3-48 所示，靠模板装置的底座固定在床身的后面，底座上装有锥度靠模板 4，它可绕中心轴 3 旋转到与零件轴线成半锥角，靠模板上装有可自由滑动的滑块 2。车削圆锥面时，首先，须将中滑板 1 上的丝杠与螺母脱开，以使中滑板能自由移动。其次，为了便于调整背吃刀量，把小滑板转过 90°，并把中滑板 1 与滑块 2 用固定螺钉连接在一起，然后调整靠模板 4 的角度，使其与零件的半锥角 $\alpha/2$ 相同。于是，当床鞍作纵向自动进给时，滑块 2 就沿着靠模板 4 滑动，从而使车刀的运动平行于靠模板 4，车出所需的圆锥面。

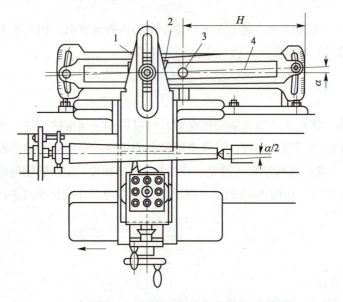

1—中滑板；2—滑块；3—中心轴；4—靠模板

图 3-48 靠模法车削圆锥面

对于某些半锥角小于 12°、锥面较长的内外圆锥面，当其精度要求较高且批量较大时常采用靠模法。

5. 车圆锥体的质量分析

（1）锥度不准确

出现此问题的原因是计算上有误差；小拖板转动角度和床尾偏移量偏移不精确；车刀、拖板、床尾没有固定好，在车削中移动；工件表面粗糙度太差，量规或工件上有毛刺或没有擦干净，而造成检验和测量的误差等。

（2）锥度准确而尺寸不准确

出现此问题的原因是粗心大意，测量不及时、不仔细，进刀量控制不好，尤其是最后一刀没有掌握好进刀量。

（3）圆锥母线不直

圆锥母线不直是指锥面不是直线，锥面上产生凹凸现象或是中间低、两头高，主要原因是车刀安装没有对准中心。

（4）表面粗糙度不合要求

配合锥面的精度一般要求较高，若表面粗糙度不高，往往会造成废品，因此一定要注意。造成表面粗糙度差的原因是切削用量选择不当；车刀磨损或刃磨角度不对；没有进行表面抛光或者抛光余量不够。用小拖板车削锥面时，手动走刀不均匀，机床的间隙大，工件刚性差等也会影响工件的表面粗糙度。

3.9 钻孔和镗孔

车床上可以用钻头、镗刀、扩孔钻头、铰刀进行钻孔、镗孔、扩孔和铰孔。下面介绍钻孔和镗孔的方法。

3.9.1 钻孔

钻孔时，选用的麻花钻直径应根据后续工序要求留出加工余量。选用麻花钻的长度时，一般应使得导向部分略长于孔深。麻花钻过长则刚度低，过短则排屑困难。车床上钻孔如图3-49所示。

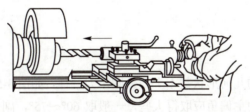

图3-49 车床上钻孔

1. 在车床上钻孔的操作步骤

① 钻孔前，先将工件端面车平，中心处不允许留有凸台，以利于钻头正确定心。

② 找正尾座使钻头中心对准工件回转中心，否则可能会将孔径钻大、钻偏甚至折断钻头。

③ 锥柄钻头直接装在尾座套筒的锥孔内，直柄钻头要装在钻夹头内，然后把钻夹头装在尾座套筒的锥孔内。应注意要擦净后再装入。

④ 调整尾座位置松开尾座与床身的紧固螺栓螺母，移动尾座至钻头能进给到所需长度时，固定尾座。

⑤ 尾座套筒手柄松开后（不宜过松），开动车床，均匀地摇动尾座套筒手轮进行钻削。刚接触工件时进给要慢些，切削中要经常退回，钻透时进给也要慢些，退出钻头后再停车。

2. 钻孔注意事项

① 起钻时进给量要小，待钻头头部全部进入工件后，才能正常钻削。

② 钻钢件时，应加冷却液，防止因钻头发热而退火。

③ 钻小孔或钻较深孔时，由于铁屑不易排出，必须经常退出排屑，否则会因铁屑堵塞而使钻头"咬死"或折断。

④ 钻小孔时，车头转速应选择快些，钻头的直径越大，钻速应相应越慢。

⑤ 当钻头将要钻通工件时，由于钻头横刃首先钻出，因此轴向阻力大大减小，这时进给速度必须减慢，否则钻头容易被工件卡死，造成锥柄在床尾套筒内打滑而损坏锥柄和锥孔。

钻盲孔与钻通孔的方法基本相同，只是钻孔时需要控制孔的深度，常用的控制方法是：钻削开始时，摇动尾座手轮，当麻花钻切削部分（钻尖）切入工件端面时，用钢直尺测量尾座套筒的伸出长度，钻孔时用套筒伸出的长度加上孔深控制尾座套筒的伸出量。

钻孔的精度较低，尺寸公差等级在 IT10 级以下，表面粗糙度值 Ra 为 6.3 μm，因此，钻孔往往是镗孔、扩孔和铰孔的预备工序。

3.9.2　镗孔

对工件上的孔进行车削的方法称为镗孔（也称车孔），包括通孔车削和盲孔车削两种加工方法。

1. 车孔刀

（1）通孔车刀

通孔车刀切削部分的几何形状基本上与外圆车刀一样，如图 3-50 所示。为了减小径向切削力，防止振动，车刀的主偏角应取得大些，一般取 60°～75°，副偏角一般取 15°～30°。为了防止车刀后面和孔壁的摩擦，又不使后角磨得太大，一般磨成两个后角，其中，α_{o1} 取 6°～12°，α_{o2} 取 30°左右。

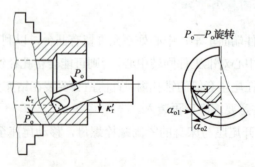

图 3-50　通孔车刀

(2) 盲孔车刀

盲孔车刀用于车削盲孔或台阶孔,其切削部分的几何形状基本上与偏刀相似,如图 3-51 所示。盲孔车刀的主偏角大于 90°,一般 $\kappa_r = 92°\sim95°$。后角要求与通孔车刀相同,盲孔车刀刀尖到刀柄外侧的距离 a 应小于孔的半径 R,否则无法车平孔的底面。

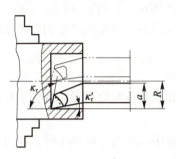

图 3-51 盲孔车刀

2. 车通孔方法

车削直通孔基本上与车外圆相同,只是进刀与退刀的方向相反。在粗车或精车时,也要进行试切削。车孔时的切削用量应比车外圆时小一些,尤其是车小孔或深孔时,其切削用量应更小。

3. 车台阶孔方法

车削直径较小的台阶孔时,由于观察困难,尺寸精度不易控制,所以,常采用先粗、精车小孔,再粗、精车大孔的顺序进行加工。

车削直径较大的台阶孔时,在便于测量小孔尺寸且视线又不受影响的情况下,一般先粗车大孔和小孔,再精车大孔和小孔。

4. 车孔深度的控制

车孔深度常采用以下方法进行控制:

① 在刀柄上用线痕做记号,如图 3-52a 所示;
② 装夹车孔刀时,安放限位铜片,如图 3-52b 所示;
③ 利用床鞍刻度盘的刻线控制。

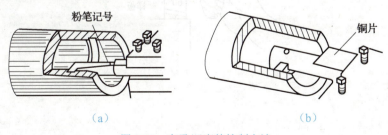

(a)　　　　　　　　　　　　(b)

图 3-52 车孔深度的控制方法

5. 车内孔时的质量分析

(1) 尺寸精度达不到要求

① 孔径大于要求尺寸：原因是镗孔刀安装不正确，刀尖不锋利，小拖板下面转盘基准线未对准"0"线，孔偏斜、跳动，测量不及时。

② 孔径小于要求尺寸：原因是刀杆细造成"让刀"现象，塞规磨损或选择不当，绞刀磨损以及车削温度过高。

(2) 几何精度达不到要求

① 内孔成多边形：原因是车床齿轮咬合过紧，接触不良，车床各部间隙过大，薄壁工件装夹变形等。

② 内孔有锥度：原因是主轴中心线与导轨不平行，使用小拖板时基准线不对，切削量过大或刀杆太细造成"让刀"现象。

③ 表面粗糙度达不到要求：原因是刀刃不锋利，角度不正确，切削用量选择不当，冷却液不充分。

3.10 车螺纹

3.10.1 螺纹车削的基本知识

1. 螺纹车刀及安装

车刀的刀尖角度必须与螺纹牙形角（米制螺纹为60°）相等，车刀前角等于零度。车刀刃磨时按样板刃磨，刃磨后用油石修光。装夹螺纹车刀时，刀头伸出不要过长，一般为20～25 mm（约为刀杆厚度的1.5倍），刀尖位置一般应对准工件中心，车刀刀尖角的对称中心必须与工件轴线垂直，装刀时可用样板来对刀，如图3-53所示。

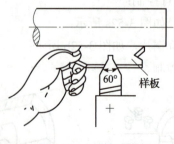

图3-53 用样板对刀

2. 车床的调整

车螺纹时，必须满足的运动关系是：工件每转过 1 周时，车刀必须准确地移动 1 个螺距或导程（单线螺纹为螺距，多线螺纹为导程）。为了获得所需要的工件螺距，必须调整车床和配换齿轮以保证工件与车刀的正确运动关系。如图 3-54 所示，工件由主轴带动，车刀由丝杠带动，主轴与丝杠之间是通过三星轮（z_1，z_2，z_3）、配换齿轮（a，b，c，d）和进给箱连接起来的。三星轮可改变配换变丝杠的旋转方向，通过调整它可车右旋螺纹或左旋螺纹。根据工件的螺距或导程，按进给箱标牌上所示的手柄位置来变换配换齿轮的齿数及各进给变速手柄的位置，可保证主轴与丝杠的传动比。

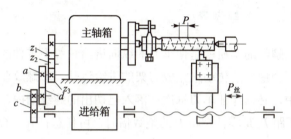

图 3-54 车螺纹时车床的传动系统

3.10.2 车螺纹的方法

1. 车普通螺纹的进刀方法

车普通螺纹的进刀方法主要有以下三种。

（1）直进法

如图 3-55a 所示，车螺纹时，螺纹车刀刀尖及左右两侧刀刃都参加切削，每次进刀由中滑板进给，随螺纹深度的增加，切削深度相应减少，这种切削方法操作简单，可以得到比较正确的牙形，适用于螺距小于 2 mm 和脆性材料的螺纹车削。

（2）左右切削法

如图 3-55b 所示，车削时，除中滑板刻度控制车刀的横向进给外，同时使用小滑板刻度，使车刀左右微量进给。采用左右切削法时，要合理分配切削余量。由于是单刃车削，排屑容易，不易扎刀。

（3）斜进法

粗车时可采用斜进法，如图 3-55c 所示，在每次往复行程后，除中滑板横向进给外，小滑板要向一个方向做微量进给。

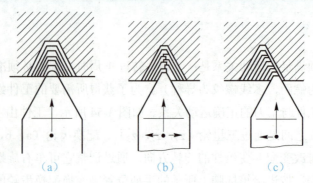

图 3-55 低速车削普通螺纹的进刀方法

2. 车削外螺纹的方法与步骤

在车床上车削单头螺纹的实质就是使车刀的纵向进给量等于零件的螺距。为保证螺距的精度,应使用丝杠与开合螺母的传动来完成刀架的进给运动。车螺纹要经过多次走刀才能完成,在多次走刀过程中,必须保证车刀每次都落入已切出的螺纹槽内,否则,就会发生"乱扣"现象。当丝杠的螺距 P_s 是零件螺距 P 的整数倍时,可任意打开、合上开合螺母,车刀总会落入原来已切出的螺纹槽内,不会"乱扣"。

车外螺纹的操作步骤如下。

① 开车对刀,使车刀与零件轻微接触,记下刻度盘读数,向右退出车刀,如图3-56a所示。

② 合上开合螺母,在零件表面上车出一条螺旋线,横向退出车刀,停车,如图3-56b所示。

③ 开反车使车刀退到零件右端,停车,用钢直尺检查螺距是否正确,如图3-56c所示。

④ 利用刻度盘调整背吃刀量,开车切削,如图3-56d所示。

⑤ 车刀将至行程终了时,应做好退刀停车准备,先快速退出车刀,然后停车,开反车退回刀架,如图3-56e所示。

⑥ 再次横向切入,继续切削,如图3-56f所示。

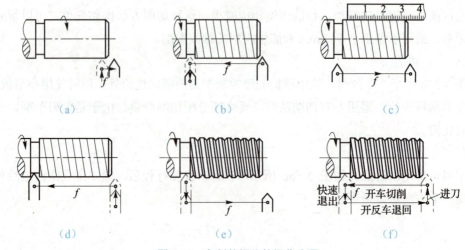

图 3-56 车削外螺纹的操作步骤

3.10.3　螺纹车削注意事项

① 注意和消除拖板的"空行程"。

② 避免"乱扣"。预防乱扣的方法是采用倒顺（正反）车法车削。在用左右切削法车削螺纹时，小拖板移动距离不要过大，若车削途中刀具损坏需重新换刀或者无意提起开合螺母时，应注意及时对刀。

③ 对刀前先要安装好螺纹车刀，然后按下开合螺母，开正车（注意应该是空走刀），移动中、小拖板使刀尖准确落入原来的螺旋槽中（不能移动大拖板），同时根据所在螺旋槽中的位置重新做中拖板进刀的记号，再将车刀退出，开倒车，将车退至螺纹头部，再进刀，对刀时一定要注意是正车对刀。

④ 借刀就是螺纹车削一定深度后，将小拖板向前或向后移动一点距离再进行车削，借刀时注意小拖板移动距离不能过大，以免将牙槽车宽造成"乱扣"。

⑤ 使用两顶针装夹方法车螺纹时，工件卸下后再重新车削时，应该先对刀，后车削，以免"乱扣"。

⑥ 安全注意事项：

a. 车螺纹前先检查好所有手柄是否处于车螺纹位置，防止盲目开车；

b. 车螺纹时要思想集中，反应灵敏，动作迅速；

c. 用高速钢车刀车螺纹时，车头转速不能太快，以免刀具磨损；

d. 要防止车刀、刀架或拖板与卡盘、床尾相撞；

e. 旋螺母时，应将车刀退离工件，防止车刀将手划破，不要开车旋紧或者退出螺母。

3.10.4　车螺纹的质量分析

车削螺纹时产生废品的原因及预防方法如表 3-5 所示。

表 3-5　车削螺纹时产生废品的原因及预防方法

废品种类	产生原因	预防方法
尺寸不正确	车外螺纹前的直径不对	根据计算尺寸车削外圆与内孔
	车内螺纹前的孔径不对	
	车刀刀尖磨损	经常检查车刀并及时修磨
	螺纹车刀切深过大或过小	车削时严格掌握螺纹切入深度
螺纹不正确	挂轮在计算或搭配时错误	车削螺纹时先车出很浅的螺旋线检查螺距是否正确
	进给箱手柄位置放错	
	车床丝杠和主轴窜动	调整好车床主轴和丝杠的轴向窜动量
	开合螺母塞铁松动	调整好开合螺母塞铁，必要时在手柄上挂上重物

续表 3-5

废品种类	产生原因	预防方法
牙形不正确	车刀安装不正确，产生半角误差	用样板对刀
	车刀刀尖角刃磨不正确	正确刃磨和测量刀尖角
	刀具磨损	合理选择切削用量和及时修磨车刀
螺纹表面不光洁	切削用量选择不当	高速钢车刀车螺纹的切削速度不能太大，切削厚度应小于 0.06 mm，并加切削液
	切屑流出方向不对	硬质合金车刀高速车螺纹时，最后一刀的切削厚度要大于 0.1 mm，切屑要垂直于轴心线方向排出
	刀杆刚性不够产生振动	刀杆不能伸出过长，并选粗壮刀杆
扎刀和顶弯工件	车刀径向前角太大	减小车刀径向前角，调整中滑板与丝杠螺母的间隙
	工件刚性差，而切削用量选择太大	合理选择切削用量，增加工件装夹刚性

3.11 车床附件及其使用方法

附件是用来支撑、装夹工件的装置，通常称夹具。其作用可归纳如下：

① 可扩大机床的工作范围。由于工件的种类很多，而机床的种类和台数有限，采用不同夹具，可实现一机多能，提高机床的利用率。

② 可使工件质量稳定。采用夹具后，工件各个表面的相互位置由夹具保证，比划线找正所达到的加工精度高，而且能使同一批件的定位精度、加工精度基本一致，因此，工件互换性高。

③ 提高生产率，降低成本。采用夹具一般可以简化工件的安装工作，从而可减少安装工件所需的辅助时间。同时，采用夹具可使工件安装稳定，提高工件加工时的刚度，可加大切削用量，减少机动时间，提高生产率。

④ 改善劳动条件。用夹具安装工件，方便、省力、安全，不仅改善了劳动条件，而且降低了对工人技术水平的要求。

车床上常用的附件有四爪卡盘、顶尖、心轴、中心架、跟刀架、花盘、弯板等。其中，用四爪卡盘和顶尖安装工件，前面已经介绍过，本节主要介绍用心轴、中心架和跟刀架、花盘或弯板安装工件。

3.11.1 用心轴安装工件

形状复杂或同轴度要求较高的盘套类零件，常用心轴安装加工，以保证零件外圆与内孔的同轴度及端面与内孔轴线的垂直度要求。

用心轴安装零件时，应先对零件的孔进行精加工（达到 IT8～1T7），然后以孔定位。心轴用双顶尖安装在车床上，以加工端面和外圆。安装时，根据零件的形状、尺寸、精度要求和加工数量的不同,采用不同结构的心轴。

1. 圆柱心轴

当零件长径比小于 1 时,应使用带螺母压紧的圆柱心轴,如图 3-57 所示。零件左端靠紧心轴的台阶,由螺母及垫圈将零件压紧在心轴上。为保证内外圆同心,孔与心轴之间的配合间隙应尽可能小些,否则其定心精度将随之降低。一般情况下,当零件孔与心轴采用 H7/h6 配合时,同轴度误差不超过 0.02～0.03 mm。

2. 小锥度心轴

当零件长径比大于 1 时,可采用带有小锥度(1/5 000～1/1 000)的心轴,如图 3-58 所示。零件孔与心轴配合时,靠接触面产生弹性变形来夹紧零件,故切削力不能太大,以防零件在心轴上滑动而影响正常切削。小锥度心轴定心精度较高,可达 0.005～0.01 mm,多用于磨削或精车,但没有确定的轴向定位。

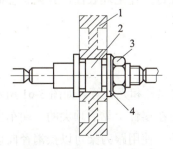

1—零件;2—心轴;3—螺母;4—垫片

图 3-57　圆柱心轴安装零件

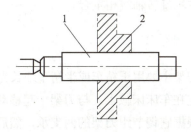

1—心轴;2—零件

图 3-58　圆锥心轴安装零件

3. 胀力心轴

如图 3-59 所示,胀力心轴是通过调整锥形螺杆使心轴一端作微量的径向扩张,利用心轴和工件之间的摩擦力,以将零件孔胀紧,这种快速装拆的心轴,适用于安装中小型零件。

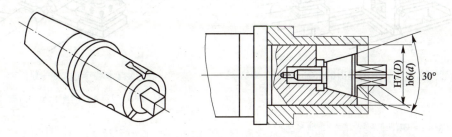

图 3-59　胀力心轴

3.11.2　中心架和跟刀架的使用

当工件长度与直径之比大于 25 倍（$L/d > 25$）时，由于工件本身的刚性较差，在车削时，工件受切削力、自重和离心力的作用，会产生弯曲、振动，严重影响其圆柱度和表面粗糙度；同时，在切削过程中，工件受热伸长产生弯曲变形，车削很难进行，严重时会使工件在顶尖间卡住。此时需要用中心架或跟刀架来支承工件。

1. 用中心架支承车细长轴

一般在车削细长轴时，用中心架来增加工件的刚性，当工件可以进行分段切削时，中心架支承在工件中间，如图 3-60 所示。在工件装上中心架之前，必须在毛坯中部车出一段支承中心架支承爪的沟槽，其表面粗糙及圆柱误差要小，并在支承爪与工件接触处经常加润滑油。为提高工件精度，车削前应将工件轴线调整到与机床主轴回转中心同轴。当车削支承中心架的沟槽比较困难或一些中段不需加工的细长轴时，可用过渡套筒，使支承爪与过渡套筒的外表面接触，过渡套筒的两端各装有四个螺钉，用这些螺钉夹住毛坯表面，并调整套筒外圆的轴线与主轴旋转轴线相重合。

2. 用跟刀架支承车细长轴

跟刀架主要用于精车或半精车细长光轴类零件，如丝杠和光杠等。如图 3-61 所示，跟刀架被固定在车床床鞍上，与刀架一起移动。使用时，先在零件上靠后顶尖的一端车出一小段外圆，根据它调节跟刀架的两支承，然后再车出全轴长。使用跟刀架可以抵消径向切削力，从而提高精度和表面质量。

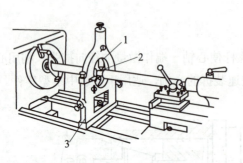

1—可调节支承爪；2—预先车出的外圆面；3—中心架

图 3-60　用中心架支承车削细长轴

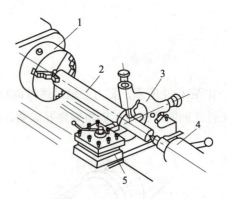

1—三爪自定心卡盘；2—细长轴；
3—跟刀架；4—尾座；5—刀架

图 3-61　跟刀架的使用

3.11.3　用花盘或弯板安装工件

如图 3-62a 所示为花盘外形图，花盘端面上的 T 形槽用来穿压紧螺栓，中心的内螺孔可直接安装在车床主轴上。安装时花盘端面应与主轴轴线垂直，花盘本身的形状精度要求较高。

零件可通过压板、螺栓、垫铁等固定在花盘上。花盘用于安装大、扁、形状不规则的且三爪自定心卡盘和四爪单动卡盘无法装夹的大型零件，可确保所加工的平面与安装平面平行及所加工的孔或外圆的轴线与安装平面垂直。

弯板多为 90°角铁，两平面上开有槽形孔用于穿紧固螺钉。弯板用螺钉固定在花盘上，零件用螺钉固定在弯板上，如图 3-62b 所示。当要求待加工的孔（或外圆）的轴线与安装平面平行或要求两孔的中心线相互垂直时，可用弯板安装零件。

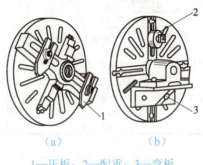

1—压板；2—配重；3—弯板

图 3-62　用花盘或弯板安装零件

3.12　车工综合技能训练

3.12.1　车偏心座训练

车偏心座训练图如图 3-63 所示。

1. 教学要求

（1）掌握三角螺纹的车削方法。
（2）掌握用百分表找正偏心的方法。
（3）掌握台阶孔的车削方法，以及会用内径百分表检验工件精度。
（4）掌握莫氏内锥的车削方法，以及锥度的找正。

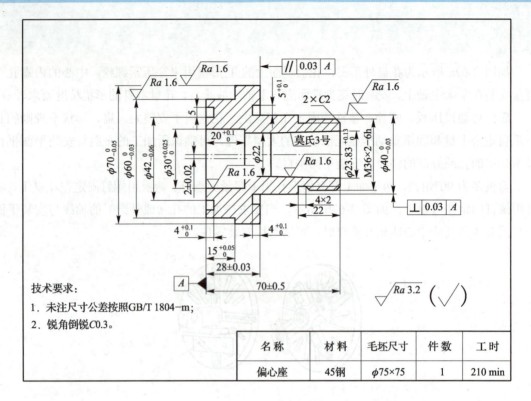

图 3-63　车偏心座训练图

2. 加工步骤

（1）检查坯料，毛坯伸出三爪自定心卡盘长度约 30 mm，校正后夹紧。车端面，粗车外圆 $\phi 65$ mm×15 mm。

（2）调头夹持工件 $\phi 65$ mm×15 mm 外圆处，校正后夹紧。

（3）粗车外圆至 $\phi 70.5$ mm，长度接近卡盘处。粗车外圆至 $\phi 40.5$ mm×42 mm。粗、精车三角螺纹外圆至 $\phi 36_{-0.2}^{0}$ mm，长度 22 mm。

（4）车矩形槽 4 mm×2 mm 至要求，倒角 $C2$ 两处。

（5）粗、精车三角螺纹 M36×2 至要求。

（6）精车外圆 $\phi 70_{-0.05}^{0}$ mm，$\phi 40_{-0.03}^{0}$ mm 至尺寸要求。

（7）粗、精车端面沟槽宽度 $5_{0}^{+0.1}$ mm，长度 $4_{0}^{+0.1}$ mm 至尺寸要求，钻孔 $\phi 22$ mm。

（8）粗、精车 3 号莫氏内锥至尺寸，各处按要求倒角，检查。

（9）调头夹持 $\phi 40$ mm 外圆，垫偏心垫片，找正工件平行度，偏心夹紧工件。车端面，保证总长 70 mm±0.5 mm。

（10）粗、精车外圆 $\phi 60_{-0.03}^{0}$ mm×$15_{0}^{+0.05}$ mm、内孔 $\phi 30_{0}^{+0.025}$ mm×$20_{0}^{+0.1}$ mm 至尺寸要求。

（11）车端面槽各尺寸至要求，各处按要求倒角。

第 3 章 车削加工

（12）检查。卸下垫片，夹持$\phi 40$ mm 外圆，找正，夹紧，车$\phi 70_{-0.05}^{0}$ mm 外圆至尺寸要求，并锐角倒钝，卸下工件。

3. 注意事项

（1）合理分配工件加工时间。
（2）车削时合理选择切削用量。
（3）车偏心时，车刀应先远离工件，防止打刀。

4. 工、量、刃具的准备

工、量、刃具的准备如表 3-6 所示。

表 3-6　工、量、刃具的准备表

名称	规格	精度	数量	备注
游标卡尺	0～150 mm	0.02 mm	1	
千分尺	25～50 mm	0.01 mm	1	
千分尺	50～75 mm	0.01 mm	1	
内径百分表	18～35 mm	0.01 mm	1	
磁力表座	0～10 mm	0.01 mm	1	
螺纹环规	M36×2		1 套	
圆锥塞规	莫氏 3 号		1 套	
深度千分尺	0～25 mm	0.01 mm	1	
公法线千分尺	0～25 mm	0.01 mm	1	
公法线千分尺	25～50 mm	0.01 mm	1	
标准钢针	$\phi 5$ mm		1	
万能角度尺	0°～320°	2′	1	
外圆车刀	90°	YT15	2	
外圆车刀	45°	YT15	1	
切断刀	$t = 4$ mm	YT15	1	
螺纹车刀	60°	W18Cr4V	2	
端面槽刀	$t = 4$ mm	YT15	2	
内孔刀	90°	YT15	2	
钻头	$\phi 25$	W18Cr4V	1	

5. 车偏心座操作评分

车偏心座操作评分表如表 3-7 所示。

表 3-7 车偏心座操作评分表

项目	考核要求	配分		测量工具	检测结果		得分	备注
		IT	Ra		IT	Ra		
1	$\phi 70_{-0.05}^{0}$	3	2	外径千分尺				
2	$\phi 60_{-0.03}^{0}$	3	2	外径千分尺				
3	$\phi 42_{-0.06}^{0}$	3	3	外径千分尺				
4	$\phi 40_{-0.03}^{0}$	4	2	外径千分尺				
5	$\phi 30_{0}^{+0.025}$	5	3	外径千分尺				
6	M36×2-6h	4	4	螺纹环规				
7	内锥莫氏 3 号	4	3	莫氏塞规				
8	$23.83_{0}^{+0.13}$	2		游标卡尺				
9	$5_{0}^{+0.1}$	4	2	游标卡尺				
10	5	2	1	游标卡尺				
11	$4_{0}^{+0.1}$（2 处）	6		游标卡尺				
12	28±0.03	4		公法线千分尺				
13	$15_{0}^{+0.05}$	4		深度千分尺				
14	$20_{0}^{+0.1}$	3		游标卡尺				
15	70±0.5	2		游标卡尺				
16	4×2	2		游标卡尺				
17	垂直度 0.03 A	3		百分表				
18	平行度 0.03 A	3		百分表				
19	C2（2 处）	1						
20	C0.3（8 处）	2						
21	实习报告	6						
22	安全文明生产	10						
	合 计	78	22					

3.12.2 车梯形螺纹配合件训练

车梯形螺纹配合件训练图如图 3-64 所示。

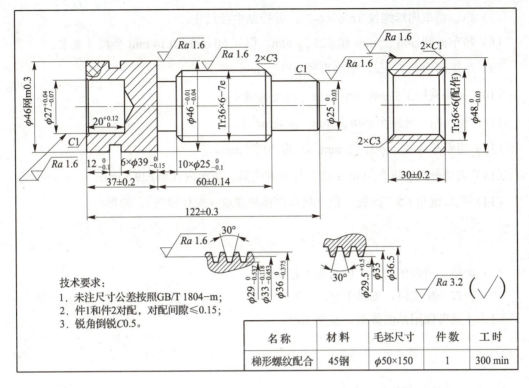

图 3-64 车梯形螺纹配合件训练图

1. 教学要求

(1) 熟练掌握内、外梯形螺纹的车削方法。
(2) 掌握内、外梯形螺纹配合的检验方法。
(3) 会对内、外梯形螺纹进行质量分析。

2. 加工步骤

(1) 检查坯料,毛坯伸出三爪自定心卡盘长度约 50 mm,校正后夹紧。

(2) 车端面,粗、精车外圆 $\phi 48_{-0.03}^{0}$ mm 至尺寸。钻孔 $\phi 25$ 长 35 mm,粗车内孔至 $\phi 29$ mm。按要求倒角。切断,保证总长 30.5 mm。

(3) 车端面,保证总长 122 mm±0.3 mm。车外圆 $\phi 48$ mm,长 10 mm。钻孔 $\phi 25$ mm,长 25 mm。调头夹持工件外圆,钻中心孔。

(4) 夹持工件外圆 $\phi 48$ mm×10 mm,另一端用后顶尖支顶。

(5) 粗车工件外圆至 $\phi 46.5$ mm,长度接近卡盘,粗车梯形螺纹外圆尺寸至 $\phi 36.2$ mm× 85 mm,粗车外圆至 $\phi 25.5$ mm,长 25 mm。

(6) 切退刀槽宽 10 mm,槽底直径 $\phi 25_{-0.1}^{0}$ mm,两处倒角 C3。

123

(7) 粗、精车梯形螺纹 Tr36×6-7e，并控制中径尺寸。

(8) 精车外圆 $\phi 46_{-0.04}^{-0.01}$ mm 和 $\phi 25_{-0.03}^{0}$ mm，保证 60 mm±0.14 mm 至尺寸要求。

(9) 车矩形槽长 6 mm，槽底直径 $\phi 39_{-0.15}^{0}$ mm。

(10) 调头夹持工件 $\phi 46$ mm 外圆，找正夹紧工件。

(11) 粗、精车外圆至 $\phi 46_{-0.2}^{0}$ mm，滚花 m0.3。

(12) 粗精车内孔至 $\phi 27_{-0.07}^{+0.04}$ mm，长度 $20_{0}^{+0.12}$ mm。

(13) 夹持外圆 $\phi 48_{-0.03}^{0}$ mm 工件，校正并夹紧。粗车内孔至 $\phi 29.5$ mm。

(14) 孔口倒角 C3，两处。粗、精车内梯形螺纹（配作检查），卸件。

3. 注意事项

(1) 调整小滑板的松紧，以防车刀走动。
(2) 合理分配工时，安排工艺。
(3) 注意劳保用品的佩戴，安全生产。

4. 工、量、刃具的准备

工、量、刃具的准备如表 3-8 所示。

表 3-8 工、量、刃具的准备表

名称	规格	精度	数量	备注
游标卡尺	0～150 mm	0.02 mm	1	
千分尺	25～50 mm	0.01 mm	1	
内径百分表	18～35 mm	0.01 mm	1	
公法线千分尺	25～50 mm	0.01 mm	1	
量针	$\phi 3.106$		3	
万能角度尺	0°～320°	2′	1	
外圆车刀	90°	YT15	2	
外圆车刀	45°	YT15	1	
切断刀	t = 5 mm	YT15	2	
外梯形螺纹车刀	30°	W18Cr4V	2	
内梯形螺纹车刀	30°	W18Cr4V	2	
内孔刀	$\phi 22$ mm×35 mm	YT15	2	
滚花刀	m = 0.3 3	W18Cr4V	1	
钻头	$\phi 25$	W18Cr4V	1	

第3章 车削加工

5. 梯形螺纹配合件操作评分

梯形螺纹配合件操作评分表如表 3-9 所示。

表 3-9 梯形螺纹配合件操作评分表

项目	考核要求	配分		测量工具	检测结果		得分	备注
		IT	Ra		IT	Ra		
1	$\phi 46_{-0.04}^{-0.01}$	4	2	外径千分尺				
2	$\phi 25_{-0.03}^{0}$	4	2	外径千分尺				
3	$\phi 27_{-0.07}^{+0.04}$	5	4	内径百分表				
4	$\phi 25_{-0.10}^{0}$	3	1	游标卡尺				
5	$6 \times \phi 39_{-0.15}^{0}$	2	1	游标卡尺				
6	网纹 m0.3	2						
7	$20_{0}^{+0.12}$	2		游标卡尺				
8	$12_{-0.10}^{0}$	3		游标卡尺				
9	37 ± 0.2	2		游标卡尺				
10	60 ± 0.14	3		游标卡尺				
11	122 ± 0.3	2		游标卡尺				
12	$\phi 48_{-0.03}^{0}$	4		外径千分尺				
13	30 ± 0.2	2		游标卡尺				
14	$\phi 36_{-0.375}^{0}$	1	2	游标卡尺				
15	$\phi 33_{-0.453}^{-0.118}$	4	4	公法线千分尺				
16	$\phi 29_{-0.537}^{0}$	1	2	游标卡尺				
17	Tr36×6（配作）	8	4					
18	C1（4 处）	2						
19	C3（4 处）	2						
20	C0.5（4 处）	2						
21	实习报告	10						
22	安全文明生产	10						
	合　计	78	22					

第 4 章 铣削加工

4.1 铣削加工概述

4.1.1 铣削加工基本内容

机械零件一般都是由毛坯通过各种不同方法的加工而达到所需形状和尺寸的。铣削加工是最常用的切削加工方法之一。

铣削是以铣刀旋转做主运动,工件或铣刀做进给运动的切削加工方法,铣削过程中的进给运动可以是直线运动,也可以是曲线运动,因此,铣削的加工范围比较广,生产效率和加工精度也较高。铣削加工基本内容如图 4-1 所示。

（a）圆柱铣刀铣平面

（b）端面铣刀铣平面

（c）铣台阶

（d）铣直角通槽

（e）铣键槽

（f）切断

（g）铣特形面

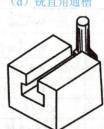
（h）铣特形槽

（i）铣齿轮

（j）铣螺旋槽

（k）铣离合器

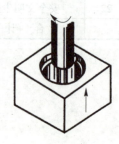
（l）镗孔

图 4-1 常见的铣削方式

4.1.2 铣削加工工艺特点

① 刀齿散热条件较好。铣刀刀齿在切离工件的一段时间内，可以得到一定的冷却，散热条件较好。但是，切入和切离时热和力的冲击，将加速刀具的磨损，甚至可能引起硬质合金刀片的碎裂。

② 加工效率较高。因为铣刀是多齿刀具，铣削时有多个刀齿同时参与切削，且铣削速度较高，所以铣削加工的生产效率较高。

③ 容易产生振动。由于铣削过程中每个刀齿的切削厚度不断变化，因此，铣削过程不平稳，容易产生振动。这也限制了铣削加工质量和生产率的进一步提高。

④ 铣削加工的经济精度为 IT9～IT7，表面粗糙度 Ra 6.3～1.6 μm，最低可达 0.8 μm。

4.1.3 铣床安全操作规程及文明生产

1. 安全操作规程

① 工作前，必须穿好工作服（或军训服），女生须戴好工作帽，发辫不得外露，必须戴护眼镜。

② 不准穿背心、裙子、拖鞋、凉鞋、高跟鞋进入实训车间。

③ 不准戴手套操作机床。

④ 工作前认真查看机床有无异常，在规定部位加注润滑油和冷却液。

⑤ 开始加工前先安装好刀具，再装夹工件。工件装夹必须牢固可靠，严禁用开动机床的动力装夹刀杆、拉杆。

⑥ 主轴变速必须停车，变速时先打开变速操作手柄，再选择转速，最后以适当快慢的速度将操作手柄复位。复位时若速度过快，则冲动开关难动作；太慢则易达起动状态，容易损坏啮合中的齿轮。

⑦ 开始铣削加工前，刀具必须离开工件一段距离，并应查看铣刀旋转方向与工件相对位置，判断是顺铣还是逆铣。通常不采用顺铣，而采用逆铣。若必须采用顺铣，则应事先调整工作台丝杠螺母间隙到合适的程度方可铣削加工。

⑧ 在加工工件过程中，若采用自动进给，则必须注意行程的极限位置，必须严密注意铣刀与工件夹具间的相对位置，以防发生过铣、撞铣夹具而损坏刀具和夹具的现象。

⑨ 加工中，严禁将多余的工件、夹具、刀具、量具等摆在工作台上，以防碰撞、跌落而发生人身、设备事故。

⑩ 中途停车测量工件时，不得用手强行刹住惯性转动着的铣刀主轴。

⑪ 铣后的工件被取出后，应及时去除毛刺，防止拉伤手指或划伤堆放的其他工件。

⑫ 发生事故时，应立即切断电源，保护现场，参加事故分析，承担事故责任。

2. 文明生产

① 机床应做到每天一小擦，每周一大擦，按时一级保养；打扫工作场地，将切屑倒入规定地点，保持机床整齐清洁。

② 操作时，工具与量具应分类整齐地安放在工具架上，不要随便乱放在工台上或与切屑等混在一起。

③ 操作者对周围场地应保持整洁，地上无油污、积水、积油。

④ 在机床运行中不得擅自离开岗位或委托他人看管；不准闲谈、打闹和开玩笑。

⑤ 两人或多人共同操作一台机床时，必须严格分工，分段操作，严禁多人同时操作一台机床。

⑥ 高速铣削时，应设置遮挡板，以防止铁屑飞溅伤人。

⑦ 工作结束后应认真清扫机床、加油，并将工作台移向垂直导轨附近。

⑧ 收拾好所用的工具、夹具、量具，摆放于工具箱中，交检工件。

⑨ 保持图样或工艺文件的清洁完整。

4.2 铣床

4.2.1 常用铣床种类

由于铣床的工作范围非常广，铣床的类型也很多，现将常用的铣床作一简要介绍。

1. 升降台式铣床

升降台式铣床的主要特征是带有升降台，工作台除沿纵、横向导轨作左右、前后运动外，还可沿升降导轨随升降台作上下运动。

这类铣床用途广泛，加工范围大，通用性强，是铣削加工的常用铣床。根据结构形式和使用特点，升降台式铣床又可分为卧式和立式两种。

（1）卧式铣床

图 4-2 所示为卧式铣床外形。卧式铣床的主要特征是铣床主轴轴线与工作台面平行。因主轴呈横卧位置，所以称为卧式铣床。铣削时，将铣刀安装在与主轴相连接的刀杆上，随主轴做旋转运动，被切削工件装夹在工作台上，对铣刀作相对进给运动，从而完成切削工作。

卧式铣床的加工范围很广，可以加工沟槽、平面、成形面、螺旋槽等。根据加工范围的大小，卧式铣床又可分为一般卧式铣床（平铣）和卧式万能铣床。卧式万能铣床的结构与一般卧式铣床有所不同，其纵向工作台与横向工作台之间有一回转盘，并具有回转刻度线。使用时，可以按照需要在±45°范围内扳转角度，以适应用圆盘铣刀加工螺旋槽等工件。同时，卧式万能铣床还带有较多附件，因而加工范围比较广。由于这种铣床具有以上优点，所以得到了广泛应用。

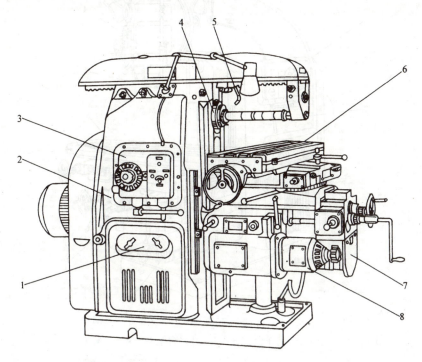

1—机床电器部分；2—床身部分；3—变速操纵部分；4—主轴及传动部分；
5—冷却部分；6—工作台部分；7—升降台部分；8—进给变速部分

图 4-2 卧式铣床

（2）立式铣床

图 4-3 所示为立式铣床外形。立式铣床的主要特征是铣床主轴轴线与工作台台面垂直。因主轴呈竖立位置，所以称为立式铣床。铣削时，铣刀安装在与主轴相连接的刀轴上，绕主轴做旋转运动，被切削工件装夹在工作台上，对铣刀做相对运动，完成切削过程。

立式铣床的加工范围很广，通常可以应用面铣刀、立铣刀、成形铣刀等，铣削各种沟槽、表面；另外，利用机床附件，如回转工作台、分度头等，还可以加工圆弧、曲线外形、齿轮、螺旋槽、离合器等较复杂的零件；当生产批量较大时，在立铣上采用硬质合金刀具进行高速铣削，可以大大提高生产效率。

立式铣床与卧式铣床相比，在操作方面还具有观察清楚，检查调整方便等特点。

按立铣头的结构不同，立式铣床又可分为两种：

① 立铣头与机床床身成一整体，这种立式铣床刚性比较好，但加工范围比较小。

② 立铣头与机床床身之间有一回转盘，盘上有刻度线，主轴随立铣头可扳转一定角度，以适应铣削各种角度面、椭圆孔等。由于该种铣床立铣头可回转，所以目前在生产中应用广泛。

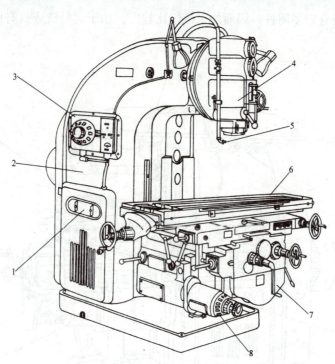

1—机床电器部分；2—床身部分；3—变速操纵部分；4—主轴及传动部分；
5—冷却部分；6—工作台部分；7—升降台部分；8—进给变速部分

图 4-3　立式铣床

2. 多功能铣床

这类铣床的特点是具有广泛的万用性能。如图 4-4 所示是一台摇臂万能铣床。这种铣床能进行以铣削为主的多种切削加工，可以进行立铣、卧铣、镗、钻、磨、插等工序，还能加工各种斜面、螺旋面、沟槽、弧形槽等，适用于各种维修零件和产品加工，特别适用于各种工夹模具的制造。该机床结构紧凑，操作灵活，加工范围广，是一种典型的多功能铣床。

图 4-5 所示是万能工具铣床，该机床工作台不仅可以作三个方向的平移，还可以做多方向的回转，特别适用于加工刀、量具类较复杂的小型零件，具有附件配备齐全、用途广泛等特点。

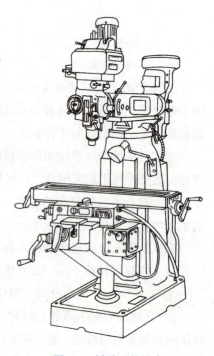

图 4-4　摇臂万能铣床

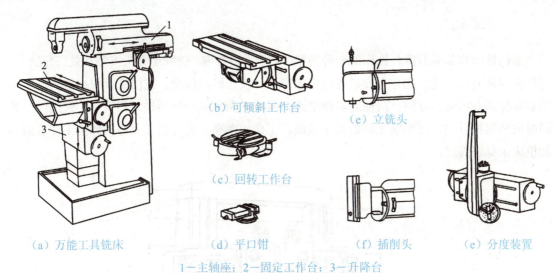

(a) 万能工具铣床　　(b) 可倾斜工作台　　(c) 回转工作台　　(d) 平口钳　　(e) 立铣头　　(f) 插削头　　(e) 分度装置

1—主轴座；2—固定工作台；3—升降台

图 4-5　万能工具铣床外形及各部分名称

3. 固定台座式铣床

这类铣床的主要特征是没有升降台，如图 4-6 所示。工作台只能作左右、前后移动，其升降运动是由立铣头沿床身垂直导轨上下移动来实现的。这类铣床因为没有升降台，工作台的支座就是底座，所以结构坚固，刚性好，适宜进行强力铣削和高速铣削；由于其承载能力较大，还适宜于加工大型、重型工件。

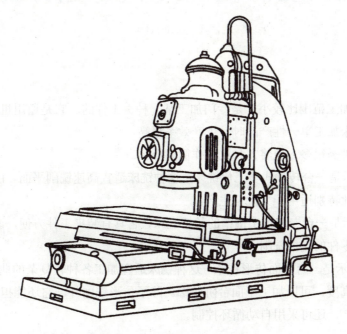

图 4-6　固定台座式铣床

4. 龙门铣床

龙门铣床也是无升降台铣床的一种类型，属于大型铣床。铣削动力头安装在龙门导轨上，可作横向和升降运动；工作台安装在固定床身上，仅作纵向移动。龙门铣床根据铣削动力头的数量分别有单轴、双轴、四轴等多种型式。图 4-7 所示是一台四轴龙门铣床。铣削时，若同时安装四把铣刀，可铣削工件的几个表面，工作效率高，适宜加工大型箱体类工件表面，如机床床身表面等。

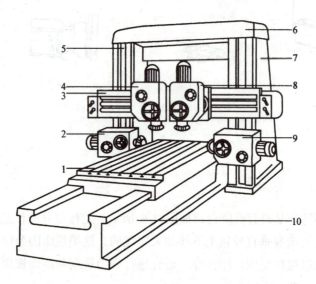

1—工作台；2，9—水平铣头；3—横梁；4，8—垂直铣头；5，7—立柱；6—顶梁；10—床身

图 4-7　龙门铣床

5. 专用铣床

专用铣床的加工范围比较小，是专门加工某一种类工件的。它是通用机床向专一化发展的结果。这类机床加工单一性产品时，生产效率很高。

专用铣床的种类很多，现将几种机床作简要介绍。

如图 4-8 所示是一台转盘式多工位铣床，这种铣床适宜高速铣削平面。由于其操作简便、生产效率高，因此特别适用于大批量生产。

如图 4-9 所示是一台专门加工键槽的长槽铣床，它具有装夹工件方便，调整简单等特点，适宜于各种轴类零件的键槽铣削。

如图 4-10 所示是一台平面仿形铣床，这种铣床适宜加工各种较复杂的曲线轮廓零件，调整主轴头的不同高度，可以加工平面台阶轮廓。除了仿形铣削外，它还能担负立铣的工作，为了适应成批生产，还可采用自动循环控制。

第 4 章 铣削加工

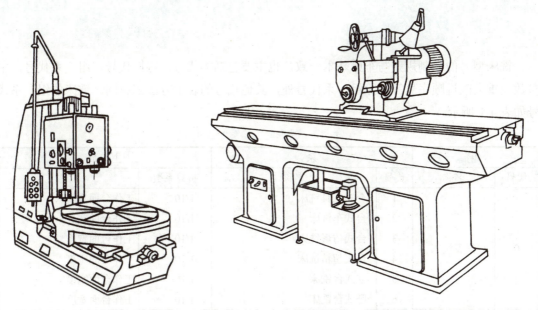

图 4-8 转盘式多工位铣床　　　　图 4-9 长槽铣床

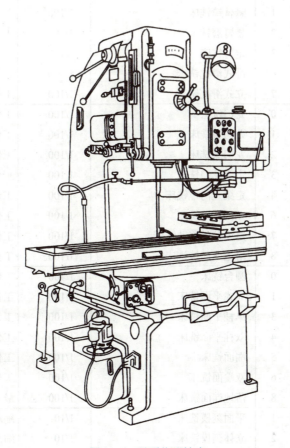

图 4-10 平面仿形铣床

133

4.2.2　常用铣床的型号

铣床型号的编制规则与车床基本一致，也主要包括类代号，特性代号，组、系代号，主参数及重大改进顺序号等。除组、系代号外，其他代号的表示方法都相同。铣床的组、系代号如表 4-1 所示。

表 4-1　铣床的组、系划分表

组		系			主参数	
代号	名称	代号	名称		折算系数	名称
0	仪表铣床	1	台式工具铣床		1/10	工作台面宽度
		2	台式车铣床		1/10	工作台面宽度
		3	台式仿形铣床		1/10	工作台面宽度
		4	台式超精铣床		1/10	工作台面宽度
		5	立式台铣床		1/10	工作台面宽度
		6	卧式台铣床		1/10	工作台面宽度
1	悬臂及滑枕铣床	0	悬臂铣床		1/100	工作台面宽度
		1	悬臂镗铣床		1/100	工作台面宽度
		2	悬臂磨铣床		1/100	工作台面宽度
		3	定臂铣床		1/100	工作台面宽度
		6	卧式滑枕铣床		1/100	工作台面宽度
		7	立式滑枕铣床		1/100	工作台面宽度
2	龙门铣床	0	龙门铣床		1/100	工作台面宽度
		1	龙门镗铣床		1/100	工作台面宽度
		2	龙门磨铣床		1/100	工作台面宽度
		3	定梁龙门铣床		1/100	工作台面宽度
		4	定梁龙门镗铣床		1/100	工作台面宽度
		6	龙门移动铣床		1/100	工作台面宽度
		7	定梁龙门移动铣床		1/100	工作台面宽度
		8	落地龙门镗铣床		1/100	工作台面宽度
3	平面铣床	0	圆台铣床		1/100	工作台面直径
		1	立式平面铣床		1/100	工作台面宽度
		3	单柱平面铣床		1/100	工作台面宽度
		4	双柱平面铣床		1/100	工作台面宽度
		5	端面铣床		1/100	工作台面宽度
		6	双端面铣床		1/100	工作台面宽度
		8	落地端面铣床		1/100	最大铣轴垂直移动距离
4	仿形铣床	1	平面刻模铣床		1/10	缩放仪中心距
		2	立体刻模铣床		1/10	缩放仪中心距
		3	平面仿形铣床		1/10	最大铣削宽度
		4	立体仿形铣床		1/10	最大铣削宽度

续表 4-1

组		系			主参数
代号	名称	代号	名称	折算系数	名称
4	仿形铣床	5	立式立体仿形铣床	1/10	最大铣削宽度
		6	叶片仿形铣床	1/10	最大铣削宽度
		7	立式叶片仿形铣床	1/10	最大铣削宽度
5	立式升降台铣床	0	立式升降台铣床	1/10	工作台面宽度
		1	立式升降台镗铣床	1/10	工作台面宽度
		2	摇臂铣床	1/10	工作台面宽度
		3	万能摇臂铣床	1/10	工作台面宽度
		4	摇臂镗铣床	1/10	工作台面宽度
		5	转塔升降台铣床	1/10	工作台面宽度
		6	立式滑枕升降台铣床	1/10	工作台面宽度
		7	万能滑枕升降台铣床	1/10	工作台面宽度
		8	圆弧铣床	1/10	工作台面宽度
6	卧式升降台铣床	0	卧式升降台铣床	1/10	工作台面宽度
		1	万能升降台铣床	1/10	工作台面宽度
		2	万能回转头铣床	1/10	工作台面宽度
		3	万能摇臂铣床	1/10	工作台面宽度
		4	卧式回转头铣床	1/10	工作台面宽度
		5	广用万能铣床	1/10	工作台面宽度
		6	卧式滑枕升降台铣床	1/10	工作台面宽度
7	床身铣床	1	床身铣床	1/100	工作台面宽度
		2	转塔床身铣床	1/100	工作台面宽度
		3	立柱移动床身铣床	1/100	工作台面宽度
		4	立柱移动转塔床身铣床	1/100	工作台面宽度
		5	卧式床身铣床	1/100	工作台面宽度
		6	立柱移动卧式床身铣床	1/100	工作台面宽度
		7	滑枕床身铣床	1/100	工作台面宽度
		9	立柱移动立卧式床身铣床	1/100	工作台面宽度
8	工具铣床	1	万能工具铣床	1/10	工作台面宽度
		3	钻头铣床	1	最大钻头直径
		5	立铣刀槽铣床	1	最大铣刀直径
9	其他铣床	0	六角螺母槽铣床	1	最大六角螺母对边宽度
		1	曲轴铣床	1/10	刀盘直径
		2	键槽铣床	1	最大键槽宽度
		4	轧辊轴颈铣床	1/100	最大铣削直径
		7	转子槽铣床	1/100	最大转子本体直径
		8	螺旋桨铣床	1/100	最大工作直径

135

铣床型号示例：

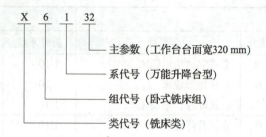

4.3 铣刀

4.3.1 常用铣刀

铣刀是多刃刀具，常用的铣刀有圆柱铣刀、端铣刀、三面刃铣刀、T 形槽铣刀、键槽铣刀、凸半圆铣刀、离合器铣刀、锯片铣刀、镗孔刀、螺旋槽刀、齿轮铣刀等，在铣床上也可以加工孔，加工孔的刀具有麻花钻、扩孔刀、铰刀、镗刀等。

1. 面铣刀

端铣所用刀具为面铣刀，如图 4-11 所示。面铣刀适用于加工平面，尤其适合加工大面积平面。面铣刀的主切削刃分布在外圆柱面或外圆锥面上，其端面上的切削刃为副切削刃。

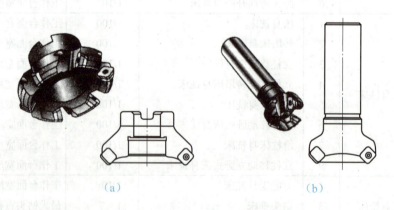

图 4-11 面铣刀

面铣刀可以用于粗加工，也可以用于精加工。为使粗加工时能取较大的切削深度、切除较大的余量，粗加工宜选较小的铣刀直径。精加工时应该避免精加工面上的接刀痕迹，所以精加工的铣刀直径要选大些，最好能包容加工面的整个宽度。

第4章 铣削加工

2. 三面刃铣刀

三面刃铣刀的外圆周和两边侧面都有切削刃,如图 4-12 所示。三面刃铣刀可以加工台肩面、沟槽等。

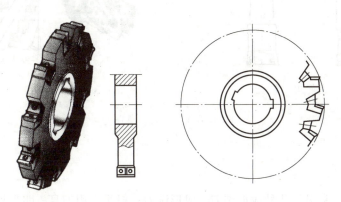

图 4-12 三面刃铣刀

3. 立铣刀

根据结构不同,立铣刀可分为整体结构立铣刀(参见图 4-13)和镶齿可转位立铣刀(参见图 4-14),镶齿可转位立铣刀又分为方肩式和长刃式,其中长刃式立铣刀也称作玉米立铣刀。

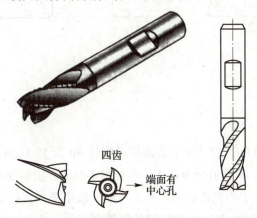

图 4-13 整体结构立铣刀

立铣刀每个刀齿的主切削刃分布在圆柱面上,呈螺旋线形,其螺旋角为 30°~45°,这样有利于提高切削过程的平稳性,将冲击减到最小,并可得到光滑的切削表面。

立铣刀每个刀齿的副切削刃分布在端面上,用来加工与侧面垂直的底平面。立铣刀的主切削刃和副切削刃可以同时进行切削,也可以分别单独进行切削。

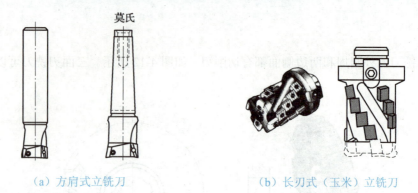

(a) 方肩式立铣刀 (b) 长刃式（玉米）立铣刀

图 4-14 镶齿可转位立铣刀

4. 成形铣刀

图 4-15 所示为常见的几种成形铣刀。成形铣刀一般为专用刀具，即为某个工件或某项加工内容而专门制造（刃磨）的。它适用于加工特定形状面和特形的孔、槽，常用于型模加工。

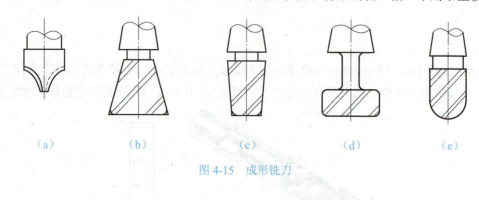

(a)　　(b)　　(c)　　(d)　　(e)

图 4-15 成形铣刀

5. 麻花钻

麻花钻钻孔精度一般在 IT12 左右，表面粗糙度值 Ra 为 12.5 μm。麻花钻的钻头可分为高速钢钻头（参见图 4-16a）和硬质合金钻头（参见图 4-16b）。按柄部不同，麻花钻可分为直柄和莫氏锥柄，直柄一般用于小直径钻头，莫氏锥柄一般用于大直径钻头。按长度不同，麻花钻的钻头可分为基本型和短、长、加长、超长等类型。

6. 扩孔钻

扩孔是对已钻出、铸（锻）出或冲出的孔进行进一步加工，多采用扩孔钻（参见图 4-17）加工，也可以采用立铣刀或镗刀扩孔。扩孔钻一般有 3～4 个切削刃，切削导向性好；扩孔加工余量小，一般为 2～4 mm；容屑槽较麻花钻小，刀体刚度好；没有横刃，切削时轴向力小。所以扩孔钻的加工质量和生产率均优于麻花钻。扩孔对于预制孔的形状误差和轴线的歪斜有修正能力，其加工精度可达 IT10，表面粗糙度值 Ra 为 6.3～3.2 μm。

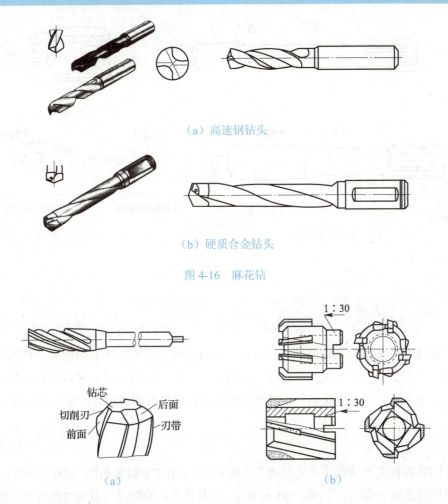

(a) 高速钢钻头

(b) 硬质合金钻头

图 4-16 麻花钻

图 4-17 扩孔钻

7. 铰刀

标准机用铰刀如图 4-18 所示。铰刀由工作部分、颈部和柄部组成。柄部形式有直柄、锥柄和套式三种。铰刀的工作部分（即切削刃部分）又分为切削部分和校准部分。铰孔是一种对孔进行半精加工和精加工的加工方法，其加工精度一般为 IT9~IT6，表面粗糙度值 Ra 为 1.6~0.4 μm。但铰孔一般不能修正孔的位置误差，所以在铰孔之前，孔的位置精度应该由上一道工序保证。

铰孔是对已加工孔进行微量切削，其合理切削用量为：背吃刀量取为铰削余量（粗铰余量为 0.015~0.35 mm，精铰余量为 0.05~0.15 mm），采用低速切削（粗铰钢件为 5~7 m/min，精铰为 2~5 m/min），进给量一般为 0.2~1.2 mm/r（进给量太小会产生打滑和啃刮现象）。同时，铰孔时要合理选择冷却液，在钢材上铰孔宜选用乳化液，在铸铁件上铰孔有时用煤油。

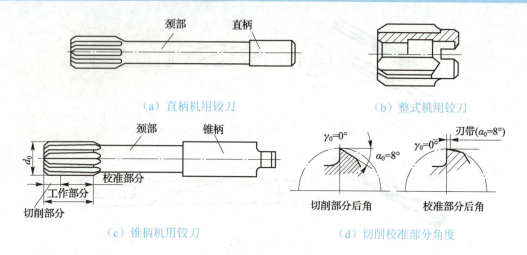

图 4-18 机用铰刀

4.3.2 铣刀刀具材料

刀具材料主要是指刀具切削部分的材料。刀具材料是影响加工表面质量、切削效率和刀具寿命的基本因素,所以必须合理选择刀具材料。生产中使用的刀具材料有高速钢、硬质合金、陶瓷、金刚石、立方碳化硼等。常用的铣刀刀具材料有高速钢和硬质合金两种。

1. 高速钢

高速钢具有较高的硬度(热处理硬度可达 63~66 HRC)和耐热性(600~650 ℃),切削碳钢时的切削速度一般不高于 50~60 m/min;同时具有高的强度(其抗弯强度为一般硬质合金的 2~3 倍)和韧性,能抵抗一定的冲击振动。高速钢还具有较好的工艺性,可以制造刃形复杂的刀具,如钻头、丝锥、成形刀具、拉刀和齿轮刀具等。高速钢刀具可加工从碳钢到合金钢、从有色金属到铸铁等多种材料。

高速钢一般有通用型高速钢和高性能高速钢。

- 通用型高速钢:工艺性能好,能满足通用工程材料的切削加工要求。常用的通用型高速钢有 W18Cr4V,W6Mo5Cr4V2 等。
- 高性能高速钢:是在通用型高速钢中加入钴、钒、铝等元素,以进一步提高其耐磨性和耐热性而得到的。常用的高性能高速钢有 W6Mo5Cr4V3(M3),W2Mo9Cr4VCo8(M42),W6Mo5Cr4V2A1(501)等。

2. 硬质合金

硬质合金是由硬度和熔点很高的金属碳化物(WC,TiC,TaC,NbC 等)和金属黏结剂(Co,Ni,Mo 等)以粉末冶金法烧结而成。硬质合金的硬度高达 89~93 HRA,能耐 850~

1 000 ℃的高温,具有良好的耐磨性,允许的切削速度比高速钢高 4~10 倍(切削速度可达 100~300 m/min 以上),可加工包括淬火钢在内的多种材料,因此应用广泛。但硬质合金抗弯强度低,冲击韧性差,工艺性差,较难加工,故不易做成形状复杂的整体刀具。在实际使用中,一般将硬质合金刀片焊接或机械夹固在刀体上使用。

常用的硬质合金有钨钴类(YG 类)、钨钛钴类(YT 类)和钨钛钽(铌)钴(YW 类)3 类。

① 钨钴类硬质合金(YG 类)。YG 类硬质合金主要由碳化钨和钴组成,常用的牌号有 YG3、YG6、YG8 等。YG 类硬质合金的抗弯强度和冲击韧性较好,不易崩刃,适宜切削呈崩碎切屑的铸铁等脆性材料;刃磨性较好,刃口可以磨得较锋利,故切削有色金属及合金的效果也较好。由于 YG 类硬质合金的耐热性和耐磨性较差,因此一般不用于普通钢材的切削加工。

② 钨钛钴类硬质合金(YT 类)。YT 类硬质合金主要由碳化钨、碳化钛和钴组成,常用的牌号有 YT5、YT15、YT30 等,里面加入的碳化钛,增加了硬质合金的硬度、耐热性、抗黏结性和抗氧化能力。但由于 YT 类硬质合金的抗弯强度和冲击韧性较差,故主要用于切削呈带状切屑的普通碳钢及合金钢等塑性材料。

③ 钨钛钽(铌)钴类硬质合金(YW 类)。YW 类硬质合金在普通硬质合金中加入了碳化钽或碳化铌,从而提高了硬质合金的韧性和耐热性,使其具有较好的综合切削性能。常用的牌号有 YW1、YW2 等。YW 类硬质合金主要用于加工不锈钢、耐热钢、高锰钢,也适用于加工普通碳钢和铸铁,因此被称为通用型硬质合金。

4.3.3 铣刀的安装与拆卸

在加工之前必须把刀具装夹在铣床上,铣床主轴前端是 7∶24 的锥孔,刀具通过该锥孔定位在主轴上。锥孔内备有拉杆,通过拉杆可将刀具拉紧。

1. 圆柱带孔铣刀的安装与拆卸

如图 4-19 所示为圆柱带孔铣刀,这种铣刀一般安装在卧式铣床上。

(a) 圆柱带孔铣刀   (b) 三面刃铣刀

图 4-19 圆柱铣刀

（1）圆柱带孔铣刀的装夹

圆柱带孔铣刀在卧式铣床上安装的操作步骤如下。

① 将床头的主轴安装孔用棉纱擦拭干净，按照刀具孔的直径选择标准刀杆。铣刀杆常用的标准尺寸有 $\phi32$ mm，$\phi27$ mm，$\phi22$ mm。把刀杆推入主轴孔内。如图4-20所示，右手将铣刀杆的锥柄装入主轴孔，此时铣刀杆上的对称凹槽应对准床体上的凸键，左手转动主轴孔的拉紧螺杆（简称拉杆），使其前端的螺纹部分旋入铣刀杆的螺纹孔，并用扳手旋紧拉杆（提示：用扳手紧固拉杆时，必须把主轴转速放在空挡位并夹紧主轴）。

② 将刀杆口、刀孔、刀垫等擦拭干净，根据工件的位置选择合适尺寸的刀垫，推入刀杆，放好刀垫、刀具，旋紧刀杆螺母，如图4-21所示。铣刀的切削刃应和主轴旋转方向一致，在安装圆盘铣刀时，由于铣削力比较小，所以一般在铣刀与刀轴之间不安装键。此时应使螺母旋紧的方向与铣刀旋转方向相反，否则当铣刀在切削时，将由于铣削力的作用而使螺母松开，导致铣刀松动。另外，若在靠近螺母的一个垫圈内安装一个键，则可避免螺母松动和拆卸刀具时螺母不易拧开的现象。

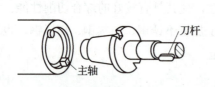

图4-20 圆柱形带孔铣刀杆的安装

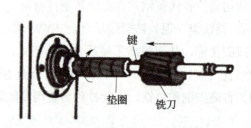

图4-21 圆柱带孔铣刀的安装

③ 将铣床横梁调整到对应的位置。双手握住挂架，将其挂在铣床横梁导轨上，如图4-22所示。

④ 旋紧刀轴的螺母，把铣刀固定。需注意的是，必须把挂架装上以后，才能旋紧此螺母，以防把刀轴扳弯。用扳手旋紧挂架左侧螺母，再把刀杆螺母用扳手旋紧。把注油孔调整到过油的位置。在旋紧螺母时要把主轴开关放在空位挡，并把主轴夹紧开关置于夹紧位置，夹紧主轴（注意：手部不要碰到铣床横梁，避免手部碰伤），向内搬动扳手，如图4-23所示。

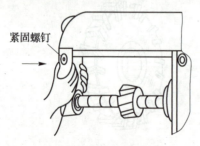

图4-22 安放挂架

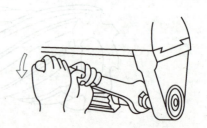

图4-23 用扳手旋紧螺母

第4章 铣削加工

（2）圆柱带孔铣刀的拆卸

圆柱带孔铣刀的拆卸，基本按照安装过程反向操作。

① 松开铣刀。首先松开夹紧螺母，在旋松螺母时要把主轴开关放在空位挡，并把主轴夹紧开关放在夹紧位置，逆时针旋松螺母。

② 松开挂架。逆时针旋松挂架螺母，移出挂架。

③ 拆卸铣刀。将夹紧铣刀螺母旋下，移出铣刀刀垫，卸下铣刀。

④ 将移出铣刀刀垫安装回刀杆，旋上螺母。

⑤ 拆卸铣刀刀杆。松开拉杆螺母，轻击拉杆使铣刀刀杆松动，旋下拉杆，移出铣刀刀杆。

⑥ 将横梁移回原位。

2. 锥柄铣刀的安装与拆卸

锥柄铣刀安装在立式铣床上。

（1）锥柄铣刀的装夹

锥柄铣刀分为 7∶24 锥度的锥柄面铣刀和莫氏锥度的锥柄立铣刀两种，如图 4-24 所示。

- 7∶24 锥度的锥柄铣刀：由于铣床主轴锥孔的锥度与铣刀柄部的锥度相同，所以只要把铣刀锥柄和主轴锥孔擦拭干净后，把立铣刀直接装在主轴上，用拉杆把铣刀紧固即可。

- 莫氏锥度的锥柄铣刀：因铣床主轴的锥孔与立铣刀的锥度不同，故需要采用中间套过渡。中间套的内孔是莫氏锥度（或采用弹簧夹头），其外圆锥柄锥度为 7∶24，即中间套的锥孔与铣刀锥柄同号，而其外圆与机床主轴锥孔相同。所以通过中间套的过渡，就可以把铣刀安装在铣床主轴上，如图 4-25 所示。

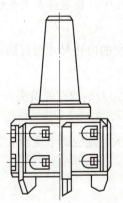
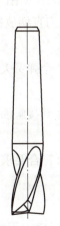
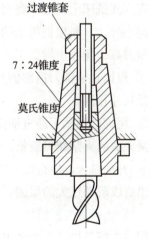

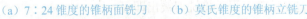

（a）7∶24 锥度的锥柄面铣刀　（b）莫氏锥度的锥柄立铣刀

图 4-24　锥柄铣刀　　　　　　　图 4-25　锥柄立铣刀的装夹

143

（2）锥柄铣刀的拆卸

将上述锥柄铣刀的安装步骤进行反向操作，即可把锥柄铣刀拆卸下来。

① 旋松拉杆螺母，用手锤由上往下轻击拉杆，使铣刀或夹套松动。

② 用棉纱垫在夹套端面或铣刀上，以防铣刀刀刃划伤手。取下拉杆，拿下铣刀或夹套。

③ 卸下铣刀。用两块平行垫块垫住夹套端面，用手锤由上往下轻击，使铣刀松动，取下铣刀；或把拉杆旋上（拉杆使铣刀松动），然后旋松拉杆螺母使其脱离铣刀，取下铣刀。

3. 直柄铣刀的安装与拆卸

如图 4-26a 所示为直柄铣刀，它安装在立式铣床上。

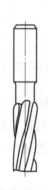 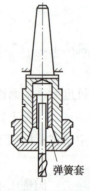

（a）直柄（立）铣刀　　　（b）弹簧夹头装夹直柄铣刀

图 4-26　直柄立铣刀及其装夹

（1）直柄铣刀的安装

在立式铣床上采用弹簧夹头装夹直柄铣刀，如图 4-26b 所示。弹簧夹头的种类很多，结构大同小异，一般根据机床的型号选用。铣刀直柄放在弹簧夹头孔中，旋紧弹簧夹头螺母即可夹紧刀具。操作步骤如下。

① 根据直柄铣刀柄部的外圆尺寸选择一个弹簧夹头，其弹簧套的内孔尺寸与直柄铣刀柄部直径尺寸相同。

② 用棉纱擦拭干净直柄铣刀柄部和弹簧套接触面。将直柄铣刀刀柄放在弹簧夹头孔中，把弹簧夹头的夹紧螺母旋紧。

③ 开动铣床，检查铣刀的径向跳动是否符合要求。若跳动太大，则应拆下重新安装，并检查出造成跳动过大的原因。

（2）直柄铣刀的拆卸

用夹头扳手松开夹紧螺母，用棉纱包住铣刀，用手将铣刀拔出即可。

如果要换夹不同柄部尺寸的直柄铣刀，则需把夹头的弹簧套取出，更换弹簧套的尺寸规格，否则卸下直柄铣刀后不用取出弹簧套。

4.3.4 铣削用量及其选择方法

1. 切削运动

在金属切削加工过程中,刀具和工件之间的相对运动称为切削运动。切削运动可分为主运动和进给运动。

(1) 主运动

切削运动中直接切除工件上的切削层,使之转变为切屑,以形成工件新表面的运动是主运动。主运动速度即为切削速度,用符号 v_c 表示(单位为 m/min)。一般来说,主运动是由机床主轴提供的,所以其运动速度高,消耗的切削功率大。铣削和钻削的主运动是刀具回转运动。

(2) 进给运动

把切削层不断地投入切削,以完成对表面切削的运动是进给运动。进给运动的速度称为进给速度,用符号 v_f 表示(单位为 mm/min)。进给速度还可以用进给量 f 表示(单位 mm/r)。例如,钻削加工中的钻头、铰刀的轴向移动,铣削时工件的纵向、横向移动等都是进给运动。

通常,切削加工的主运动只有一个,而进给运动可能有一个或几个。

2. 铣削用量

切削速度、进给量和吃刀量是切削用量的三要素,总称为切削用量。铣削加工中的切削用量称为铣削用量,铣削用量包括铣削速度、进给速度和吃刀量。

(1) 铣削速度

铣削速度 v_c 即铣刀旋转(主运动)的线速度,其计算公式为

$$v_c = \frac{\pi d_0 n}{1\,000} \tag{4-1}$$

式中:d_0——铣刀的直径(mm);
n——铣刀的转速(r/min)。

(2) 进给速度

进给速度 v_f 即单位时间内铣刀在进给运动方向上相对工件的位移量。进给速度也称为每分钟进给量。铣刀是多刃刀具,所以铣削进给量还分为每转进给量 f 和每齿进给量 f_z,其中 f 表示每转一转,铣刀相对工件在进给运动方向上移动的距离(单位为 mm/r);f_z 表示每转一个刀齿,铣刀相对工件在进给运动方向上移动的距离(单位为 mm/z)。

每分钟进给量 v_f 与每转进给量 f、每齿进给量 f_z 之间的关系为

$$v_f = fn = f_z z n \tag{4-2}$$

式中:n——铣刀主轴转速(r/min);
z——铣刀齿数。

（3）吃刀量

吃刀量一般指工件上已加工表面和待加工表面间的垂直距离。吃刀量是刀具切入工件的深度，铣削中的吃刀量分为背吃刀量 a_p 和侧吃刀量 a_e。

铣削背吃刀量 a_p 是通过切削刃基点并垂直于工作平面的方向上测量的吃刀量。它是平行于铣刀轴线方向测量的切削层尺寸，单位是 mm。例如，周铣中铣刀端面（轴线方向）的背吃刀量如图 4-27a 所示；端铣中铣刀端面（轴线方向）的背吃刀量如图 4-27b 所示。

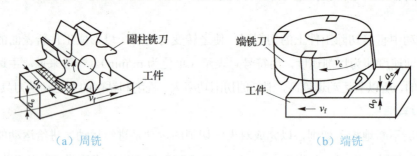

（a）周铣　　　　　　　　　　（b）端铣

图 4-27　铣削用量

铣削侧吃刀量 a_e 是通过切削刃基点，平行于工作平面并垂直于进给运动方向上测量的吃刀量。它是垂直于铣刀轴线测量方向的切削层尺寸，单位是 mm。例如，周铣中铣刀径向（垂直于轴线方向）的侧吃刀量如图 4-27a 所示；端铣中铣刀径向（垂直于轴线方向）的侧吃刀量如图 4-27b 所示。

【例 4-1】　在 X6132 型卧式万能铣床上，铣刀直径 $d_0 = 100$ mm，铣削速度 $v_c = 28$ m/min。问铣床主轴转速 n 应调整为多少？

解　因 $d_0 = 100$ mm，$v_c = 28$ m/min，所以

$$n = \frac{1000 v_c}{\pi d n} = \frac{1000 \times 28}{3.14 \times 100} = 89 \text{(r/min)}$$

根据机床主轴转速表，89 r/min 与 95 r/min 比较接近，所以应把主轴转速调整为 95 r/min。

【例 4-2】　在 X6132 型万能铣床上，铣刀直径 $d_0 = 100$ mm，齿数 $z = 16$，转速选用 $n = 75$ r/min，每齿进给量 $f_z = 0.08$ mm/z。问机床进给速度应调整到多少？

解　$v_f = f_z z n = 0.08 \times 16 \times 75 = 96 \text{(mm/min)}$

根据机床进给量表上的数值，96 mm/min 与 95 mm/min 接近，所以应把机床的进给速度调整到 95 mm/min。

3. 铣削用量的选择

（1）铣削用量的选择原则

① 保证刀具有合理的使用寿命，有高的生产率和低的成本。

② 保证加工质量，主要是保证加工表面的精度和表面粗糙度达到图样要求。

③ 不超过铣床允许的动力和转矩，不超过工艺系统（刀具、工件、机床）的刚度和强度，

同时又充分发挥它们的潜力。

上述三条，根据具体情况应有所侧重。一般在粗加工时，应尽可能发挥刀具、机床的潜力和保证合理的刀具寿命；精加工时，则主要保证加工精度和表面粗糙度，同时兼顾合理的刀具寿命。

（2）铣削用量的选择顺序

在铣削过程中，如果能在一定的时间内切除较多的金属，就有较高的生产率。显然，增大吃刀量、铣削速度和进给量，都能增加金属切除量。但是，影响刀具寿命最显著的因素是铣削速度，其次是进给量，最后是吃刀量。所以，为了保证必要的刀具寿命，应优先采用较大的吃刀量，其次选择较大的进给量，最后才根据刀具寿命要求，选择适宜的铣削速度。

（3）铣削用量的具体选择

1）选择吃刀量 a

在铣削加工中，一般是根据工件切削层的尺寸来选择铣刀的。例如，用面铣刀铣削平面时，铣刀直径一般应大于切削层宽度；用圆柱铣刀铣削平面时，铣刀长度一般应大于工件的切削层宽度。当加工余量不大时，应尽量一次进给铣去全部加工余量。只有当工件的加工精度要求较高时，才分粗铣、精铣进行。具体吃刀量数值的选取可参考表4-2。

表 4-2 铣削吃刀量的选取　　　　　　　　　　　　　　　　　　　　单位：mm

工件材料	高速钢铣刀		硬质合金铣刀	
	粗铣	精铣	粗铣	精铣
铸铁	5～7	0.5～1	10～18	1～2
软钢	<5	0.5～1	<12	1～2
中硬钢	<4	0.5～1	<7	1～2
硬钢	<3	0.5～1	<4	1～2

2）选择每齿进给量 f_z

粗加工时，限制进给量提高的主要因素是切削力，进给量主要根据铣床进给机构的强度、刀杆刚度、刀齿强度以及机床、夹具、工件系统的刚度来确定。在强度、刚度许可的条件下，进给量应尽量选取得大些。

精加工时，限制进给量提高的主要因素是表面粗糙度。为了减少工艺系统的振动，减小已加工表面的残留面积高度，一般选取较小的进给量。每齿进给量的选取可参考表4-3。

表 4-3 每齿进给量的选取　　　　　　　　　　　　　　　　　　　　单位：mm/z

刀具名称	高速钢刀具		硬质合金刀具	
	铸铁	钢件	铸铁	钢件
圆柱铣刀	0.12～0.2	0.1～0.15	0.2～0.5	0.08～0.20
立铣刀	0.08～0.15	0.03～0.06	0.2～0.5	0.08～0.20
套式面铣刀	0.15～0.2	0.06～0.10	0.2～0.5	0.08～0.20
三面刃铣刀	0.15～0.25	0.06～0.08	0.2～0.5	0.08～0.20

3）铣削速度 v_c 的选择

在吃刀量 a 和每齿进给量 f_z 确定后，可在保证合理刀具寿命的前提下确定铣削速度 v_c。

粗铣时，确定铣削速度必须考虑到铣床许用功率。如果超过铣床许用功率，则应适当降低铣削速度。精铣时，一方面应考虑合理的铣削速度，以抑制积屑瘤产生，提高表面质量；另一方面，由于刀尖磨损会影响加工精度，因此应选用耐磨性较好的刀具材料，并应尽可能使之在最佳铣削速度范围内工作。

铣削速度 v_c 可在表 4-4 推荐的范围内选取，并根据实际情况进行试切后加以调整。

表 4-4　铣削速度 v_c 值的选取

工件材料	铣削速度 v_c/（m/min）		说明
	高速钢铣刀	硬质合金铣刀	
20	20～45	150～190	① 粗铣时取小值，精铣时取大值
45	20～35	120～150	
40Cr	15～25	60～90	② 工件材料强度和硬度较高时取小值，反之取大值
HT150	14～22	70～100	
黄铜	30～60	120～200	
铝合金	112～300	400～600	③ 刀具材料耐热性好时取大值，反之取小值
不锈钢	16～25	50～100	

4.4　铣床附件及工件的装夹

4.4.1　铣床的主要附件

1. 平口钳

平口钳是铣床的基本附件，也是最常见的通用夹具，主要用来装夹中小型零件。平口钳用梯形螺栓固定在铣床工作台上，如图 4-28 所示。

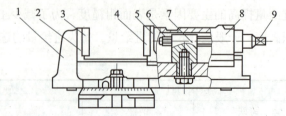

1—虎钳体；2，5—钳口；3，4—钳口铁；6—丝杠；7—螺母；8—活动座；9—方头

图 4-28　平口钳

2. 轴用虎钳

轴用虎钳主要用来装夹轴、套类零件，一般情况下可用分度头替代，如图 4-29 所示。

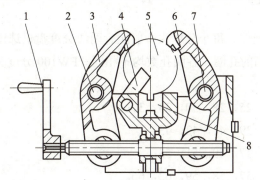

1—手柄；2，7—销轴；3，6—钳口；4—轴向定位板；5—工件；8—V 形块

图 4-29 轴用虎钳

3. 分度头

分度头是铣床的重要附件之一，可用来装夹轴类、盘套类零件并实现分度。它是铣床加工齿轮、花键、离合器、螺旋槽等零件时必不可少的工艺装备。分度头由主轴、回转体、分度装置、传动机构和底座组成，如图 4-30 所示。

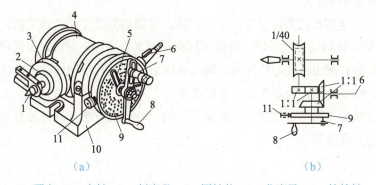

1—顶尖；2—主轴；3—刻度盘；4—回转体；5—分度叉；6—挂轮轴
7—插销；8—分度手柄；9—分度盘；10—底座；11—锁紧螺钉

图 4-30 FW100 分度头及其传动原理

分度头的主轴前端有莫氏锥孔，可安装顶尖支承工件；外部有一定位圆锥体，用于安装三爪卡盘并装夹工件。主轴正面回转体上有刻度值，用于简单多面体加工时直接分度。侧面分度装置由分度盘、分度叉和分度手柄组成，用于精确分度。转动分度手柄，经传动比 $i=1$ 的圆柱齿轮副、传动比 $i=1/40$ 的蜗轮蜗杆副，可带动分度头主轴回转，从而实现分度运动，即若要工件转一转，分度手柄需转 40 转。因此，如工件的等分数为 z，分度头手柄每次分度所

需转动的转数为

$$n = 40 \times 1/z = 40/z \text{（转）}$$

例如，$z = 6$，$n = 40/6 = 6 + 2/3$（转）。当用上式求得 n 不是整数时，就要借助于分度盘来进行分度。

分度盘是分度头的配件。每个分度头一般配有两块分度盘供选用。分度盘正反两面各加工有若干个孔距精度很高的孔圈，各圈孔数均不相同。FW100 分度头的两块分度盘的孔圈及其孔数分别为

第一块　正面：24，25，28，30，34，37；
　　　　反面：38，39，41，42，43。
第二块　正面：46，47，49，51，53；
　　　　反面：54，57，58，59，62，66。

当采用分度盘进行分度时，分度手柄的转数可用下式计算求得：

$$n = 40/z = a + p/q$$

式中：n——每次分度手柄应转过的整转数；
　　　q——所选分度盘孔圈的孔数；
　　　p——分度手柄还应在孔数为 q 的孔圈上转过的孔数。

上例中，$n = 6 + 2/3 = 6 + 44/66$，即如采用 FW100 分度头，可选用第二块分度盘，并将手柄定位在孔数为 66 的孔圈上。每次分度，手柄需转过 6 圈又 44 个孔。这时，主轴便准确地转过了分度所需的 1/6 转。

为避免每次分度要数孔数而容易产生的差错，可调整分度叉使两块叉板之间所夹的孔数为 $p+1$。若以顺时针转动分度手柄，分度前应将左侧叉板紧贴定位销，分度时拔出定位销，转动 a 圈后在紧贴右侧叉板孔定位即可。每次分度后，需顺着手柄转动方向拨动分度叉，使左侧叉板再次紧贴定位销，为下次分度做好准备。

以上分度方法称为简单分度法，也是最常用的一种分度方法。此外还有直接分度法、角度分度法和差动分度法等。

4. 回转工作台

回转工作台用来安装工件并铣制回转表面或成形曲面。工件固定在转台上，转动手轮可使转台转动，实现圆周进给或分度运动，如图 4-31 所示。

5. 立铣头

立铣头主要用于卧式升降台铣床装夹立式铣刀、指形铣刀和键槽铣刀，从而扩大铣床的工艺范围。使用时，将其固定在卧式铣床的立柱导轨上，主轴锥孔中装上传动齿轮，以便传动立铣头主轴实现主运动，如图 4-32 所示。

第4章 铣削加工

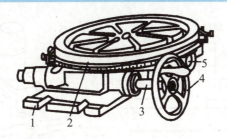

1—底座；2—转台；3—蜗杆轴；4—手轮；5—紧定螺钉

图 4-31 回转工作台

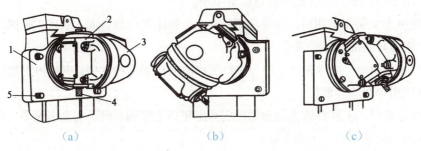

1—底座；2，3—壳体；4—立铣刀；5—固定螺栓

图 4-32 立铣头及其安装

4.4.2 工件的装夹

在铣床上装夹工件时，最常用的两种方法是用平口钳和用压板装夹工件。对于较小的工件，一般采用平口钳装夹；对较大的工件，则多是在铣床工作台上用螺钉、压板来装夹。

1. 工件在平口钳上的装夹

① 选择毛坯件上一个大而平整的平面作粗基准，将其靠在固定钳口面上。在钳口与工件之间垫上铜皮，以防钳口损伤。用划线盘校正毛坯上的平面位置，符合要求后夹紧工件。校正时，工件不宜夹得太紧。

② 以平口钳的固定钳口面作为定位基准时，将工件的基准面靠向固定钳口面，并在其活动钳口与工件间放置一圆棒。圆棒要与钳口的上表面平行，其位置应在工件被夹持部分高度的中间偏上。通过圆棒夹紧工件，能保证工件基准面与固定钳口面的密合，如图 4-33 所示。

③ 以钳体导轨平面作为定位基准时，将工件的基准面靠向钳体导轨面，在工件与导轨面之间要加垫平行垫铁。为了使工件基准面与导轨面平行，可用手试移垫铁。当垫铁不再松动时，表明垫铁、工件与水平导轨面三者密合较好。敲击工件时，用力要适当，并逐渐减小，如图 4-34 所示。用力过大，会因产生的反作用力而影响水平垫铁的密合。

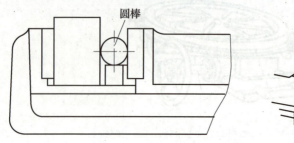 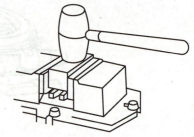

　　图 4-33　用圆棒装夹工件　　　　　图 4-34　用铜锤校正工件

　　此外，用平口钳装夹工件还应注意以下事项。

　　① 在铣床上安装平口钳时，应擦净钳座底面、铣床工作台台面；装夹工件时，应擦净钳口铁平面、钳体导轨面及工件表面。

　　② 为使夹紧可靠，应尽量使工件与钳口工作面的接触面积大些。夹持短于钳口宽度的工件时应尽量应用中间均等部位。

　　③ 装夹工件时，工件待铣去的余量层应高出钳口上平面，但不宜高出过多，高出的高度以铣削时铣刀不接触钳口上平面为宜。

　　④ 用平行垫铁在平口钳上装夹工件时，所选用垫铁的平面度、平行度、相邻表面的垂直度应符合要求。垫铁表面应具有一定的硬度。

　　⑤ 装夹较长工件时，可用两台或多台平口钳同时夹紧，以保证夹紧可靠，并防止切削时发生振动。

　　⑥ 要根据工件的材料、几何廓型确定适当的夹紧力，不可过小，也不能过大。不允许任意加长平口钳手柄。

　　⑦ 在铣削时，应尽量使水平铣削分力的方向指向固定钳口。

　　⑧ 夹持表面光洁的工件时，应在工件与钳口间加垫片，以防止划伤工件表面。夹持粗糙毛坯表面时，也应在工件与钳口间加垫片，这样做既可以保护钳口，又能提高工件的装夹刚性。垫片可用铜或铝等软质材料制作，加垫片后不应影响工件的装夹精度。

　　⑨ 为提高回转式平口钳的刚性，增加切削稳定性，可将平口钳底座取下，把钳身直接固定在工作台上。

2. 使用压板装夹工件

　　利用压板螺钉机构，通过机床工作台的 T 形槽，可以把工件、夹具或其他机床附件固定在工作台上。压板螺钉机构如图 4-35 所示。

　　使用压板装夹工件时，利用找正法使工件定位，即用百分表打表，使工件直边平行于机床导轨，然后用螺钉、压板把工件压紧在工作台上，注意事项如表 4-5 所示。

第 4 章 铣削加工

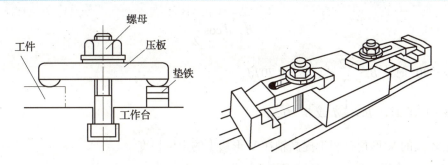

图 4-35 压板螺钉机构

表 4-5 压板螺钉机构使用中的正、误比较

正确	错误	说明
		压板螺钉应尽量靠近工件而不是靠近垫铁,以获得较大的压紧力
		垫铁的高度应与工件的被压点高度相同,并允许垫铁高度略高一些。用平压板时,垫铁高度不允许低于工件被压点的高度,以防止压板倾斜,削弱夹紧力
		压板要压在工件上的实处。工件下面悬空时,则必须附加垫片或用千斤顶支承

此外,还需注意以下几点。

① 根据工件的形状、刚性和加工特点确定夹紧力的大小,既要防止由于夹紧力过小造成工件松动,又要避免夹紧力过大使工件变形。一般,精铣时的夹紧力小于粗铣时的夹紧力。

② 如果压板夹紧力的作用点在工件已加工表面上,则应在压板与工件间加铜质或铝质垫片,以防止工件表面被压伤。

③ 在工作台面上夹紧毛坯工件时,为保护工作台面,应在工件与工作台面间加垫软金属垫片。如果在工作台面上夹紧较薄且有一定面积的已加工表面时,可在工件与工作台面间加垫纸片以增加摩擦,这样做可提高夹紧的可靠性,同时保护工作台面。

3. 使用 V 形块装夹工件

(1) 装夹轴类工件时选用 V 形块的方法

常见的 V 形块夹角有 90°和 120°的两种。无论使用哪一种,在装夹轴类工件时均应使轴的定位表面与 V 形块的 V 形面相切,根据轴的直径选择 V 形块口宽 B 的尺寸,如图 4-36 所示。V 形块口宽 B 应满足公式:

153

$$B > d\cos\frac{\alpha}{2}$$

当 $\alpha = 90°$ 时，$B > \frac{\sqrt{2}}{2}d$ 或 $B > 0.707d$；

当 $\alpha = 120°$ 时，$B > \frac{1}{2}d$ 或 $B > 0.5d$。

选用较大的 V 形角有利于提高轴在 V 形块上的定位精度。

(2) 在机床工作台上找正 V 形块的位置

在机床工作台上正确安装 V 形块的位置，即要求 V 形槽的方向与机床工作台纵向或横向进给方向平行。安装 V 形块时将百分表座及百分表固定在机床主轴或床身某一适当位置，使百分表测头与 V 形块的一个 V 形面接触，纵向或横向移动工作台即可测出 V 形块与工作台移动方向的平行度，如图 4-37 所示。根据所测得的数值调整 V 形块的位置，直至满足要求为止。一般情况下，平行度的允许值为 0.02/100 mm。

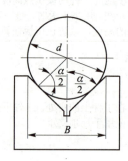

图 4-36　V 形块

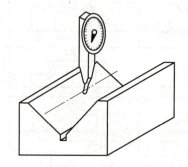

图 4-37　在工作台上找正 V 形块位置

(3) 用 V 形块装夹轴类工件时注意事项

① 注意保持 V 形块两 V 形面的洁净，无鳞刺，无锈斑，使用前应清除污垢。

② 装卸工件时防止碰撞，以免影响 V 形块的精度。

③ 使用时，在 V 形块与机床工作台及工件定位表面间，不得有棉丝毛及切屑等杂物。

④ 根据工件的定位直径，合理选择 V 形块。

⑤ 校正好 V 形块在铣床工作台上的位置（以平行度为准）。

⑥ 尽量使轴的定位表面与 V 形面多接触。

⑦ V 形块的位置应尽可能地靠近切削位置，以防止切削振动使 V 形块移位。

⑧ 使用两个 V 形块装夹较长的轴件时，应注意调整好 V 形块与工作台进给方向的平行度，以及轴心线与工作台台面的平行度。

4. 使用三爪卡盘装夹工件

三爪卡盘属于自定心夹具，安装在工作台和回转工作台台面上，用于装夹轴类和盘类工件，利用工件的端面和圆柱面定位。如图 4-38 所示，卡盘壳体的端面和卡爪与工件接触的部位是定位部分，卡爪共有三件，与卡盘上的工字型槽标号相对应标有 1，2，3 的记号。三爪卡盘的卡爪有正爪和反爪，适用于不同直径的轴类或盘类工件装夹。

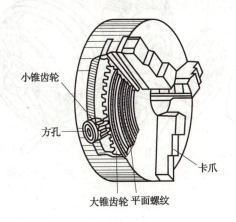

图 4-38　三爪自定心卡盘

5．利用万能分度头装夹工件

分度头也称万能分度头，其结构如图 4-39 所示。它作为铣床的重要附件之一，能将工件作任意的圆周等分或直线移距分度；可把工件轴线装夹成水平、垂直或倾斜的位置；通过配换齿轮，可使分度头主轴随纵向工作台的进给运动作连续旋转，以铣削螺旋面和等速凸轮的型面。

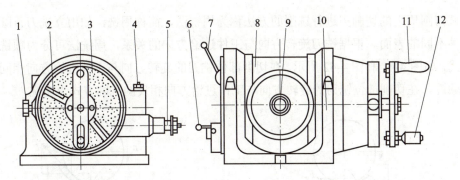

1—分度盘紧固螺钉；2—分度叉；3—分度盘；4—螺母；5—侧轴；6—螺杆脱落手柄；
7—主轴锁紧手柄；8—回转体；9—主轴；10—基座；11—分度手柄；12—分度定位销

图 4-39　万能分度头

利用万能分度头装夹工件时，要根据工件的形状和加工要求选择装夹形式，也可以把三爪自定心卡盘安装在分度头上。三爪自定心卡盘安装在分度头上使用时须采用连接盘，如图 4-40 所示。连接盘与分度头主轴通过锥面配合定位，用内六角螺钉 5 连接固定。连接盘与卡盘壳体通过台阶圆柱面定位，用内六角螺钉 4 连接固定。

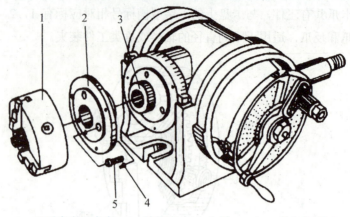

1—三爪自定心卡盘；2—连接盘；3—主轴；4，5—内六角螺钉

图 4-40 连接盘的作用

4.5 铣削平面

4.5.1 铣刀及铣削方式的选择

1. 周铣法

用铣刀圆周上的切削刃进行铣削的方法称为周铣法，简称周铣，如用立铣刀、圆柱铣刀铣削各种不同的表面。根据铣刀旋转方向与工件进给方向的关系，周铣法可分为顺铣和逆铣两种方式，如图 4-41 和图 4-42 所示。在切削部位铣刀的旋转方向与工件进给方向相同的铣削方式为顺铣。在切削部位铣刀的旋转方向与工件进给方向相反的铣削方式为逆铣。

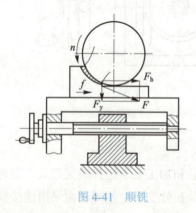

图 4-41 顺铣

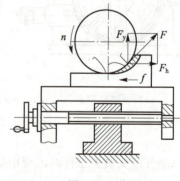

图 4-42 逆铣

顺铣与逆铣的特点如下。

① 由于工作台进给丝杠与螺母间存在间隙，顺铣时水平铣削力 F_h 与进给方向一致，会

使工作台在进给方向上产生间歇性窜动,使切削不平稳,以致引起打刀、工件报废等危害;而逆铣时水平铣削力 F_h 的方向正好与进给方向相反,可避免因丝杠与螺母间的间隙而引起的工作台窜动。

② 顺铣时,作用在工件上的垂直铣削分力 F_y,始终向下,有压紧工件的作用,故铣削平稳,对不易夹紧的工件及狭长与薄板形工件较适合。逆铣时,垂直分力 F_y 方向向上,有把工件从台上挑起的趋势,影响工件的夹紧。

③ 顺铣时,刀刃始终从工件的外表切入,因此铣削表面有硬皮的毛坯时,易使刀具磨损;逆铣时,刀刃不是从毛坯的表面切入,表面硬皮对刀具的磨损影响较小,但开始铣削时刀齿不能立刻切入工件,而是一面挤压加工表面,一面滑行,使加工表面产生硬化,不仅使刀具磨损加剧,而且使加工表面粗糙度增大。

综上所述,周铣时一般都采用逆铣,特别是粗铣;精铣时,为提高工件表面质量,可采用顺铣,如果工作台丝杠与螺母间有间隙补偿或调整机构,顺铣更具有优势。

2. 端铣法

用分布在铣刀端面上的切削刃进行铣削的方法称为端铣法,简称端铣。根据铣刀在工件上的铣削位置,端铣可分为对称端铣与不对称端铣两种方式,如图 4-43 所示。

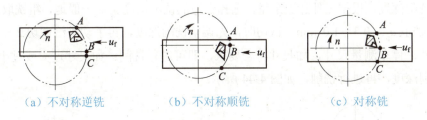

(a) 不对称逆铣　　　　(b) 不对称顺铣　　　　(c) 对称铣

图 4-43　端铣的对称铣和不对称铣

(1) 不对称端铣

如图 4-43a,b 所示,在切削部位,铣刀中心偏向工件铣削宽度一边的端铣方式,称为不对称端铣。

不对称端铣时,按铣刀偏向工件的位置,在工件上可分为进刀部分与出刀部分。图 4-43a 中,AB 为进刀部分,BC 为出刀部分。按顺铣与逆铣的定义,显然,进刀部分为逆铣,出刀部分为顺铣。不对称端铣时,进刀部分大于出刀部分时,称为逆铣;反之称为顺铣。不对称端铣时,通常采用如图 4-43a 所示的逆铣方式。

(2) 对称端铣

如图 4-43c 所示,在切削部位,铣刀中心处于工件铣削宽度中心的端铣方式称为对称端铣。用端铣刀进行对称端铣时,只适用于加工短而宽或厚的工件,不宜铣削狭长型较薄的工件。

4.5.2 平面铣削操作要领

1. 调整主轴转速与进给量

主轴转速通过选用铣削速度 v_c 来调整。采用高速钢铣刀铣削时，粗铣取 $v_c = 0.3 \sim 0.5$ m/s；精铣取 $v_c = 1.5 \sim 2.5$ m/s。

进给量通常通过选择每齿进给量 f_z 来调整。粗铣取 $f_z = 0.10 \sim 0.25$ mm/z；精铣取 $f_z = 0.05 \sim 0.12$ mm/z。

2. 对刀

起动铣床，转动工作台手轮使工作台慢慢靠近铣刀，当铣刀与工件表面轻轻接触后记下工作台刻度，作为进刀起始点，再退出铣刀，以便进刀。注意，通常不允许直接在工件表面进刀。

3. 试切

调整铣削深度，根据工件加工余量，选择合适的铣削深度 a_p。一般地，粗铣取 $a_p = 2.5 \sim 5$ mm；精铣取 $a_p = 0.3 \sim 1.0$ mm。试切时，先调整铣削深度，再手动进给试切 2~3 mm，然后退出工件，停车测量尺寸，如尺寸符合要求，即可进行铣削；如尺寸过大或过小，则应重新调整铣削深度，再进行铣削，如图 4-44 所示。

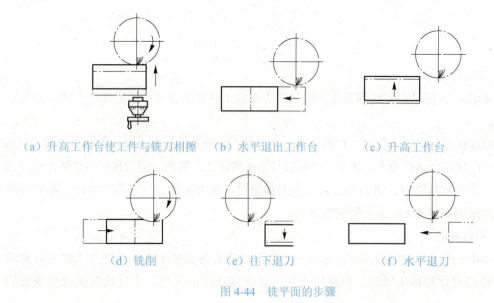

(a) 升高工作台使工件与铣刀相擦　　(b) 水平退出工作台　　(c) 升高工作台

(d) 铣削　　(e) 往下退刀　　(f) 水平退刀

图 4-44　铣平面的步骤

铣削时，注意加注合适的切削液。为保证铣削质量，进给时应待铣刀全部脱离工件表面

第 4 章 铣削加工

后方可停止进给。退刀时,应先使铣刀退出铣削表面,再退回工作台至起始位置,以免加工表面被铣刀拉毛。

4. 平面的检测

平面尺寸可用游标卡尺或千分尺测量;平面度可用刀口形直尺检验,或用百分表检测;垂直度可用角尺检验;平行度可用千分尺或百分表检测。

4.5.3 铣工技能实训项目一(铣平面)

铣削图 4-45 所示工件的表面,保证加工精度。

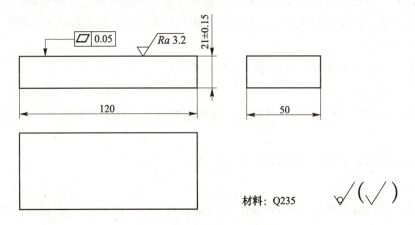

图 4-45 铣削平面零件图

1. 平面铣削加工工艺准备

(1)分析图纸

① 加工精度分析。加工平面的尺寸为 120 mm×50 mm,平面度公差为 0.05 mm。

② 选择毛坯。毛坯是尺寸为 130 mm×60 mm×30 mm 的矩形体。

③ 工件材料为 Q235 碳素结构钢。材料的切削性能好,可选用高速钢铣刀,也可以选用硬质合金铣刀。

④ 形体分析。矩形坯件,外形尺寸不大,宜采用机用平口钳装夹。

(2)制订铣削加工工艺、工艺准备

① 平面加工工序过程。根据图纸的精度要求,本工序拟在立式铣床上采用机夹式硬质合金端铣刀进行加工,加工过程为:坯件测量→安装机用平口钳→装夹工件→安装机夹式硬质合金端铣刀→粗铣平面→精铣平面→检验平面。

② 选择铣床。选用 X8126A 型万能工具铣床。

③ 选择工件装夹方式。选择机用平口钳装夹工件。考虑到毛坯工件比较薄,故采用平行

垫铁垫高工件，保证工件高出平口钳 10 mm。

④ 选择刀具。根据图纸给定的平面宽度尺寸，选择机夹式硬质合金端铣刀，其规格外径为$\phi 80$ mm，齿数为 4。

2. 工件加工

(1) 坯件检验

检验坯件的形状和表面质量，检查工件是否有凹陷加工余量，加工余量是否够用。

(2) 安装机用平口钳

① 安装前，将机用平口钳的底面与工作台面擦干净，若有毛刺、凸起，应用磨石修磨平整。

② 检查平口钳底部的定位键是否紧固，定位键定位面是否同一方向安装。

③ 平口钳安装在工作台中间的 T 形槽内，钳口位置居中。用手拉动平口钳底盘，使定位键向 T 形槽一侧贴合。

④ 用 T 形螺栓将机用平口钳压紧在工作台面上。

(3) 装夹和找正工件

用铜锤敲击工件，使工件与垫铁贴合，其高度应保证工件加工余量上平面高于钳口。

(4) 安装铣刀

铣刀安装的步骤同前面介绍的铣刀安装步骤。

(5) 切削用量的选择

① 粗铣。取铣削速度 $v_c = 80$ m/min，每齿进给量 $f_z = 0.18$ mm/z，主轴转数为

$$n = \frac{1000 v_c}{\pi D} = \frac{1000 \times 80}{3.14 \times 80} \approx 318 \,(\text{r/min})$$

$$v_f = f_z z n = 0.18 \times 4 \times 318 = 229 \,(\text{mm/min})$$

实际调整主轴转数为：$n = 300$ r/min，每分钟进给量为 $v_f = 216$ mm/min。

② 精铣。取铣削速度 $v_c = 100$ m/min，每齿进给量 $f_z = 0.10$ mm/z，主轴转数 $n = 475$ r/min，每分钟进给量 $v_f = 190$ mm/min。

③ 粗铣时的背吃刀量为 3 mm，精铣时的背吃刀量为 1 mm，铣削宽度一次完成。

(6) 对刀、粗铣、精铣平面

① 起动主轴，调整工作台，使铣刀处于工件上方，对刀时轻轻擦到毛坯表面，然后铣刀退出。

② 纵向退刀后，按粗铣吃刀量 3 mm 上升工作台，用纵向进给铣去切削余量。

③ 检验工件余量，按余量上升工作台，用纵向进给精铣去切削余量。

④ 用刀口形直尺检验工件平面的平面度。

⑤ 用游标卡尺检验 12 mm 厚度尺寸。

4.6 铣削斜面

4.6.1 倾斜装夹工件铣斜面

1. 使用倾斜垫铁装夹铣斜面

使用倾斜垫铁装夹铣斜面如图 4-46 所示。在零件设计基准的下面垫一块倾斜的垫铁，则铣出的平面就与设计基准面成倾斜位置，改变倾斜垫铁的角度，即可加工不同角度的斜面。

2. 用平口钳装夹铣斜面

用平口钳装夹铣斜面如图 4-47 所示。先划线，在毛坯上划出斜面的轮廓线，并在线上打上样冲眼，然后将工件轻夹在平口钳上，按划线找正工件位置，即使所划的线与工作台平行，最后夹紧工件。铣削去划线部分的工件材料，完成斜面加工。

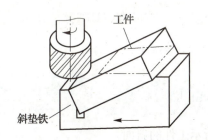

图 4-46　使用倾斜垫铁装夹铣斜面

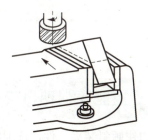

图 4-47　用平口钳装夹铣斜面

4.6.2 转动立铣头铣斜面

转动立铣头（万能铣头）铣斜面如图 4-48a 所示。立铣头能方便地改变空间的位置，把铣刀调成要求的角度铣斜面，如图 4-48b 所示。在立铣头主轴可转动角度的立式铣床上，安装立铣刀或面（端）铣刀，用平口钳或压板装夹工件，可加工出要求的斜面。

（a）转动立铣头铣斜面

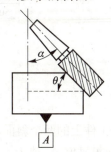

（b）立铣刀与工件位置

图 4-48　用立铣头铣斜面

4.6.3 用角度铣刀铣斜面

对于宽度较窄的斜面，可用角度铣刀铣削，如图 4-49a 所示。铣削时，应根据工件斜面的角度选择铣刀的角度，同时所铣斜面的宽度应小于角度铣刀的切削刃长度。铣削对称的双斜面时，应选择两把直径和角度相同、切削刃相反的角度铣刀，安装铣刀时最好使两把铣刀的刃齿错开，以减小铣削力和振动，如图 4-49b 所示。由于角度铣刀的刀齿强度较弱，排屑较困难，所以使用角度铣刀时，选择的切削用量应比圆柱铣刀低 20%左右，尤其是每齿进给量 f_z 更要适当减小。

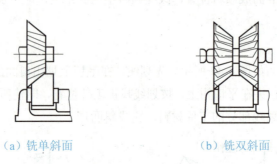

（a）铣单斜面　　　　　　　（b）铣双斜面

图 4-49　用角度铣刀铣斜面

4.6.4　铣工技能实训项目二（铣斜面）

采用平口钳倾斜装夹工件，铣削图 4-50 所示工件的斜面。

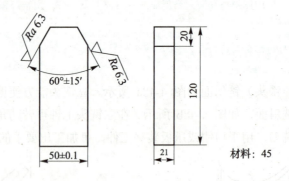

图 4-50　铣斜面的工件图

1. 分析图样

① 铣削工件上的两个斜面，保证的精度是：尺寸 20 mm；与长边的夹角为 30°±15′。加工斜面的表面粗糙度 Ra 值为 6.3 μm。

② 工件材料为 45 钢，切削性能较好，可选用高速钢铣刀或硬质合金铣刀。

③ 预制件为 120 mm×50 mm×21 mm 的矩形工件。

2. 倾斜装夹工件铣斜面的工艺准备

① 加工设备选 X8126A 型万能工具铣床，选用高速钢面铣刀。

② 采用机用平口钳装夹工件。工件找正定位时，以大平面为主要基准（限制 3 个自由度），侧平面为导向基准（限制 2 个自由度），上面为止推基准（限制 1 个自由度）。

③ 拟定倾斜工件铣削斜面的工步顺序：预制件检验→划线→找正平口钳→装夹、找正工件→安装铣刀→依次粗、精铣两斜面→铣削斜面工序检验。

④ 选择刀具。根据图样给定的斜面宽度尺寸选择铣刀规格，现选用外径为 ϕ5 mm、3 齿的立铣刀。

⑤ 检验测量方法。用游标万能角度尺检验斜面角度。

3. 斜面工件铣削加工

（1）加工准备

① 检验预制件。用游标卡尺检验预制件为基本尺寸 120 mm×50 mm×21 mm 的矩形坯件。

② 安装、找正平口钳。将平口钳安装在工作台中间的 T 形槽内，安装时注意平口钳底面与工作台台面的清洁度。用百分表找正平口钳与工作台纵向运动平行。

③ 在工件侧表面划出斜面线，并且用样冲打上样冲眼。

④ 装夹工件。在平口钳上以工件大平面为基准装夹工件。

⑤ 安装铣刀。安装立铣刀。

⑥ 选择铣削用量。

粗铣：取铣削速度 v_c = 15 mm/min，每齿进给量 f_z = 0.12 mm/z，主轴转数为

$$n = \frac{1\,000v_c}{\pi D} = \frac{1\,000 \times 15}{3.14 \times 20} \approx 239\,(\text{r/min})$$

$$v_f = f_z zn = 0.12 \times 3 \times 239 = 86\,(\text{mm/min})$$

实际选取主轴转数为：n = 300 r/min，每分钟进给量为 v_f = 108 mm/min。

精铣：取铣削速度 v_c = 15 mm/min，每齿进给量 f_z = 0.10 mm/z，主轴转数 n = 190 r/min，每分钟进给量 v_f = 57 mm/min。

（2）铣削工件斜面

① 对刀。调整工作台，目测使斜面处于立铣刀端面刃的中间位置，紧固工作台，横向运动，在垂直方向对刀，使铣刀端面刀尖铣到工件最高点。

② 选择背吃刀量。按斜面的加工余量，每一斜面采用 2~3 次纵向机动进给，完成铣削。

③ 铣削斜面后，预检工件夹角是否符合要求。如不符合要求，则需调整工件位置后再次铣削，直至合格。

金工实习

4. 质量分析及注意事项

铣斜面的质量问题主要是角度超差。为保证加工质量，铣削中应注意以下事项。
① 由于角度铣刀的刀齿强度差，容屑槽较小，所以应选用较小的进给量。
② 铣削时一般应采用逆铣。
③ 铣削钢件材料时应添加足够的切削液。

4.7 铣削键槽

4.7.1 铣削键槽时常用的对刀方法

铣削键槽时，铣刀与工件相对位置的调整是保证键槽对称度的关键。常用对刀方法如下。

1. 切痕对刀法

这种方法使用简便，是最常用的对刀方法，此法的对刀准确度取决于操作者的技术水平和目测的准确度。

① 盘形槽铣刀或三面刃铣刀的切痕对刀：先把工件大致调整到铣刀的中分线位置，再开动机床，在工件表面上切出一个椭圆形切痕，如图 4-51a 所示。然后横向移动工作台，使铣刀落在椭圆的中间位置，如图 4-51b 所示。

② 键槽铣刀的切痕对刀：其原理与三面刃铣刀的切痕对刀法相同，只是键槽铣刀的切痕是一个矩形小平面，如图 4-52a 所示。对刀时，使铣刀两刀刃在旋转时落在小平面的中间位置，如图 4-52b 所示。

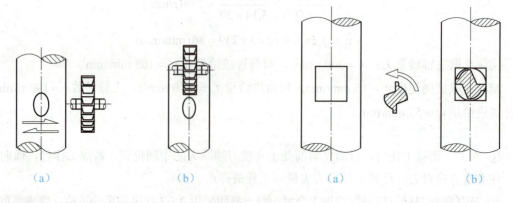

图 4-51　三面刃铣刀的切痕对刀法　　　　图 4-52　键槽铣刀的切痕对刀法

2. 划线对刀法

先使划针的针尖偏离工件中心约 1/2 槽宽尺寸,并在工件上划出一条线。利用分度头把工件转过 180°,划针放到另一侧再划出一条线,然后将工件转过 90°,使划线处于工件上方。调整工作台,使铣刀处在两条划线的中间即可。

3. 擦边对刀法

先在工件侧面贴一张薄纸,开动机床,当铣刀擦到薄纸后,向下退出工件,再横向移动工作台,移动距离为 A,如图 4-53 所示。

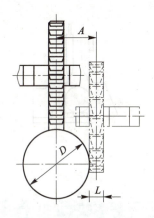
(a) 用盘形槽铣刀或三面刃铣刀

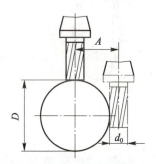
(b) 用立铣刀或键槽铣刀

图 4-53 擦边对刀法

用盘形槽铣刀或三面刃铣刀时,A 值为

$$A = \frac{D+L}{2} + 纸厚$$

用立铣刀或键槽铣刀时,A 值为

$$A = \frac{D+d_0}{2} + 纸厚$$

式中:A——工作台横向移动距离(mm);

D——工件直径(mm);

L——铣刀宽度(mm);

d_0——立铣刀直径(mm)。

注意,在对刀过程中,若已把工件侧面切去一点,则要把公式中的"+纸厚"改为"-切除量"。

4. 百分表对刀法

将一只杠杆百分表固定在铣床主轴上，并通过上下移动工作台，使百分表的测头与工件外圆一侧的最突出素线相接触，再用手正反向转动主轴，记下百分表的最小读数。然后，将工作台向下移动，退出工件，并将主轴转过180°，用同样的方法，在工件外圆的另一侧，也测得百分表最小读数。比较前后两次读数，如果相等，则主轴已对准工件中心，否则应按它们的差值，重新调整工作台的横向位置，直到百分表的两次读数差不超过允许范围为止，如图4-54a所示。工件若用机用平口钳装夹或用V形块装夹时，可用图4-54b，c所示的方法来找正。

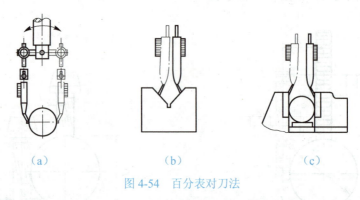

图4-54　百分表对刀法

4.7.2　检测平键槽

测量平键槽宽度可采用内径千分尺测量，左手拿内径千分尺顶端，右手转动微分筒，使两内测量爪测量面略小于槽宽尺寸，平行放入槽中，以一个量爪作支点，另一个量爪作少量转动，找出最小点，转动测力装置直至发出响声，然后直接读数，如图4-55所示。如要取出后读数，则应先将紧固螺钉旋紧后，平行取出千分尺测头。

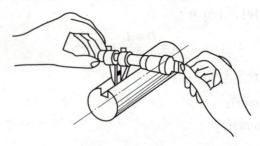

图4-55　测量键槽宽度

4.7.3　铣工技能实训项目三（铣半圆键槽）

如图4-56所示工件，除半圆形槽外均已加工，本工序加工半圆键槽。

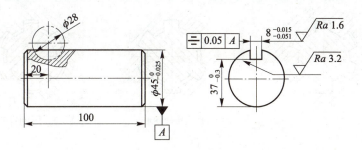

图 4-56 铣工件的半圆键槽

① 采用立式铣床加工。
② 用 V 形块装夹工件,工件轴向与机床横向导轨平行,使工件半圆键槽部分悬出。
③ 选择外径为 $\phi 8$ mm、厚 8 mm 的半圆键槽刀,并装夹在立铣头上。
④ 用浸油薄纸贴在轴的侧面上,用半圆键槽刀的圆周刃试切对刀,找到键槽中心。
⑤ 刀具退出工件,开动机床,手动纵向进给进行铣削,深 8 mm。
⑥ 注意,铣削过程要验证对称度及键槽宽度尺寸。

4.8 铣削花键轴

矩形齿花键轴是机械设备中广泛应用的零件之一。批量生产花键轴一般是在专用设备上加工的。单件及小批量生产时,通常在卧式铣床或立式铣床上利用分度头进行铣削加工。通过对花键轴的铣削,对进一步熟悉分度头的使用具有很重要的意义。

4.8.1 花键轴知识

1. 花键连接简介

在机械传动中由花键轴和花键孔组成花键连接。花键连接是传递转矩和运动的同轴偶件,是一种可以传递较大转矩和定心精度较高的连接形式。在机床、汽车等机械的变速箱中,大都采用花键齿轮套与花键轴配合的滑移作变速传动,其应用十分广泛。

按齿廓形状不同,花键可分为矩形花键和渐开线花键两类。其中,矩形花键的齿廓呈矩形,加工容易,应用更为广泛。矩形花键连接的定心(即花键副工作轴线位置的限定)方式有三种:内径定心、外径定心和键侧定心,如图 4-57 所示。

成批、大量的外花键(花键轴)在花键铣床上用花键滚刀按展成原理加工,这种加工方法具有较高的加工精度和生产率,但必须具备花键铣床和花键滚刀。在单件、小批量生产或缺少花键铣床等专用设备的情况下,常在铣床上利用分度头装夹,分度铣削矩形花键。

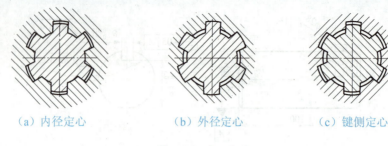

(a)内径定心　　　　　　(b)外径定心　　　　　　(c)键侧定心

图 4-57　定心方式

2. 矩形花键的加工方法

用铣床铣削花键轴，主要适用于单件生产或维修，也用于以外径定心的矩形花键轴及以键侧定心的矩形花键轴的粗加工，这类花键轴的外径或键侧精度通常由磨削加工来保证。在铣床上对花键轴键侧面的铣削方法主要有三面刃铣刀铣削法和成形铣刀铣削法两种。成形铣刀制作起来比较困难，所以通常情况下，多采用三面刃铣刀铣削键侧面，铣削时可分为单刀铣削和组合铣刀铣削。

当键侧精度要求较高、加工花键轴的数量较多时，可用硬质合金组合铣刀盘铣削键侧。硬质合金组合铣刀盘上共有两组铣刀头，每组两把，其中一组为铣键侧用，另一组为加工花键两侧倒角用。每组刀的左右刀齿肩距离及中心位置均可根据键宽或花键倒角的大小及位置调整。

工件的精铣余量一般为 0.15～0.20 mm。铣削速度可选 120 m/min 以上，进给速度可选 150～375 mm/min。精铣后的键侧表面粗糙度 Ra 可达 1.6～0.8 μm，一定程度上可代替花键磨床的加工。

4.8.2　铣削花键轴

1. 选择刀具与切削用量

加工花键轴，选用三面刃铣刀铣键侧，如图 4-58a 所示；锯片铣刀粗铣；成形刀头精铣小径圆弧，如图 4-58b 所示。

三面刃铣刀的直径应尽可能小。用单个铣刀铣键侧时，对于齿数小于 6 的花键，一般无须考虑铣刀的宽度。当齿数多于 6 时，过大的铣刀宽度将使铣刀与花键轴的邻齿干涉，因此，三面刃铣刀的宽度应小于小径上两齿间的弦长。

2. 装夹并校正工件

安装好分度头及其尾座后，采用"一夹一顶"的方式装夹工件。校正时，先校正工件两端的径向圆跳动，然后校正工件上素线与工作台台面是否平行、侧素线与工作台纵向进给方向是否平行。

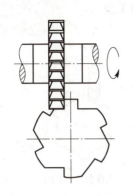
(a) 三面刃铣刀铣键侧

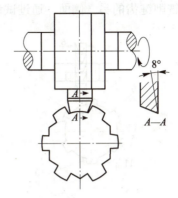
(b) 成形刀头铣小径圆弧

图 4-58　铣削花键轴

3. 铣矩形键侧

① 划线。在工件端面划线，划出工件的中心线和键宽线。

② 装夹工件。

③ 对刀。手动分度头将工件上划有键宽的线转至工件上方，并与铣刀相对，通过试切，对正铣刀中心。调整三面刃铣刀，使其端面刃距键宽线一侧约 0.3～0.5 mm。开动机床，上升工作台，使铣刀轻轻划过工件。然后纵向退出工件，根据侧吃刀量（切深值）调整工作台上升量 H。工作台上升量 H 可按下式调整：

$$H = (D - d)/2 + 0.5$$

式中：H——工作台上升量；

　　　D——花键外径；

　　　d——花键内径。

④ 试铣。按 H 值上升工作台，即确定铣削键齿的深度。试铣削键侧。

⑤ 铣出一个键侧面。试铣后把 90°角尺的尺座紧贴工作台面，尺苗侧面紧靠工件一侧。测量键侧距尺苗的水平距离 S。在理论上，水平距离 S 与其外径 D 和键宽 b 的关系为

$$S = (D - b)/2$$

式中：S——尺苗的水平距离；

　　　D——外径；

　　　b——键宽。

实测尺寸若与理论值不相符，则按差值重新调整横向工作台位置，再次试铣后重新测量，直至符合要求。若齿侧还要进行精铣工序，则调整时可考虑单侧留出 0.15～0.2 mm 的余量。

⑥ 铣出所有齿同一面齿侧面。铣出一个齿的侧面后，锁紧横向工作台，依次分度定位，逐一铣出各齿同一面齿侧面。

⑦ 铣出另一面齿侧面。完成键齿同一侧面的铣削后，将工作台横向移动一个距离 A，如图 4-59 所示，铣削键齿的另一侧面，通过试切，达到加工要求。

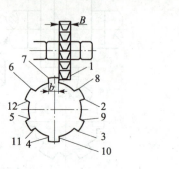
（a）先依次铣 1~6 面

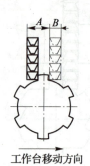
（b）工作台移动后，依次铣 7~12 面

图 4-59　铣削花键轴步骤

由图 4-59 可知，工作台移动距离 A 与铣刀宽度 B 和键宽 b 的关系为

$$A = B + b + 2(0.2 \sim 0.3)$$

⑧ 铣出所有齿另一面齿侧面。铣出一个齿的另一侧面后，锁紧横向工作台，依次分度定位，逐一铣出各齿的另一面齿侧面。

4. 检测矩形齿

粗铣后可用杠杆百分表检测键齿对称度，如图 4-60 所示，用百分表检测键侧 1 的高度与键侧 3 的高度。若两者的检测高度一致，则说明两侧对称。若不一致，则可根据键侧 1 与 3 高度差的一半，重新调整工作台位置，调整后对键齿端部试铣，直至检测的键齿宽度、深度和对称度均合格后，才可进行各键侧的精铣。

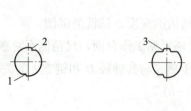

（a）铣键侧 1，2 面　　（b）铣键侧 3 面　　（c）测量键侧 1，3 高度

图 4-60　检测顺序

5. 铣小径圆弧面

（1）锯片铣刀粗铣

矩形齿之间的槽底有凸起余量，需用厚度 2～3 mm 的细齿锯片铣刀，把槽底修铣成接近圆弧的折线槽底面。用锯片铣刀铣削小径圆弧时，应先将铣刀对准工件的中心，然后将工件转过一个角度，调整好切削深度，开始铣削槽底圆弧面。铣槽底面时每完成一次切削，将工件转过一个角度后再次铣削。每次工件转过的角度越小，铣削进给的次数就越多，槽底就越接近圆弧面。

（2）成形刀头精铣

用锯片铣刀粗铣小径圆弧后，用成形刀头精铣槽底圆弧面。将成形刀头通过专用的刀夹装夹在铣刀轴上。成形刀头需要对中心，使圆弧刀头以花键轴的轴线为中心。其方法是使花键两肩部同时与刀头圆弧接触，即刀头对正中心。刀头对中后将工件转过 1/2 个花键等分角，使花键轴小径与成形刀头圆弧相对。

起动主轴之前应先手动转动主轴，使成形刀刃不碰工件。然后将主轴转速调至 300 r/min，起动主轴，试铣圆周上相对的两段小径圆弧，然后用千分尺检测槽底圆弧直径。尺寸符合要求后，铣削其余各段小径圆弧。

4.8.3 检验

在单件、小批量生产中，一般用通用量具（游标卡尺、千分尺和百分表等）对花键轴各单一检测要素的偏差进行检测。

在大批量生产中，对花键轴的检验则通过综合量规和单项止端量规相结合的方法。用综合量规可同时检验内径、外径、键宽的尺寸，以及其位置尺寸等项目的综合影响，以保证花键的配合要求和安装要求。综合量规相当于通端卡规，因此还需与单项止端量规（卡板）共同使用。检验时若综合量规通端通过，而止端不通过，则花键合格。

4.8.4 铣工技能实训项目四（铣削花键轴）

如图 4-61 所示工件的圆柱体部分已经车削完成，要求铣矩形花键齿。

1. 读图

该花键轴的外径为ϕ40 mm，内径为ϕ30 mm，花键的高为 5 mm，宽 8 mm，花键长 120 mm，轴的两端各有直径ϕ25 mm、长 30 mm 的轴头，铣削前应加工到ϕ25 mm 和ϕ40 mm 的圆，由车削完成。

该工件是一根外径定心的轴，花键为矩形，在铣床上铣花键。

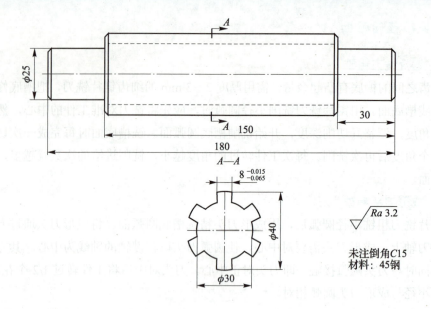

图 4-61 铣削花键轴工件

2. 铣削加工

(1) 选择刀具、切削用量

选用 $\phi 80$ mm×8 mm×27 mm 的三面刃铣刀。在 X8126A 型铣床上安装好三面刃铣刀，调整主轴转数为 118 r/min，进给速度为 95 mm/min。

(2) 工件的装夹和校正

先把工件的一端装夹在分度头的三爪自定心卡盘内，另一端用尾座顶尖顶紧；然后用百分表按下列三个方面进行校正。

① 工件两端的径向跳动量。

② 工件的上母线相对于纵向工作台移动方向的平行度。

③ 工件的侧母线相对于纵向工作台移动方向的平行度。

(3) 对刀

将铣刀端面刃与工件侧面轻微接触，退出工件。横向移动工作台，使工件向铣刀方向移动距离 S：

$$S = \frac{D-b}{2} = \frac{40-8}{2} = 16 \text{(mm)}$$

式中：D——花键轴外径（mm）；

b——键宽（mm）。

(4) 铣削键侧

先铣削键侧的一面，依次分度将同侧的各面铣削完，然后将工作台横向移动，再铣削键的另一侧面。一般情况下，铣削键侧时，取实际切深（即键齿高度）比图样尺寸大 0.1～1.2 mm。

（5）铣削槽底圆弧面

采用小直径锯片铣刀铣削，先将铣刀对准工件轴心，然后调整吃刀量 $H = \dfrac{D-d}{2}$。

每铣削一刀后，摇动分度手柄，使工件转过一个小角度，再继续铣削。每次转过的角度越小，槽底圆弧越精确。

4.9 铣工综合技能训练

4.9.1 十字槽底板加工训练

十字槽底板加工训练图如图 4-62 所示。

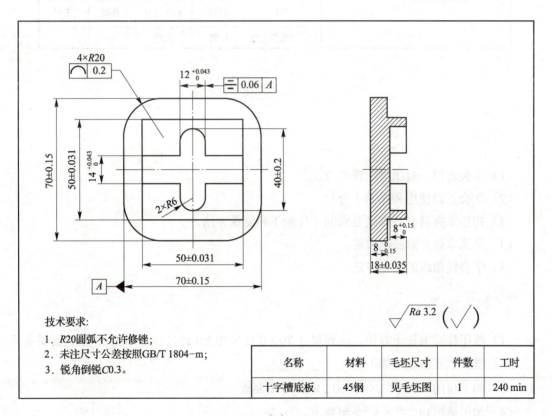

(a)

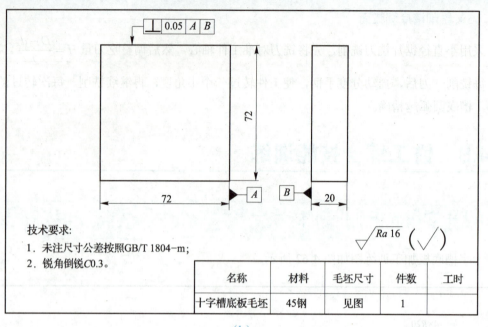

（b）

图 4-62　十字槽底板加工训练图

1. 教学要求

（1）掌握通槽、封闭槽的铣削方法。
（2）学会正确使用和保养千分尺。
（3）初步掌握具有对称度要求的工件加工和测量方法。
（4）熟练掌握台阶铣削方法。
（5）学会铣曲线的加工方法

2. 加工步骤

（1）按图样要求铣正方体，达到尺寸 $70\pm0.15\times70\pm0.15\times18\pm0.035$ 和垂直度要求。

（2）按要求划出形体加工线。

（3）加工封闭槽 $12^{+0.043}_{0}\times40\pm0.2\times8^{+0.15}_{0}$ 至要求。

（4）加工通槽 $14^{+0.043}_{0}\times8^{+0.15}_{0}$ 至要求。

（5）铣台阶 $50\pm0.031\times50\pm0.031$，并保证达到封闭槽的对称度技术要求及 $8^{\ 0}_{-0.15}$ mm。

（6）工件调转翻面，分别夹持 $70\pm0.15\times70\pm0.15$ 部位，注意留出加工部位，用手动进给铣削 $4\times R20$ 至要求。

第 4 章 铣削加工

3. 注意事项

（1）合理分配工件加工时间。
（2）铣削时合理选择切削用量。
（3）手动进给铣曲线时，注意进给方向，防止打刀，铣伤工件。
（4）采用间接测量方法控制工件的尺寸精度，必须控制好有关的工艺尺寸。

4. 工、量、刃具的准备

工、量、刃具的准备如表 4-6 所示。

表 4-6　工、量、刃具的准备表

名称	规格	精度	数量	备注
游标卡尺	0～150 mm	0.02 mm	1	
外径千分尺	0～25 mm	0.01 mm	1	
外径千分尺	25～50 mm	0.01 mm	1	
外径千分尺	50～75 mm	0.01 mm	1	
游标高度尺	0～250 mm	0.02 mm	1	
角尺	100 mm×63 mm	0 级	1	
杠杆百分表	0～0.8 mm	0.01 mm	1	
表架			1	
塞尺	0.02～1 mm		1	
半径样板	1～6.5 mm		1	
半径样板	15～25 mm		1	
塞规	12 mm，14 mm	H9	各 1	
立铣刀	ϕ20，ϕ30	e8	各 1	
键槽铣刀	ϕ10，ϕ12，ϕ14	e8	各 1	
立铣刀	ϕ10	e8	1	
划线工具			1 套	

5. 十字槽底板操作评分

十字槽底板操作评分表如表 4-7 所示。

表 4-7　十字槽底板操作评分表

项目	考核要求	配分 IT	配分 Ra	评分标准	检测结果 IT	检测结果 Ra	得分	备注
1	70±0.15（2 处） Ra 3.2 μm	8	2	1 处超差扣 4 分 1 处降 1 级扣 1 分				
2	18±0.035 Ra 3.2 μm	10	2	超差无分 降 1 级扣 1 分				
3	R20 及面轮廓度 0.2（4 处）	8	4	超差全扣				
4	50±0.031（2 处） Ra 3.2 μm	8	4	1 处超差扣 4 分 1 处降 1 级扣 2 分				
5	$8_{-0.15}^{0}$	5		超差全扣				
6	$12_{0}^{+0.043}$，Ra 3.2 μm	6	2	超差全扣				
7	$14_{0}^{+0.043}$，Ra 3.2 μm	6	2	超差全扣				
8	40±0.2	4		超差全扣				
9	$8_{0}^{+0.15}$ mm	5		超差全扣				
10	2×R6	2		超差全扣				
11	对称度 0.06 A	6		超差全扣				
12	未列尺寸及表面粗糙度	5		每超差 1 处扣 1 分				
13	外观	6		毛刺、损伤、畸形扣 1~5 分 有未加工或严重畸形扣 5 分				
14	安全文明生产	5		酌情扣 1~5 分严重者扣 5 分				
	合计	84	16					

4.9.2　凸耳柱塞组件加工训练

凸耳柱塞组件加工训练图如图 4-63 所示。

1. 教学要求

（1）掌握利用分度头铣削曲线及简单的分度方法。

（2）掌握铣床上镗孔的方法及铣床镗孔附件的应用。

（3）进一步掌握通槽、封闭槽、台阶的铣削方法及铣削加工配合件的精度要求，并能互换。

（4）能够分析和处理配合件加工中出现的问题，并能达到配合的技术要求。

第 4 章　铣削加工

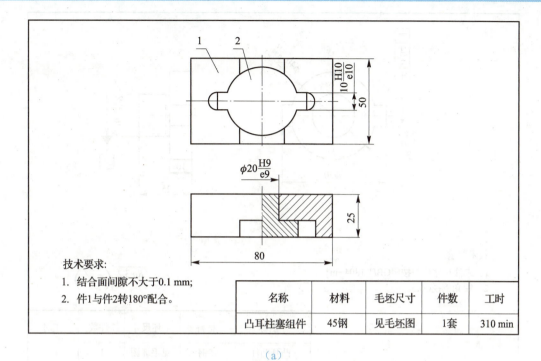

(a)

(b)

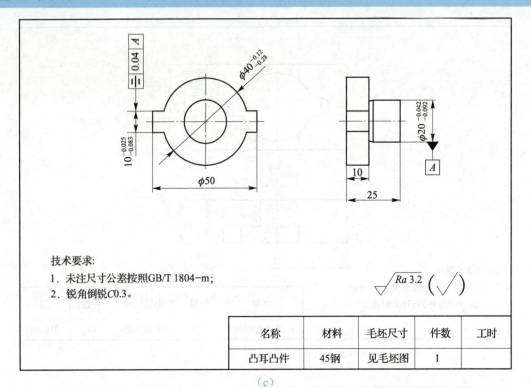

(c)

(d)

第4章 铣削加工

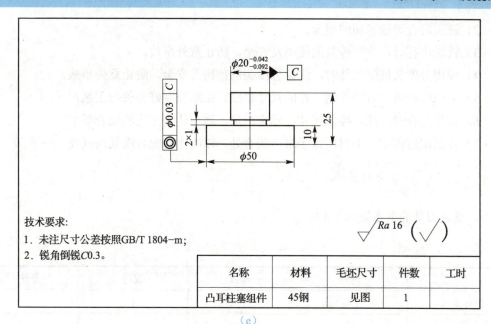

（e）

图 4-63

2. 加工步骤

（1）检查坯料情况，作必要修整。

（2）加工凸耳凸件，步骤如下。

① 在立式铣床按规定安装好分度头，使其达到可加工的要求。

② 按图样划出各加工位置线。

③ 校正装夹好零件，铣削 $10_{-0.083}^{-0.025}$，使其达到尺寸公差和表面粗糙度要求，并作为配合的基准用。

（3）加工凸耳凹件，步骤如下。

① 校正装夹好零件，利用镗刀镗削 $\phi 20_0^{+0.052}$ 和 $\phi 40_0^{+0.016}$ 的孔，使其达到尺寸公差和表面粗糙度要求，并能与凸耳凸件的对应尺寸相配合，达到图纸的要求。

② 利用立铣刀铣削通槽达到尺寸公差和表面粗糙度要求，并将凸耳凸件配合于孔内，要求能够任意转位互换，各配合间隙均小于 0.10 mm。

③ 用立铣刀铣削封闭槽达到尺寸公差和表面粗糙度要求，镶配时，精铣修正各面，要求能够任意转位互换，各配合间隙均小于 0.10 mm。

（4）去毛刺、倒角、倒棱，用塞尺检查配合间隙，复检全部精度要求。

3. 注意事项

（1）合理分配工件加工时间。

(2) 铣削时合理选择切削用量。

(3) 铣镗内孔时，注意镗具的使用及安全，防止意外事故。

(4) 使用分度头铣削工件时，注意分度头的使用及安全，防止意外事故。

(5) 采用间接测量方法控制工件的尺寸精度，必须控制好有关的工艺尺寸。

(6) 在作配合时，注意控制尺寸，确定余量，逐步达到正确的配合要求。

(7) 在试配过程中，不得用锤子敲击配合处，以防止将配合面划伤或使工件变形。

4. 工、量、刃具的准备

工、量、刃具的准备如表 4-8 所示。

表 4-8 工、量、刃具的准备表

名称	规格	精度	数量	备注
游标卡尺	0～150 mm	0.02 mm	1	
外径千分尺	0～25 mm	0.01 mm	1	
塞规	10 mm	H10	各1	
半径样板	1～6.5 mm		1	
半径样板	15～25 mm		1	
塞尺	0.02～1 mm		1	
杠杆百分表	0～0.8 mm	0.01 mm	1	
表架			1	
游标高度尺	0～250 mm	0.02 mm	1	
内径百分表	10～18 mm	0.01 mm	1	
心棒	$\phi 20$（$L=100$ mm）	h6	1	
立铣刀	$\phi 8$,$\phi 10$,$\phi 16$	e8	各1	
键槽铣刀	$\phi 10$,$\phi 8$	e8	各1	
镗刀	$\phi 19$～$\phi 40$		1套	
划线工具			1套	
分度头	FW250		1套	

5. 凸耳柱塞组件操作评分

凸耳柱塞组件操作评分表如表 4-9 所示。

表 4-9 凸耳柱塞组件操作评分表

项目	序号	考核要求	配分 IT	配分 Ra	评分标准	检测结果 IT	检测结果 Ra	得分	备注
件1	1	$\phi 20^{+0.052}_{0}$，Ra 1.6 μm	8	2	超差全扣				
	2	$\phi 40^{+0.016}_{0}$	6		超差全扣				

第4章 铣削加工

续表 4-9

项目	序号	考核要求	配分 IT	配分 Ra	评分标准	检测结果 IT	检测结果 Ra	得分	备注
件1	3	$\phi 25_{0}^{+0.084}$，Ra 3.2 μm	8	2	超差全扣				
	4	$10_{0}^{+0.058}$，Ra 3.2 μm	8	2	超差全扣				
	5	60	4		超差全扣				
	6	2×R5	2		超差全扣				
	7	10	2		超差全扣				
	8	对称度 0.04 A	8		每超差 0.01 扣 3 分				
件2	9	$10_{-0.083}^{-0.025}$，Ra 3.2 μm	8	2	超差全扣				
	10	$\phi 10_{-0.28}^{-0.12}$	6		超差全扣				
	11	对称度 0.04A	8		超差全扣				
配合	12	技术要求1	7		超差全扣				
	13	技术要求2	4		超差全扣				
其他	14	未列尺寸及表面粗糙度	4	2	每超差1处扣1分				
	15	外观	2		毛刺、损伤、畸形扣 1~5 分				
					有未加工或严重畸形扣 5 分				
	16	安全文明生产	5		酌情扣 1~5 分严重者扣 5 分				
		合 计	90	10					

第 5 章 刨削加工

5.1 刨工概述

在牛头刨床上加工时,刨刀的纵向往复直线运动为主运动,零件随工作台作横向间歇进给运动,如图 5-1 所示。

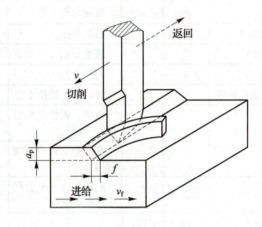

图 5-1 牛头刨床的刨削运动和切削用量

5.1.1 刨削加工的特点

① 牛头刨床结构简单、成本低,操作方便;刨刀结构简单,易于制造和刃磨,因此工件的加工成本低。

② 生产率较低。刨削是不连续的切削过程,刀具切入、切出时切削力有突变,将引起冲击和振动,限制了刨削速度的提高。此外,单刃刨刀实际参加切削的长度有限,一个表面往往要经过多次行程才能加工出来,刨刀返回行程时不进行工作。因此,刨削生产率较低。

③ 刨削加工通用性好、适应性强,调整和操作方便。它能刨削平板类、支架类、箱体类、机座、床身零件的各种表面、沟槽等,且刨刀形状简单,和车刀相似,制造、刃磨和安装都较方便;刨削时一般不需加切削液。

④ 加工质量低。刨削时有冲击和振动,影响加工精度和表面质量。

5.1.2 刨削加工精度及范围

刨削加工的尺寸精度一般为 IT9～IT7，表面粗糙度 Ra 值为 6.3～1.6 μm，用宽刀精刨时，Ra 值可达 1.6 μm。此外，刨削加工还可保证一定的位置精度，如面对面的平行度和垂直度等。刨削在单件、小批生产和修配工作中应用广泛。刨削主要用于加工各种平面（水平面、垂直面和斜面）、各种沟槽（直槽、T 形槽、燕尾槽等）和成形面等，如图 5-2 所示。

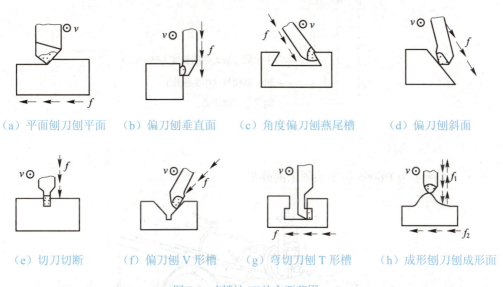

(a) 平面刨刀刨平面　(b) 偏刀刨垂直面　(c) 角度偏刀刨燕尾槽　(d) 偏刀刨斜面

(e) 切刀切断　(f) 偏刀刨 V 形槽　(g) 弯切刀刨 T 形槽　(h) 成形刨刀刨成形面

图 5-2　刨削加工的主要范围

5.2　刨床

刨床主要有牛头刨床和龙门刨床，常用的是牛头刨床。牛头刨床最大的刨削长度一般不超过 1 000 mm，适合于加工中小型零件。龙门刨床由于其刚性好，而且有 2～4 个刀架可同时工作，因此，它主要用于加工大型零件或同时加工多个中、小型零件，其加工精度和生产率均比牛头刨床高。刨床上加工的典型零件如图 5-3 所示。

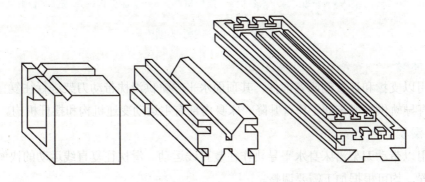

图 5-3　刨床上加工的典型零件

5.2.1 牛头刨床

1. 牛头刨床的型号

牛头刨床的型号示例：

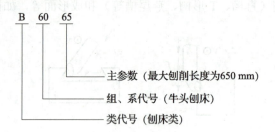

2. 牛头刨床的组成

如图 5-4 所示为 B6065 型牛头刨床的外形。

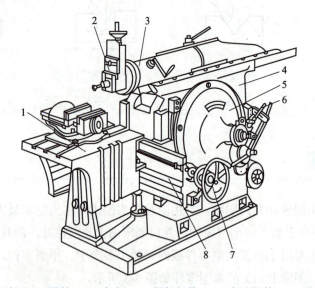

1—工作台；2—刀架；3—滑枕；4—床身；5—摆杆机构；6—变速机构；7—进给机构；8—横梁

图 5-4　B6065 型牛头刨床

（1）床身

床身用以支撑和连接刨床各部件，其顶面水平导轨供滑枕带动刀架进行往复直线运动，侧面的垂直导轨供横梁带动工作台升降。床身内部有主运动变速机构和摆杆机构。

（2）滑枕

滑枕用以带动刀架沿床身水平导轨作往复直线运动。滑枕往复直线运动的快慢、行程的长度和位置，均可根据加工需要调整。

（3）刀架

刀架用以夹持刨刀，其结构如图 5-5 所示。当转动刀架手柄 5 时，滑板 4 带着刨刀沿刻度转盘 7 上的导轨上、下移动，以调整背吃刀量或加工垂直面时作进给运动。松开转盘 7 上的螺母，将转盘扳转一定角度，可使刀架斜向进给，以加工斜面。刀座 3 装在滑板 4 上。抬刀板 2 可绕刀座上的销轴向上抬起，以使刨刀在返回行程时离开零件已加工表面，以减少刀具与零件的摩擦。

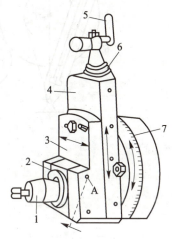

1—刀夹；2—抬刀板；3—刀座；4—滑板；5—手柄；6—刻度环；7—刻度转盘

图 5-5　刀架

（4）工作台

工作台用以安装零件，可随横梁作上下调整，也可沿横梁导轨作水平移动或间歇进给运动。

2．牛头刨床的传动系统

B6065 型牛头刨床的传动系统主要包括摆杆机构和棘轮机构。

（1）摆杆机构

摆杆机构的作用是将电动机传来的旋转运动变为滑枕的往复直线运动，其结构如图 5-6 所示。摆杆 7 上端与滑枕内的螺母 2 相连，下端与支架 5 相连。摆杆齿轮 3 上的偏心滑块 6 与摆杆 7 上的导槽相连。当摆杆齿轮 3 由小齿轮 4 带动旋转时，偏心滑块就在摆杆 7 的导槽内上下滑动，从而带动摆杆 7 绕支架 5 中心左右摆动，于是滑枕便作往复直线运动。摆杆齿轮转动一周，滑枕带动刨刀往复运动一次。

（2）棘轮机构

棘轮机构的作用是使工作台在滑枕完成回程与刨刀再次切入零件之前的瞬间，作间歇横向进给，横向进给机构如图 5-7a 所示，棘轮机构的结构如图 5-7b 所示。

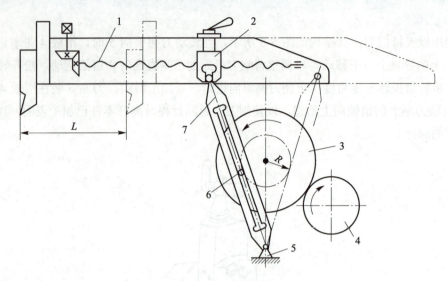

1—丝杠；2—螺母；3—摆杆齿轮；4—小齿轮；5—支架；6—偏心滑块；7—摆杆

图5-6　摆杆机构

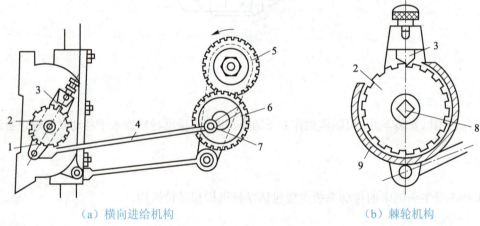

（a）横向进给机构　　　　　　　　（b）棘轮机构

1—棘爪架；2—棘轮；3—棘爪；4—连杆；5，6—齿轮；7—偏心销；8—横向丝杠；9—棘轮罩

图5-7　牛头刨床横向进给机构

齿轮 5 与摆杆齿轮为一体，摆杆齿轮逆时针旋转时，齿轮 5 带动齿轮 6 转动，使连杆 4 带动棘爪 3 逆时针摆动。棘爪 3 逆时针摆动时，其上的垂直面拨动棘轮 2 转过若干齿，使丝杠 8 转过相应的角度，从而实现工作台的横向进给。而当棘轮顺时针摆动时，由于棘爪后面为一斜面，只能从棘轮齿顶滑过，不能拨动棘轮，所以工作台静止不动，这样就实现了工作台的横向间歇进给。

3. 牛头刨床的调整

（1）滑枕行程长度、起始位置、速度的调整

刨削时，滑枕行程的长度一般应比零件刨削表面长 30～40 mm，如图 5-6 所示，滑枕行程长度可通过改变摆杆齿轮上偏心滑块的偏心距离来调整，其偏心距越大，摆杆摆动的角度就越大，滑枕的行程长度也就越长；反之，则越短。

松开滑枕内的锁紧手柄，转动丝杠，即可改变滑枕行程的起始点，使滑枕移到所需要的位置。

调整滑枕速度时，必须在停车之后进行，否则将打坏齿轮。可以通过变速机构来改变变速齿轮的位置，使牛头刨床获得不同的转速。

（2）工作台横向进给量的大小、方向的调整

工作台的进给运动既要满足间歇运动的要求，又要与滑枕的工作行程协调一致，即在刨刀返回行程将结束时，工作台连同零件一起横向移动一个进给量。牛头刨床的进给运动是由棘轮机构实现的。

如图 5-7 所示，棘爪架空套在横梁丝杠轴上，棘轮用键与丝杠轴相连。工作台横向进给量的大小，可通过改变棘轮罩的位置，从而改变棘爪每次拨过棘轮的有效齿数来调整。棘爪拨过棘轮的齿数较多时，进给量大；反之则小。此外，还可通过改变偏心销 7 的偏心距来调整进给量，偏心距小，棘爪架摆动的角度就小，棘爪拨过的棘轮齿数少，进给量就小；反之则大。

若将棘爪提起后转动 180°，可使工作台反向进给。当把棘爪提起后转动 90°时，棘轮便与棘爪脱离接触，此时可手动进给。

5.2.2　龙门刨床

龙门刨床因有一个"龙门"式的框架而得名。与牛头刨床不同的是，在龙门刨床上加工时，零件随工作台的往复直线运动为主运动，进给运动是垂直刀架沿横梁上的水平移动和侧刀架在立柱上的垂直移动。

龙门刨床适用于刨削大型零件，零件长度可达几米、十几米、甚至几十米；也可在工作台上同时装夹几个中、小型零件，用几把刀具同时加工，故生产率较高。龙门刨床特别适于加工各种水平面、垂直面及各种平面组合的导轨面、T 形槽等。龙门刨床的外形如图 5-8 所示。

龙门刨床的主要特点是，自动化程度高，各主要运动的操纵都集中在机床的悬挂按钮站和电气柜的操纵台上，操纵十分方便；工作台的工作行程和空回行程可在不停车的情况下实现无级变速；横梁可沿立柱上下移动，以适应不同高度零件的加工；所有刀架都有自动抬刀装置，并可单独或同时进行自动或手动进给，垂直刀架还可转动一定的角度，用来加工斜面。

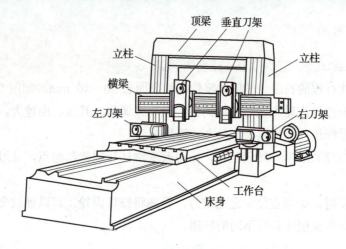

图 5-8　龙门刨床

5.3　刨刀及其安装

5.3.1　刨刀

1. 刨刀的几何形状

刨刀的几何形状与车刀相似,但刀杆的截面积比车刀大 1.25～1.5 倍,以承受较大的冲击力。刨刀的前角 γ_o 比车刀稍小,刃倾角取较大的负值,以增加刀头的强度。刨刀的一个显著特点是刀头往往做成弯头,如图 5-9 所示为弯头和直头刨刀比较示意图。做成弯头的目的是为了当刀具碰到零件表面上的硬点时,刀头能绕 O 点向后上方弹起,使切削刃离开零件表面,不会啃入零件已加工表面或损坏切削刃,因此,弯头刨刀比直头刨刀应用更广泛。

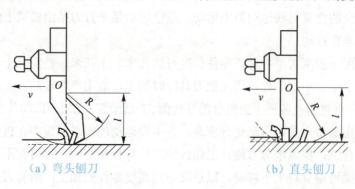

(a) 弯头刨刀　　　　　　　　(b) 直头刨刀

图 5-9　弯头刨刀和直头刨刀

2. 刨刀的种类及其应用

刨刀的形状和种类依加工表面形状不同而有所不同。常用刨刀及其应用如图 5-2 所示。平面刨刀用以加工水平面；偏刀用于加工垂直面、台阶面和斜面；角度偏刀用以加工角度和燕尾槽；切刀用以切断或刨沟槽；内孔刀用以加工内孔表面（如内键槽）；弯切刀用以加工 T 形槽及侧面上的槽；成形刀用以加工成形面。

5.3.2 刨刀的安装

如图 5-10 所示，安装刨刀时，将转盘对准零线，以便准确控制背吃刀量；刀头不要伸出太长，以免产生振动和折断。直头刨刀伸出长度一般为刀杆厚度的 1.5~2 倍，弯头刨刀伸出长度可稍长些，以弯曲部分不碰刀座为宜。装刀或卸刀时，应使刀尖离开零件表面，以防损坏刀具或者擦伤零件表面，必须一只手扶住刨刀，另一只手使用扳手，用力方向自上而下，否则容易将抬刀板掀起，碰伤或夹伤手指。

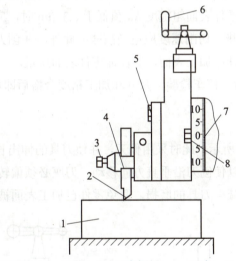

1—零件；2—刀头；3—刀夹螺钉；4—刀夹；5—刀座螺钉；
6—刀架进给手柄；7—转盘对准零线；8—转盘螺钉

图 5-10 刨刀的安装

5.3.3 工件的安装

在刨床上零件的安装方法视零件的形状和尺寸而定。常用的有平口虎钳安装、工作台安装和专用夹具安装等，装夹零件方法与铣削相同，可参照铣床中零件的安装及铣床附件所述内容。

5.4 刨削的基本操作

刨削主要用于加工平面、沟槽和成形面。

5.4.1 刨平面

1. 刨水平面

刨削水平面的步骤如下。

① 正确安装刀具和零件。
② 调整工作台的高度,使刀尖轻微接触零件表面。
③ 调整滑枕的行程长度和起始位置。
④ 根据零件材料、形状、尺寸等要求,合理选择切削用量。
⑤ 试切,先用手动试切。进给 1~1.5 mm 后停车,测量尺寸,根据测得结果调整背吃刀量,再自动进给进行刨削。当零件表面粗糙度 Ra 值低于 6.3 μm 时,应先粗刨,再精刨。精刨时,背吃刀量和进给量应小些,切削速度应适当高些。此外,在刨刀返回行程时,用手掀起刀座上的抬刀板,使刀具离开已加工表面,以保证零件表面质量。
⑥ 检验。零件刨削完工后,停车检验,尺寸和加工精度合格后即可卸下。

2. 刨垂直面和斜面

刨垂直面的方法如图 5-11 所示。此时采用偏刀,并使刀具的伸出长度大于整个刨削面的高度。刀架转盘应对准零线,以使刨刀沿垂直方向移动。刀座必须偏转 10°~15°,以使刨刀在返回行程时离开零件表面,减少刀具的磨损,避免零件已加工表面被划伤。

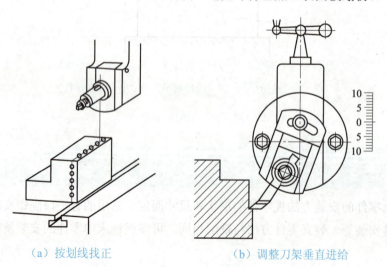

(a) 按划线找正　　　　　　　　(b) 调整刀架垂直进给

图 5-11　刨垂直面

刨斜面与刨垂直面基本相同，只是刀架转盘必须按零件所需加工的斜面扳转一定角度，以使刨刀沿斜面方向移动。如图 5-12 所示，采用偏刀或样板刀，转动刀架手柄进行进给，可以刨削左侧或右侧斜面。刨垂直面和斜面的加工方法一般在不能或不便于进行水平面刨削时才使用。

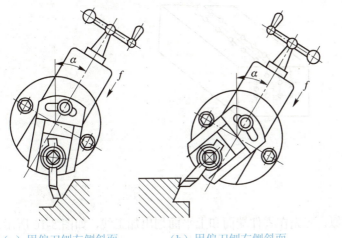
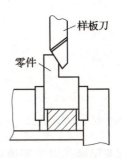

（a）用偏刀刨左侧斜面　　（b）用偏刀刨右侧斜面　　（c）用样板刀刨斜面

图 5-12　刨斜面

5.4.2　刨沟槽

1. 刨直槽

刨直槽时用切刀以垂直进给完成，如图 5-13 所示。

2. 刨 V 形槽

刨 V 形槽的方法如图 5-14 所示，先按刨平面的方法把 V 形槽粗刨出大致形状如图 5-14a 所示；然后用切刀刨 V 形槽底的直角槽如图 5-14b 所示；再按刨斜面的方法用偏刀刨 V 形槽的两斜面如图 5-14c 所示；最后用样板刀精刨至图样要求的尺寸精度和表面粗糙度如图 5-14d 所示。

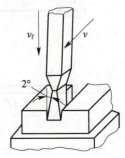

图 5-13　刨直槽

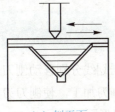
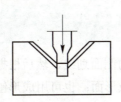
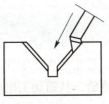
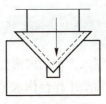

（a）刨平面　　（b）刨直角槽　　（c）刨斜面　　（d）样板刀精刨

图 5-14　刨 V 形槽

3. 刨T形槽

刨T形槽时，应先在零件端面和上平面划出加工线，如图 5-15 所示；然后根据加工线位置用切刀刨出T形槽。

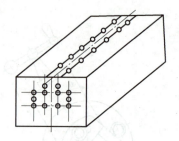

图 5-15　T形槽零件划线图

4. 刨燕尾槽

刨燕尾槽与刨T形槽相似，应先在零件端面和上平面划出加工线，如图 5-16 所示。其刨削步骤如图 5-17 所示，但刨侧面时须用角度偏刀。

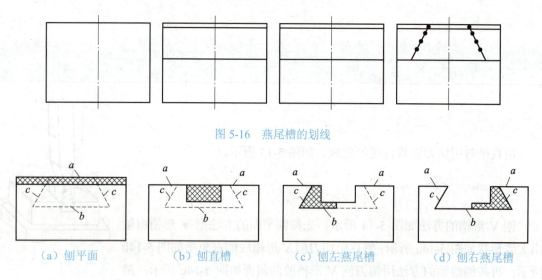

图 5-16　燕尾槽的划线

（a）刨平面　　（b）刨直槽　　（c）刨左燕尾槽　　（d）刨右燕尾槽

图 5-17　燕尾槽的刨削步骤

5.4.3　刨成形面

在刨床上刨削成形面，通常是先在零件的侧面划线，然后根据划线分别移动刨刀作垂直进给和移动工作台作水平进给，从而加工出成形面；也可用成形刨刀加工，使刨刀刃口形状与零件表面一致，一次成形；还可用附加机械装置的方法加工出成形面。

5.5 刨削加工技能训练

5.5.1 B6065 牛头刨床操作技能训练

B6065 型牛头刨床操纵系统如图 5-18 所示。

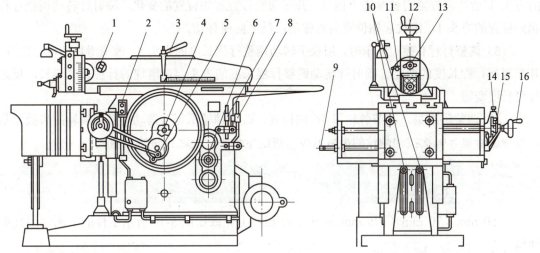

1—调整行程起始位置的方头；2—刨床起动和停止按钮；3—滑枕紧固手柄；4—调整行程长度的方头；
5—改变横向进给方向的插销；6—手动滑枕的方头；7—滑枕变速手柄（A）；8—滑枕变速手柄（B）；
9—调整工作台升降的方头；10—工作台支架夹紧螺钉；11—夹紧刀具螺钉；12—刀架进给手柄；
13—刀座紧固螺钉；14—棘轮爪；15—棘轮罩；16—手动横向进给手轮

图 5-18　B6065 型牛头刨床操纵系统

B6065 型牛头刨床技能训练操作步骤如下。

1. 停车练习

（1）手动移动工作台及滑枕。转动手动横向进给手轮 16，带动工作台丝杠转动，与丝杠配合的螺母带动工作台沿横梁的水平导轨横向移动。顺时针转动手轮 16，工作台离开操作者，反之工作台移向操作者。用扳手转动调整工作台升降的方头 9，可通过一对锥齿轮的传动使垂直进给丝杠转动，使螺母带动工作台沿床身垂直导轨上下移动。顺时针转动方头 9，工作台上升，反之工作台下降。用扳手转动手动滑枕的方头 6，可使滑枕沿床身水平导轨往复移动。

（2）小刀架的吃刀、退刀移动。转动刀架进给手柄 12，通过丝杠螺母传动带动小刀架垂直上下移动。顺时针转动刀架进给手柄 12，小刀架向下吃刀，反之小刀架向上退回。

2. 开车练习

（1）调整滑枕移动速度。停车时，变换滑枕变速手柄 7 和 8 的位置，在得到较低的移动速度后，按下刨床起动按钮，观察滑枕低速移动的情况。按下刨床停止按钮，再次变换滑枕变速手柄 7 和 8 的位置，得到较高的移动速度，再开车，观察滑枕以较高速度移动的情况。

（2）调整行程起始位置。停车时，松开滑枕紧固手柄 3，用扳手转动调整行程起始位置的方头 1 后，再拧紧滑枕紧固手柄 3，开车观察行程起始位置的变化。顺时针转动调整行程起始位置的方头 1，滑枕起始位置向后移动，反之向前移动。

（3）调整行程长度。停车时，用扳手转动调整行程长度的方头 4，改变滑块的偏心位置，开车观察行程长度的变化。顺时针转动调整行程长度的方头 4，滑枕的行程长度变长，反之行程长度变短。

（4）调整进给量。调节棘轮罩 15 的位置，改变棘轮爪每次摆动而拨动棘轮的齿数，从而改变进给量。每次拨动棘轮的齿数愈少，进给量愈小，反之则进给量愈大。

5.5.2　平面刨削加工技能训练

在 50 mm×70 mm×105 mm 的 HT200 坯料上完成如图 5-19 所示工件的平面刨削技能训练。

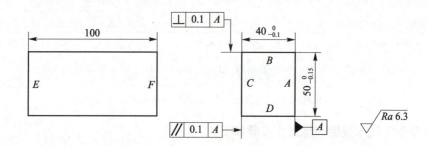

图 5-19　平面刨削技能训练

技能训练操作步骤如下。

（1）安装刨刀。将刨刀正确安装在刨床刀架上。

（2）装夹工件。工件装夹在平口钳上，并按划线找正方法找正。

（3）刨削六个平面。按图纸要求完成六个平面的刨削加工。

① 以 D 面为定位基准，刨削 A 面至尺寸 41.5 mm。

② 以 A 面为定位基准，刨削 D 面至尺寸 51.5 mm。

③ 以 A 面为定位基准，刨削 D 面至尺寸 $50_{-0.15}^{0}$ mm，保证 D 面与 A 面的垂直度要求。

④ 以 A 面为定位基准，刨削 C 面至尺寸 $40_{-0.1}^{0}$ mm，保证 C 面与 A 面的平行度要求。

⑤ 将固定钳口调整至与刀具行程方向相垂直，刨削端面 E 面至尺寸 102 mm。

⑥ 将固定钳口调整至与刀具行程方向相垂直,刨削端面 F 面至尺寸 100 mm。

5.5.3 刨床日常维护及安全注意事项

① 开动刨床前应用棉布清洁床身、滑枕、横梁的导轨面及刀架滑板的导轨面,横梁内的进给丝杠等部位,然后用油壶注油润滑。

② 刨床各转动部位的油孔、油杯每班应按要求加油。

③ 每天工作结束后应关闭机床电气系统和切断电源,所有操作手柄和控制旋钮都扳到空挡位置,然后再做清理工作并润滑机器。

④ 工作时应穿工作服,带工作帽,头发应塞在工作帽内。

⑤ 开机前必须认真检查机床电器与转动机构是否良好、油路是否畅通,润滑油是否加足。

⑥ 工作时的操作位要正确,不得站在工作台前面,防止切屑及工件落下伤人。

⑦ 工件、刀具及夹具必须装夹牢固,刀杆及刀头尽量缩短使用,以防工件"走动",甚至滑出,使刀具损坏或折断,造成设备和人身伤害事故。

⑧ 刨床安全保护装置均应保持完好无缺,灵敏可靠,不得随意拆下。

⑨ 机床运行时,禁止装卸工件、调整刀具、测量检查工件和清除切屑;机床运行时,操作者不得离开工作岗位;观察切削情况时,头部和手在任何情况下均不能靠近刀具的行程之内,以免碰伤。

⑩ 不准用手去触摸工件表面,不得用手清除切屑,以免伤人及切屑飞入眼内,切屑要用专用工具清扫,并应在停车后进行。

⑪ 牛头刨床工作台或龙门刨床刀架作快速移动时,应将手柄取下或脱开离合器,以免手柄快速转动损坏或飞出伤人。

⑫ 装卸大型工件时,应尽量用起重设备。工件起吊后不得站在工件的下面,以免发生意外事故。工件卸下后,要将工件放在合适位置,且要放置平稳。

第 6 章 磨削加工

6.1 磨削加工概述

在磨床上用砂轮进行切削加工的过程称为磨削。磨削用的砂轮是由许多细小而且极硬的磨粒用结合剂黏结而成的,将砂轮表面放大,可以看到在砂轮表面杂乱地布满很多尖棱多角的颗粒,它们称为砂粒或磨粒,如图 6-1 所示。这些锋利的磨粒就像铣刀的刀齿一样,磨削时就是依靠它们,在砂轮的高速旋转下切入工件表面,将工件表面的金属层不断切除。所以,磨削的实质是一种多刀多刃的超高速切削过程。

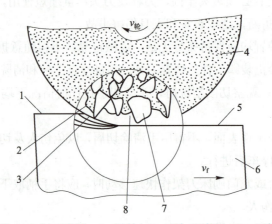

1—待加工表面;2—空隙;3—加工表面;4—砂轮;5—已加工表面;6—工件;7—砂粒;8—结合剂

图 6-1 磨削原理及砂轮的组成

在磨削过程中,由于磨削速度很高,产生大量的切削热,温度可达 1 000 ℃以上,同时,剧热的磨屑在空气中发生氧化作用会产生火花,这会影响加工表面质量。因此,为了减少摩擦和散热,降低磨削温度,应及时冲走磨屑,以保证工件表面质量。在磨削时,需使用大量冷却液。

由于砂轮的砂粒硬度极高,因此磨削不仅可以加工一般的金属材料,如碳钢、铸铁及一些有色金属,而且可以加工硬度很高的材料,如淬过火的钢件、各种切削刀具以及硬质合金等。这些材料制作的工件、刀具,用一般切削加工方法很难进行加工,有的甚至根本不能进行加工,这是磨削加工的一个特点。

由于磨削时每次磨去的金属层很薄,因此磨削只适用于精加工,工件经过磨削后加工精度可达 IT7~IT5 级,表面粗糙度 Ra 可达 0.8~0.1 μm。磨削主要用于零件的内外圆柱面、圆

第 6 章 磨削加工

锥面、平面、成形表面（螺纹、齿轮等）的精加工，常见的磨削方式如图 6-2 所示。

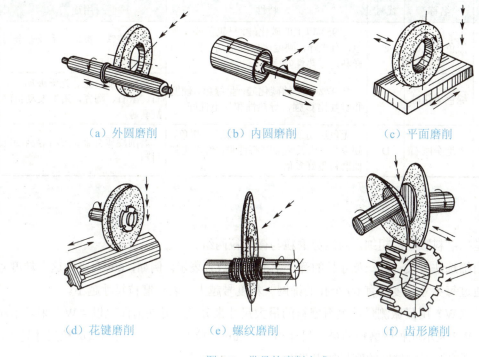

图 6-2 常见的磨削方式

6.2 砂轮

砂轮是磨削的切削工具，是由磨粒用结合剂黏结而成的多孔体。砂轮的切削性能与磨料种类、粒度大小、结合剂、砂轮硬度、砂轮组织、砂轮形状和尺寸等因素有关。

6.2.1 磨料

磨料是制作砂轮的主要原料，直接担负着磨削工作。因此，磨料应具有很高的硬度、一定的强度和韧性及良好的耐热性。常用的磨料有刚玉类、碳化硅类和高硬度磨料类。按其纯度和添加元素的不同，每一类又可分为不同的种类。常用磨料的名称、代号、主要性能和用途如表 6-1 所示。

表 6-1 常用磨料

类别	名称	代号	特性	用途
刚玉类	棕刚玉	A	含 91%~96% 氧化铝，呈棕色，硬度高，韧性好，价格便宜	磨碳钢、合金钢、可锻铸铁、硬青铜
	白刚玉	WA	含 97%~99% 氧化铝，白色，比棕刚玉硬度高，韧性低，磨削时发热少	精磨淬火钢、高碳钢、高速钢及薄壁钢件

续表 6-1

类别	名称	代号	特性	用途
碳化硅类	黑色碳化硅	C	含95%以上的碳化硅，呈黑色或深蓝色，有光泽，硬度比白刚玉高，性脆而锋利，导热性好	磨削铸铁、黄铜、铝及非金属材料
	绿色碳化硅	GC	含97%以上的碳化硅，呈绿色，硬度和脆性比C强，导热性和导电性好	磨削硬质合金、光学玻璃、宝石、玉石、陶瓷、珩磨发动机汽缸套等
金刚石类	人造金刚石	D	无色透明或淡黄色、黄绿色、黑色，硬度高，比天然金刚石性脆，价格比其他磨料贵好多倍	磨削硬质合金、宝石等高硬度材料

6.2.2 粒度

粒度是指磨料颗粒的粗细。粒度分磨粒与微磨粒两组。

磨粒用筛选法分类，以一英寸长的筛子上的孔网数来表示。例如，60#含义为这个粒度号的磨粒能通过每英寸长度内有60个孔的筛网。粒度号越大，表示磨粒尺寸越小。

微磨粒（W）用显微测量法测得磨料的最大尺寸来分类，并在前面冠以"W"来表示粒度。例如，W7表示此种微磨粒的最大尺寸为 7～5 μm。粒度号越小，表示微磨粒尺寸越小。

表 6-2 列出了不同粒度的磨料使用范围。

表 6-2 不同粒度的磨料使用范围

类别	粒度/#	颗粒尺寸/μm	适用范围	类别	粒度	颗粒尺寸/μm	适用范围
磨粒	12～36	2 000～1 600 500～400	荒磨、打毛刺	微磨粒	W40～W28	40～28 28～20	珩磨、研磨
	46～80	400～315 200～160	粗磨、半精磨、精磨		W20～W14	20～14 14～10	研磨、超精加工
	100～280	160～125 50～40	精磨、珩磨		W10～W5	10～7 5～3.5	研磨、超精加工、镜面磨削

6.2.3 结合剂

结合剂是砂轮中用以黏结磨料的物质。砂轮的强度、抗冲击性、耐热性及抗腐蚀能力等，主要取决于结合剂的性能。常用结合剂的性能及用途如表 6-3 所示。

表 6-3 常用结合剂

名称	代号	性能	用途
陶瓷结合剂	V	耐腐蚀性好,能保持正确的几何形状,气孔率大,磨削效率高,强度较大,韧性、弹性、抗震性差,不能承受侧向力	$v_{轮} < 35$ m/s,应用最广,能制作各种模具,适用于成形磨削和磨螺纹、齿轮、曲轴等
树脂结合剂	B	强度大,富有弹性,耐冲击,能够在高速下工作;耐热及耐腐蚀性能比较差,气孔率小	$v_{轮} > 50$ m/s 的高速磨削,可制成薄片砂轮磨槽,刃磨刀具前刀面,高精度磨削。湿磨时,切削液中含碱量小于 1.5%
橡胶结合剂	R	弹性更好,强度更大,气孔率小,磨粒易脱落,耐热、耐腐蚀性差,有臭味	制造磨轴承槽和无心磨砂轮、导轮、薄片砂轮、柔性抛光砂轮
金属结合剂（青铜、电镀镍）	J	韧性、成形性好,强度大,自砺性能差	制造各种金刚石磨具,使用寿命长。制造直径 1.5 mm 以上的用青铜;直径 1.5 mm 以下的用电镀镍

6.2.4 砂轮硬度

砂轮硬度是指砂轮工作表面的磨粒在外力作用下脱落的难易程度。砂轮硬度软,磨粒易脱落;砂轮硬度硬,磨粒不易脱落。砂轮硬度主要取决于结合剂的性能、数量及砂轮的制造工艺。表 6-4 列出了砂轮的硬度等级。

表 6-4 砂轮硬度等级名称及代号

硬度等级名称		代号	硬度等级名称		代号
大级名称	小级名称		大级名称	小级名称	
超软	超软 1	D	中	中 1	M
	超软 2	E		中 2	N
	超软 3	F	中硬	中硬 1	P
软	软 1	G		中硬 2	Q
	软 2	H		中硬 3	R
	软 3	J	硬	硬 1	S
中软	中软 1	K		硬 2	T
	中软 2	L	超硬	超硬	Y

磨削硬质合金,可选 $R_2 \sim R_3$ 的 TL 砂轮;磨削淬过火的碳素钢、合金钢、高速钢,可选用 $R_2 \sim ZR_1$ 砂轮;磨削未淬火钢,可用 $ZR_2 \sim Z_2$ 砂轮。精磨与成形磨需保持砂轮的形状和精度,应选用较硬的砂轮。

6.2.5 砂轮组织

砂轮组织表示磨粒、结合剂、气孔三者体积的比例关系。砂轮的组织号是以磨粒所占磨轮体积的百分数来确定，组织号越大，砂轮组织越松，磨削时不易堵塞，磨削效率高，但磨刃少，磨削后表面粗糙度较大。表6-5所示是砂轮组织的分类及用途。

表6-5 砂轮组织号及用途

类别	紧密				中等				疏松			
组织号	0	1	2	3	4	5	6	7	8	9	10	11	12
磨料占砂轮体积/%	62	60	53	56	54	52	50	43	46	44	42	40	38
用途	成形磨削及精密磨削				磨削淬火钢，刃磨刀具				磨削韧性大而硬度低的材料，大面积磨削				

6.2.6 砂轮的形状和尺寸

在生产上，为了适应工件表面形状、尺寸以及磨床种类规格的不同，砂轮可制成各种不同形状和尺寸。在可能情况下，砂轮的外径应尽量选得大一些，以提高砂轮的线速度，获得较高的生产率和较低的表面粗糙度。表6-6所示为各种常用砂轮的形状、代号和适用范围。

表6-6 常用砂轮形状、代号及适用范围

砂轮名称	代号	断面形状	适用范围
平形砂轮	1		外圆磨、内圆磨、平面磨、无芯磨、工具磨
筒形砂轮	2		端磨平面
双斜边砂轮	4		磨齿轮及螺纹
杯形砂轮	6		磨平面、内圆，刃磨刀具
碗形砂轮	11		刃磨刀具、磨导轨
蝶形一号砂轮	12a		磨铣刀、铰刀、拉刀和齿轮
薄片砂轮	41		切断及切槽

6.2.7 砂轮的标记

砂轮的标志印在砂轮的端面上，其顺序是：形状代号、尺寸、磨料、粒度号、硬度、组织号、结合剂、线速度。例如，外径300 mm、厚度50 mm、孔径75 mm、棕刚玉、粒度60#、硬度L、5号组织、陶瓷结合剂、最高工作线速度35 m/s的平形砂轮标记为：

砂轮 1-300×50×75-A60L5V-35 GB/T 2484—94。

6.2.8 砂轮的安装及平衡

由于砂轮工作时转速很高，因此安装砂轮时，必须安装正确和夹持牢固。砂轮在安装前，应通过外形观察或用木棒轻敲，检查砂轮是否有裂纹，有裂纹的禁止使用。安装时，砂轮内孔与砂轮轴配合间隙要适当，过松会使砂轮旋转时偏向一边而产生振动，过紧则磨削时受热膨胀易将砂轮胀裂，一般配合间隙为 0.1～0.8 mm。如图 6-3 所示，砂轮用法兰盘与螺母紧固，为了使法兰盘与砂轮接触面紧密贴合，在法兰盘与砂轮间垫 0.3～3 mm 厚的皮革或橡胶制垫片，紧固螺母时也不要用力过大。

砂轮在装到磨床上之前，必须经过平衡。静平衡是使砂轮各部分的重量在静止状态时互相均等，经过平衡之后的砂轮，在工作时就不会发生振动，工作平稳，磨削质量高。

平衡是在平衡架上进行的，如图 6-4 所示。砂轮装在心轴上，心轴则放在平衡架轮道的道口上。如果砂轮是不平衡的，较重的部分总是转在下面，这时可以移动法兰盘端面环槽内的平衡铁来进行平衡，然后再进行检查。这样反复进行，直至砂轮可以在道口上任意位置静止，这时砂轮各部分重量是均匀的。一般直径在 250 mm 以上的砂轮都必须经过平衡检验。

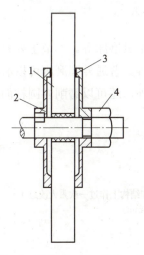

1—砂轮；2—法兰盘；3—垫片；4—螺母

图 6-3　砂轮的安装方法

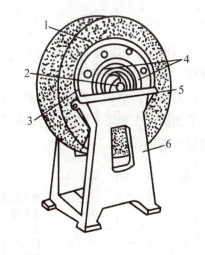

1—砂轮；2—心轴；3—砂轮套筒；4—平衡铁；
5—平衡轨道；6—平衡架

图 6-4　砂轮平衡装置

6.2.9 砂轮的修整

砂轮工作一段时间后，磨粒逐渐变钝，砂轮表面空隙被堵塞，使磨削质量和生产率都降低，这时就须修整砂轮。修整砂轮通常采用金刚石刀，如图 6-5 所示。修整时，金刚石刀与水平面倾斜 5°～15°，刀尖低于砂轮中心 1～2 mm，以减小振动。

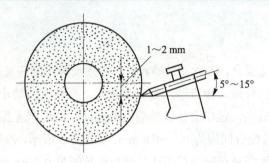

图 6-5 金刚石刀修整砂轮

修整时要充分冷却或不用冷却，不可在点滴冷却下修整，以防金刚石刀因忽冷忽热而碎裂。修整时横向进给量为 0.01～0.02 mm，纵向进给速度与加工表面粗糙度有关。进给量越小，砂轮表面修出的微刃等高性越好，磨出的工件表面粗糙度越小。

6.3 磨床及磨削加工方法

6.3.1 磨床类型与型号

磨床有外圆磨床、内圆磨床、平面磨床、无心磨床、工具磨床等。本节主要介绍外圆磨床和平面磨床。外圆磨床有普通外圆磨床及万能外圆磨床等。普通外圆磨床可以磨削圆柱面及外圆锥面；万能外圆磨床除可实现普通外圆磨床的功能外，还可以磨削内圆柱面、内圆锥面及端面。平面磨床主要用于磨削工件上的平面。

磨床的型号示例如下：

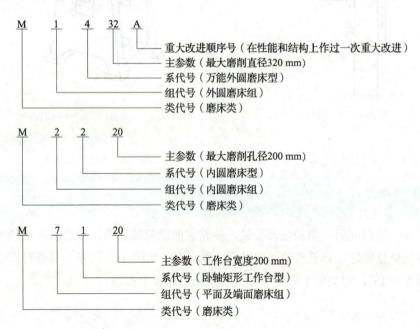

6.3.2 外圆磨床及磨削加工方法

1. 外圆磨床

外圆磨床是使用最广泛的,能加工各种圆柱形和圆锥形外表面及轴肩端面的磨床。万能外圆磨床还带有内圆磨削附件,可磨削内孔和锥度较大的内、外锥面。不过外圆磨床的自动化程度较低,只适用于中小批单件生产和修配工作。外圆磨床中最常用的是万能外圆磨床,其结构形式如图 6-6 所示。

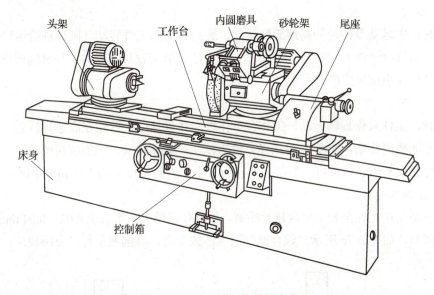

图 6-6 M1432 型万能外圆磨床

(1) 砂轮架

砂轮架用来安装磨外圆砂轮的主轴,实现主运动。砂轮架通过转盘安装在横向导轨上,可带动砂轮完成横向进给运动。砂轮架可在水平面内转动使主轴偏转一定角度(最大调整角度为±45°)。

(2) 头架

头架和尾座用来装夹或支承工件。头架位于主轴前端,可以装顶尖,也可以装三爪卡盘。头架有专门的传动机构,可使工件实现圆周进给运动。头架主轴可在水平面内偏转一定角度(最大调整角度为 90°)。

(3) 工作台

工作台由上、下两层构成。上工作台用来固定头架与尾座,并可通过调整装置相对于下工作台水平偏转。下工作台由液压传动系统驱动,带动工件实现纵向进给运动。

(4) 内圆磨具

内圆磨具用来安装磨内圆的砂轮,并实现高速旋转(转速在 10 000 r/min 以上)。内圆磨具只有在磨内圆表面时才转到工作位置。

(5) 床身

床身主要用来支承和连接其他部件，顶部纵向和横向导轨分别用来支承和引导工作台和砂轮架。床身内装有液压传动装置和操纵机构等。

2. 磨削加工方法

(1) 外圆磨削方法

外圆磨削方法主要有纵磨法、横磨法、综合磨削法、深磨法等。

1) 纵磨法

磨削时，主运动是砂轮的高速旋转运动，进给运动有工件转动（圆周进给运动）和工作台移动（纵向进给运动），如图 6-7a 所示。此方法可磨削较长的表面，且磨削质量较高，适用于精磨及单件小批量生产。

2) 横磨法

磨削时，工件只作旋转运动，工作台不作纵向往复移动，砂轮在高速旋转的同时，还需作连续缓慢地横向移动，如图 6-7b 所示。此方法生产效率很高，但磨削精度较低，适用于磨削表面精度要求不高、刚性好、磨削表面较短（小于砂轮宽度）的工件和成形磨削。

3) 综合磨削法

此方法是先在工件全长上分段进行横磨，并留有直径上精磨余量 0.02～0.04 mm，然后再用纵磨法精磨，如图 6-7c 所示。综合磨削法生产效率高，磨削质量好，应用较广。

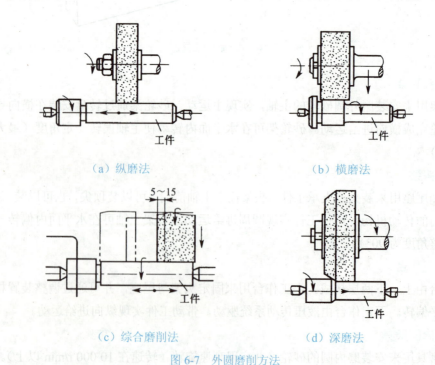

图 6-7 外圆磨削方法

4）深磨法

这是一种在一次纵向进给中磨去全部余量（>0.02～0.3 mm）的高效率磨削方法，如图 6-7d 所示。磨削时，工件随工作台作连续缓慢地纵向进给，砂轮架一次切入后磨削过程中不作横向进给。

（2）内圆磨削方法

内圆磨削就是用直径较小的砂轮磨削内孔表面，包括圆柱孔、圆锥孔、成形内孔、盲孔等。内圆磨削时砂轮必须深入工件内孔，砂轮直径必须小于工件孔径，砂轮必须用相对应的接长杆与主轴连接。因此，内圆磨削具有以下特点：

① 砂轮的转速很高（10 000 r/min 以上），但仍然常常达不到所需的磨削速度；
② 砂轮与工件的接触面积较大，发热量集中，但冷却散热条件却很差；
③ 砂轮及其接长杆与主轴的运转平稳性要求很高，但其刚性往往较差。
④ 砂轮直径小，磨耗大，需要经常修整、更换，增加了辅助时间；
⑤ 砂轮系统刚性差，横向进给量小，增加了磨削次数。

因此，内圆磨削的精度较低（IT8～IT6），表面粗糙度较大（Ra 1.6～0.4 μm），生产率低。内圆磨削常用方法主要有纵磨法和横磨法。

1）纵磨法

这种磨削方法与外圆磨削的纵磨法相同。用纵磨法时应注意以下几点：

① 磨削过程中要充分冷却。
② 磨不通孔时，要经常清除孔中的磨屑，防止磨屑在孔中积聚。
③ 磨台阶孔时，为了保证台阶孔的同轴度，要求工件在装夹中，将几个孔全部磨好，并要细心调整挡块位置，防止砂轮撞击到孔的内端面。内端面与孔有垂直度要求时，可选用杯形砂轮，其直径不宜过大，以保证砂轮在工件内端面单方向接触，否则将影响内端面的平面度。
④ 砂轮退出内孔表面时，先要将砂轮从横向退出，然后再在纵向方向退出，以免工件表面产生螺旋痕迹。

2）横磨法

这种磨削方法与外圆横磨法相同，适用于磨削内孔长度较短的工件，生产效率较高。采用横磨法磨削时，接长轴的刚性要好；砂轮在连续进给中容易堵塞、磨钝，应及时修整砂轮。精磨时应采用较低的切入速度。

3. 万能外圆磨床的典型工艺方法

万能外圆磨床的典型工艺方法如图 6-8 所示。

（1）纵磨外圆柱面

砂轮架、头架、工作台均处于基准位置。工件用死顶尖支承，并由拨盘通过拨杆传动旋转，头架主轴不转动。工作台的纵向往复移动由液压传动系统传动，行程可通过工作台前侧的控制挡块调整。砂轮架的横向间歇进给一般为手动。横向进给手轮有两种刻度值，粗磨时选 0.01 mm/格，精磨时选 0.002 5 mm/格。

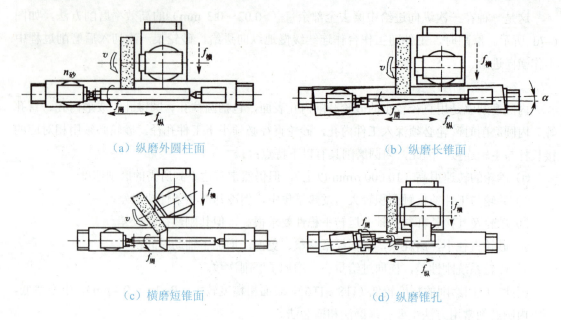

(a) 纵磨外圆柱面　　　　　　　　(b) 纵磨长锥面

(c) 横磨短锥面　　　　　　　　　(d) 纵磨锥孔

图 6-8　万能外圆磨床的典型工艺方法

（2）纵磨长锥面

工件装夹和工作运动与纵磨外圆柱面时完全相同。但上工作台必须相对下工作台偏转二分之一工件锥角，磨削前应进行精确调整。

（3）横磨短锥面

根据工件结构特点可采用两顶尖支承或用卡盘装夹。磨削前应调整砂轮架使其在水平面内偏转二分之一工件锥角。磨削时工作运动同前述"横磨法"磨外圆。

（4）纵磨锥孔

工件用卡盘装夹。磨削前应调整头架使其在水平面内偏转二分之一工件锥角，并将内圆磨具转到与工件轴线平行位置。内圆磨具的砂轮必须小于工件内孔直径，并选用与工件孔结构相适应的接杆连接。进给运动及其调整与纵磨外圆柱面相同。

6.3.3　平面磨床及磨削加工方法

1. 平面磨床

平面磨床上，工件一般是夹紧在工作台上，或靠电磁吸力固定在电磁工作台上，然后用砂轮的周边或端面磨削工件平面。如图 6-9 所示为 M7120 型卧轴矩台式平面磨床，是平面磨床中应用最广泛的类型。磨头 9 不仅能实现砂轮的旋转运动，还能由液压传动机构实现轴向进给。工作台 3 上的电磁吸盘用来固定工件或平口钳等夹具。床身 1 内的液压传动装置可驱动工作台 3 实现工件的纵向往复进给运动。砂轮的径向进给（或调整）由操作手轮 2 实现。

工作台的纵向位置，可通过手轮 10 调整。行程开关 4 用来调整工作台的往复行程。

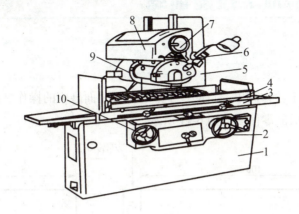

1—床身；2，7，10—手轮；3—工作台；4—行程开关；
5—立柱；6—砂轮修整器；8—砂轮架；9—磨头

图 6-9　M7120 型卧轴矩台式平面磨床

2. 平面磨削加工方法

平面磨削主要有两种方法，用砂轮周边磨削或用砂轮端面磨削，如图 6-10 所示。用砂轮周边磨削时，由于砂轮与工件表面为线接触，砂轮与工件都有良好的散热条件，磨削表面质量容易保证，但生产效率较低。用砂轮端面磨削时，砂轮与工件之间为面接触，因为有较多的磨粒同时参加磨削，因此，生产效率较高，但因散热条件差，容易出现磨削缺陷，表面质量不易保证。

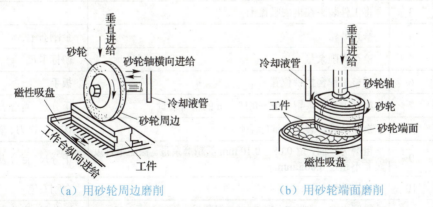

（a）用砂轮周边磨削　　　　（b）用砂轮端面磨削

图 6-10　平面磨削方法

6.4 磨削加工技能训练

6.4.1 平面垫板磨削技能训练

平面垫板的加工较为简单，目的在于熟练掌握平面磨床的操作、砂轮的修整、工件的测量与检验。平面垫板的零件图如图 6-11 所示。

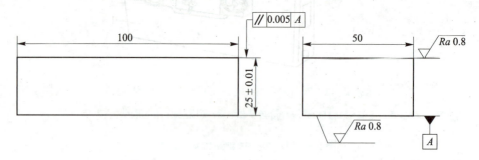

图 6-11 平面垫板

平面垫板磨削加工工艺如表 6-7 所示。

表 6-7 平面垫板磨削加工工艺

步骤	序号	工序内容及要求	主要工艺装备
工艺准备	1	阅读图样，检查机床；准备工具、夹具、量具等	
	2	擦清电磁吸盘台面，清除工件表面毛刺、氧化皮等	抹布、锉刀、油石
	3	将工件装夹在电磁吸盘上	
	4	修整砂轮	金刚石笔
	5	检查磨削余量	游标卡尺
	6	调整工作台挡铁位置	扳手
磨削加工	7	粗磨上表面，留 0.08～0.10 mm 的精磨余量	千分尺、百分表（含表座）
	8	换面装夹，装夹前清除毛刺	抹布、锉刀、油石
	9	粗磨另一面，留 0.08～0.10 mm 的精磨余量。保证平行度误差不超过 0.005 mm	千分尺、百分表（含表座）
	10	精修砂轮	金刚石笔
	11	精磨平面，满足 $Ra \leqslant 0.8$ μm；保证另一面 0.08～0.10 mm 的精磨余量	千分尺、百分表（含表座）表面粗糙度比较样块
	12	换面装夹，装夹前清除毛刺	抹布、锉刀、油石
	13	精磨另一面，厚度尺寸 25±0.01 mm。满足 $Ra \leqslant 0.8$ μm，平行度误差不超过 0.005 mm	千分尺、百分表（含表座）表面粗糙度比较样块
检验	14	检验几何精度和表面粗糙度	千分尺、百分表（含表座）表面粗糙度比较样块

6.4.2 平衡轴磨削技能训练

平衡轴用于砂轮的静平衡,其精度很高,必须经过磨削才能达到要求。平衡轴的零件图如图 6-12 所示,其加工工艺如表 6-8 所示。

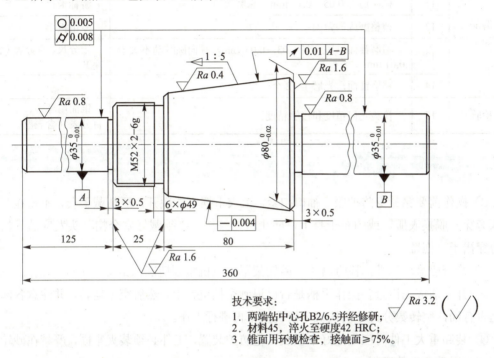

技术要求:
1. 两端钻中心孔B2/6.3并经修研;
2. 材料45,淬火至硬度42 HRC;
3. 锥面用环规检查,接触面≥75%。

图 6-12 平衡轴

表 6-8 平衡轴加工工艺

步骤	序号	工序内容及要求	主要工艺装备
工艺准备	1	阅读图样,检查磨削余量;调整机床;准备工具、夹具、量具和有棱角的金刚石笔等	
	2	清理并研磨两端中心孔,使其达到精度和接触面要求	M1432、油石钉尖
	3	擦净中心孔,加注润滑油;将工件支承在前、后顶尖之间,调整尾座顶紧力	活络扳手、油壶
	4	检测径向圆跳动,应不大于 0.15~0.20 mm	百分表(含表座)
	5	修整砂轮,端面内凹,保证左缘尖锐	金刚石笔
磨削加工	6	粗磨左轴颈,留余量 0.03~0.05 mm,保证圆度不大于 0.005 mm,圆柱度不大于 0.008 mm	千分尺、百分表(含表座)
	7	粗磨右轴颈,留余量 0.03~0.05 mm,保证圆度不大于 0.005 mm,圆柱度不大于 0.008 mm	千分尺、百分表(含表座)
	8	精磨左轴颈至 $\phi 35_{-0.01}^{0}$,光磨 1~2 个行程	千分尺
	9	横向退刀 0.05~0.15 mm,靠磨端面	游标卡尺

续表 6-8

步骤	序号	工序内容及要求	主要工艺装备
磨削加工	10	精磨右轴颈至 $\phi 35_{-0.01}^{0}$，光磨 1~2 个行程	千分尺
	11	横向退刀 0.05~0.15 mm，靠磨端面	游标卡尺
	12	调整磨床砂轮架	专用扳手
	13	粗磨锥面，留余量 0.03~0.05 mm，径向圆跳动不大于 0.01 mm	千分尺、百分表（含表座）
	14	精磨锥面，光磨 1~2 个行程	
检验	15	检验几何精度和接触精度	锥面用环规、千分尺、百分表（含表座）

6.4.3　磨床日常维护及安全注意事项

① 操作前要穿紧身防护服，袖口扣紧，上衣下摆不能敞开，严禁戴手套，不得在开动的机床旁穿、脱换衣服，或围布于身上，防止机器绞伤。必须戴好安全帽，头发应放入帽内，不得穿裙子、拖鞋。

② 检查磁盘可靠性，检查磨头、砂轮架罩、电机紧固情况；给导轨上油。

③ 开车前应先检查各操作手柄是否已退到空挡位置上，然后空车运转，并注意各润滑部位是否有油，空转数分钟，确认机床情况正常再进行工作。

④ 装卸重大工件时应先垫好木板及其他防护装置，工件必须装夹牢固，严禁在砂轮的正面和侧面用手拿工件磨削。

⑤ 开车后应站在砂轮侧面，砂轮和工件应平稳地接触，使磨削量逐渐加大，不准骤然加大进给量。细长工件应用中心架，防止工件弯曲伤人。停车时，应先退回砂轮后，方可停车。

⑥ 调换砂轮时，必须认真检查，砂轮规格应符合要求无裂纹，响声清脆，并经过静平衡试验，新砂轮安装时一般应经过二次平衡，以防产生震动。安装后应先空转 3~5 分钟，确认正常后，方可使用。

⑦ 磨平面时，应检查磁盘吸力是否正常，工件要吸牢，接触面较小的工件，前后要放挡块、挡板，按工件磨削长度调整好限位挡铁。

⑧ 加工表面有花键、键槽或偏心的工件时，不能自动进给，不能吃刀过猛，走刀应缓慢，卡箍要牢。使用顶尖时，中心孔和顶尖应清理干净，并加上合适的润滑油。

⑨ 开动液压传动时，进给量必须恰当，防止砂轮和工件相撞，并要调整好换向挡块。

⑩ 砂轮不准磨削铜、锡、铅等软质工件。

⑪ 修整砂轮时，砂轮修整器的金刚石必须尖锐，其尖点高度应与砂轮中心线的水平面一致，禁止用磨钝的金刚石修整砂轮，修整时，必须用冷却液。

⑫ 工作完毕停车时，应先关闭冷却液，让砂轮运转 2~3 min，进行脱水，方可停车。然后做好保养工作，刷清铁屑灰尘，润滑加油，切断电源。

第 7 章　插削、拉削

7.1　插床简介

插床实质上就是把刨床头朝下，转动 90°，变成滑枕上下运动，即立式刨床。它是用来加工各种孔和槽的机床。

插床的结构及原理与牛头刨床基本相似。插削加工的主运动改为滑枕带动刀具沿垂直方向做的直线往复运动，向下为工作行程，向上为空行程。如图 7-1 所示为插床。滑枕可沿位于床身后方立柱上的导轨做垂直移动。工件安装在圆工作台上，圆工作台可以按加工要求做圆周进给运动，并可进行圆周分度。纵滑板和横滑板分别做纵向、横向进给。所有进给工作都是在滑枕向上退回、下一个工作行程开始之前进行的。滑枕还可以在垂直平面内相对立柱倾转 0°～8°，以便加工斜槽和斜面。

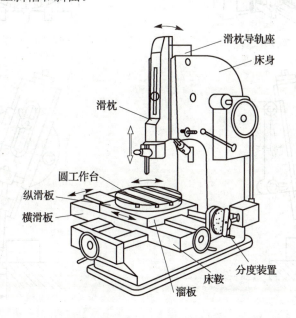

图 7-1　插床

插床的生产效率很低，主要用于加工一些单个的、或批量很少的生产任务。

7.1.1　插刀

插刀是插削加工必不可少的专用刀具。上一节已经介绍了刨床，而插削加工与刨削加工基本相同，刨刀是在水平面做前后运动，如果把刨刀转 90°，做上下垂直加工，则此刨刀就

211

变成插刀了。当然在其他方面，如刀杆等，都要做一些改变。为了避免插刀的刀杆与工件相撞，插刀的切削部分应高于刀杆。

7.1.2 插削加工

　　插削一般用于内表面如方孔、长方形孔、各种多边形孔及孔内键槽的加工，如图7-2a，b所示。由于插床工作台有圆周进给及分度机构，所以有些难以在刨床或其他机床上加工的工件，如较大的内外齿轮、具有外特殊形状表面的零件等，也可以在插床上加工。

　　插床上常用的装夹工具有三爪自定心卡盘、四爪单动卡盘和插床分度盘等。

　　与刨削相比，插削是自上而下进行的。插刀由工件上端切入。在加工内表面时、观察、测量都比较方便。由于插床的滑枕可以在纵垂直面内倾斜（参见图7-2c），刀架可以在横垂直面内倾斜（参见图7-2d），所以能加工不同方向的斜面。这也是插削的优越之处。但因插刀受内表面尺寸制约，刚性较差，所以其效率较低。

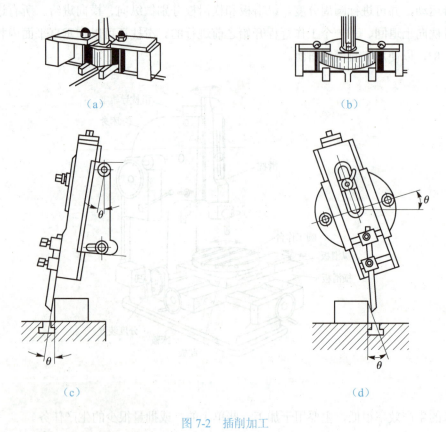

图7-2　插削加工

7.2 拉削加工

7.2.1 拉床简介

拉床是指用拉刀进行加工的机床,用拉刀进行加工工件的方法称为拉削。如图 7-3 所示为卧式拉床。拉床的运动比较简单,只有主运动而没有进给运动,进给量是由拉刀的齿升量来实现的,被加工表面在一次拉削中成形。拉床的主运动通常采用液压驱动,以保证切削运动平稳。

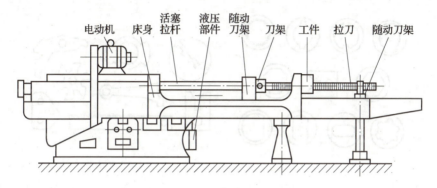

图 7-3 卧式拉床

7.2.2 拉刀

如图 7-4 所示为拉刀示意图。拉刀的切削部分由一系列的刀齿组成,这些齿按照一定的齿升量排列着。如图 7-5 所示,拉刀从工件每拉过一个刀齿,就切下一层金属,当全部刀齿通过工件后,工件的加工也就完成。可见,拉削加工的特点是粗、精加工一次完成,生产效率高。

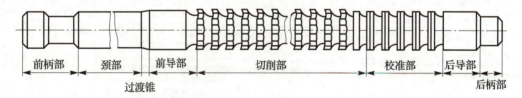

图 7-4 圆孔拉刀

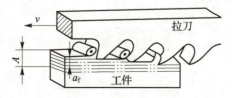

图 7-5 拉刀刀齿的工作过程

由于拉床采用液压传动，拉刀具有良好的修光、铰削功能，拉削速度低，切削平稳，所以可获得较高的加工质量。拉刀的加工尺寸公差等级一般为 IT9～1T7，表面粗糙度 Ra 为 1.6～0.8 μm。在拉床上可以加工各种孔、平面、半圆弧向以及很多不规则表面。拉削加工的孔必须是预先加工过的（钻、镗等）底孔，以便拉刀穿过。拉削孔的长度一般不超过孔径的 3 倍。

7.2.3 拉床加工的图例

在拉床上可以加工的各种形状的孔和表面如图 7-6 所示。

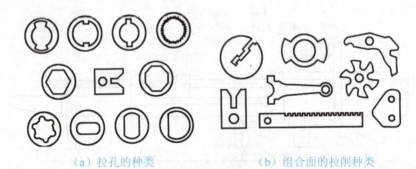

（a）拉孔的种类　　　　　　　（b）组合面的拉削种类

图 7-6　所拉削工件的表面形状

特别注意：一把拉刀只能作一种形状的加工，而且拉刀的价格特别贵，所以虽然拉削的效率高，但成本也高。

第 8 章 焊接

焊接是指通过适当的物理化学过程如加热、加压等，使两个分离的物体产生原子（分子）间的结合力而连接的方法，是金属技工的一种重要工艺。焊接广泛应用于机械制造、造船业、石油化工、汽车制造业、桥梁、锅炉、航空航天、原子能、电子电力、建筑等领域。焊接工艺所连接的材料包括钢、铸铁、铝、镁、钛、铜等金属及其合金，在机械制造工业中占有重要地位。

焊接的基本方法分为三大类，即熔焊、压焊和钎焊，具体可分为二十多种，如图 8-1 所示。

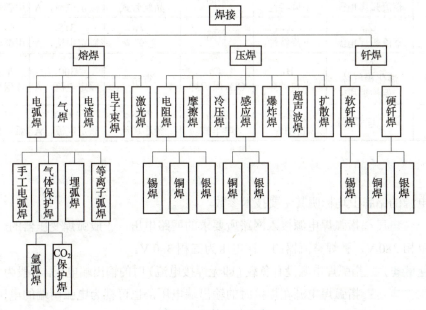

图 8-1 焊接方法分类

8.1 常见弧焊机的结构及使用方法

手弧焊机是供给焊接电弧燃烧的电源。根据电源结构原理不同，手弧焊机可分为交流弧焊电源、直流弧焊电源和逆变式弧焊电源三大类。根据电流性质不同，手弧焊机可分为交流电源和直流电源。本节主要介绍交流弧焊机和直流弧焊机。

8.1.1 焊机型号及主要技术指标

1. 电焊机型号

我国电焊机型号由 7 个字位编制而成,其中不用字位可省略,表 8-1 为电焊机型号示例。

表 8-1 电焊机型号示例

电焊机型号	第一字位及大类名称	第二字位及大类名称	第三字位及大类名称	第四字位及大类名称	第五字位及大类名称	电焊机类型
BX1-300	B, 交流弧焊电源	X, 下降特性	省略	1, 动铁心式	300, 额定电流,A	焊条电弧焊用弧焊变压器
ZX5-400	Z, 整流弧焊电源	X, 下降特性	省略	5, 晶闸管式	400, 额定电流,A	焊条电弧焊用弧焊整流器
ZX7-315	Z, 整流弧焊电源	X, 下降特性	省略	7, 逆变式	315, 额定电流,A	焊条电弧焊用弧焊整流器
NBC-300	N, 熔化极气体保护焊机	B, 半自动焊	C, CO_2 保护焊	省略	300, 额定电流,A	半自动 CO_2 气体保护焊机
MZ-1000	M,埋弧焊机	Z, 自动焊	省略, 焊车式	省略 变速送丝	1 000, 额定电流,A	自动交流埋弧焊机

2. 弧焊电源的主要技术指标

弧焊电源的铭牌上均标明其主要技术参数。

- 一次电压:指弧焊电源接入网路所要求的网路电压,一般弧焊变压器的一次电压为单相 380 V,弧焊整流器的一次电压为三相 380 V。
- 空载电压:指弧焊电源没有负载(即无焊接电流)时的输出端电压,一般为 50~80 V。
- 工作电压:指弧焊电源在焊接时的输出端电压,也可视为电弧两端的电压(即电弧电压),一般为 20~40 V。
- 电流调节范围:指弧焊电源在正常工作时可提供的焊接电流范围,一般为几十到几百安。
- 负载持续率:指在规定的工作周期中(焊条电弧焊规定为 5 min),弧焊电源平均有负载时间所占的百分数。
- 额定焊接电流:指弧焊电源在额定负载持续率时许用的焊接电流。

8.1.2 交流弧焊机

交流弧焊机是一种电弧焊专用的降压变压器,亦称为弧焊变压器。弧焊机的输出电压随输出电流的变化而变化。空载时弧焊机的输出电压为 60~80 V,既能满足顺利引弧的需要,对操作者也较安全。引弧时，焊条与焊件接触形成瞬时短路，弧焊机的输出电压会自动降低至趋近于零，使短路电流不致过大而烧毁电路或焊机。起弧后，弧焊机的输出电压会自动维持在电弧正常燃烧所需的范围内（20～30 V）。弧焊机能供给焊接时所需的电流，一般为几十安至几百安，并可根据焊件的厚度和焊条直径的大小调节所需电流值。

电流调节一般分为两级，一级是粗调，常用改变输出线头的接法实现电流的大范围调节；另一级是细调，通过摇动调节手柄改变焊机内可动铁心或可动线圈的位置实现焊接电流的小范围调节。常用的交流手弧焊机有 BX1-300 和 BX3-300 两种。BX3-300 型交流手弧焊机的外形如图 8-2 所示。

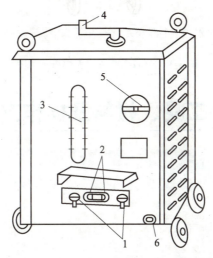

1—输出电极；2—线圈抽头；3—电流指示表；4—调节手柄；5—转换开关；6—接地螺钉

图 8-2　BX3-300 交流手弧焊机示意图

交流弧焊机具有结构简单、工作噪声小、价格较低、使用安全可靠、维修方便等优点，但在电弧稳定性方面存在一些不足之处，而且对某些种类的焊条不能应用，应用范围受到一定的限制。

8.1.3　直流弧焊机

直流弧焊机的结构相当于在交流弧焊机上加上整流器，从而将交流电变为直流电，故又称为弧焊整流器。常用的 ZXG-300 型直流弧焊机的外形如图 8-3 所示。

与交流弧焊机比较，直流弧焊机的电弧稳定性好，因此，直流弧焊机的应用日益增多，已成为我国手弧焊机的发展方向。

直流弧焊机的输出端有正、负极之分，焊接时电弧两端的极性不变。因此，直流弧焊机的输出端有两种不同的接线方法：① 正接，即焊件接弧焊机的正极，焊条接其负极；② 反接，即焊件接弧焊机的负极，焊条接其正极。正接用于较厚或高熔点金属的焊接，反接用于较薄或低熔点金属的焊接。

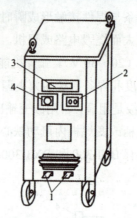

1—输出电极；2—电源开关；3—电流指示表；4—电流调节钮

图 8-3　ZXG-300 直流弧焊机示意图

8.2　手弧焊的工具、材料及操作方法

8.2.1　手弧焊工具及材料

1. 手弧焊工具

（1）焊钳

焊钳是加持焊条并传导电流以进行焊接的工具，它既能控制焊条的夹持角度，又可把焊接电流传输给焊条，主要有 300 A 和 500 A 两种规格。

（2）面罩

面罩是防止焊接时的飞溅、弧光及其他辐射对焊工面部和颈部损伤的一种遮盖工具，有手持式和头盔式两种，头盔式多用于双手作业的场合，如图 8-4 所示。

（3）焊条保温筒

焊条保温筒是焊接时不可缺少的工具，如图 8-5 所示，焊接锅炉压力容器时尤为重要。焊条从烘烤箱取出后，为防止受潮，应储存在保温筒内，在焊接时随取随用。

（4）焊缝检验尺

焊缝检验尺是一种精密量规，用来测量焊件、焊缝的坡口角度、装配间隙、错边及焊缝的余高、宽度和角焊缝焊脚等。焊缝检验尺外形及测量示意图如图 8-6 所示。

（5）常用的手工工具

常用的手工工具主要有清渣用的敲渣锤、錾子、钢丝刷、手锤、钢丝钳、夹持钳等，以及用于修整焊件接头和坡口钝边用的锉刀，如图 8-7 所示。

第 8 章 焊接

(a) 手持式　　(b) 头盔式

图 8-4

图 8-5

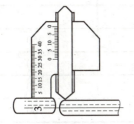　　

(a) 测量错边　　(b) 测量焊缝宽度　　(c) 测量角焊缝厚度

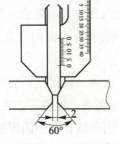　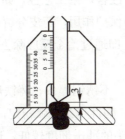　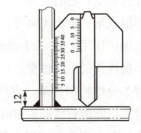

(d) 测量双 Y 形坡口角度　　(e) 测量焊缝余高　　(f) 测量角焊缝焊脚

图 8-6　焊缝检验尺外形及测量示意图

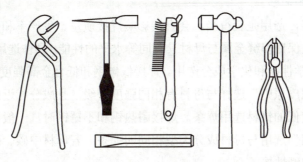

图 8-7　常用的手工工具

219

2. 手弧焊材料

(1) 焊条的组成和分类

电弧焊所用的焊接材料是焊条，焊条主要由焊芯和药皮两部分组成。

焊芯在焊接时有两个方面的作用：① 作为电极，传导电流，产生电弧；② 熔化后作为填充金属与母材一起组成焊缝金属。我国生产的焊条基本上用含碳、硫、磷较低的专用钢丝（如 H08A）焊芯制成。焊条规格用焊芯直径表示，焊条长度根据焊条种类和规格，有多种尺寸，如表 8-2 所示。

表 8-2 焊条规格

焊条直径 d/mm	焊条长度 L/mm		
2.0	250	300	
2.5	250	300	
3.2	350	400	450
4.0	350	400	450
5.0	400	450	700
6.0	400	450	700

药皮是压涂在焊芯表面上的涂料层，又称涂料，由多种矿石粉、铁合金粉和黏结剂等按一定比例组成。它的主要作用是：① 改善焊条工艺性，如易于引弧、保持电弧稳定燃烧、有利于焊缝成形、防止飞溅等；② 机械保护作用，药皮分解产生大量气体并形成熔渣，对熔化金属起保护作用；③ 冶金处理作用，即通过冶金反应除去有害杂质并补充有益的合金元素，改善焊接接头的组织性能。

焊条分结构钢焊条、耐热钢焊条、不锈钢焊条、铸铁焊条等十大类。根据其药皮组成不同，焊条又分为酸性焊条和碱性焊条。酸性焊条电弧稳定，焊缝成型美观，焊接工艺性能好，可用交流和直流电源施焊，但焊接接头的冲击韧度较低，适用于普钢和低合金钢的焊接；碱性焊条多为低氢型焊条，所得接头的冲击韧度高，力学性能好，但电弧稳定性比酸性焊条差，要采用直流电源施焊，反极性接法，多用于重要的结构钢、合金钢的焊接。

(2) 焊条的选用原则

焊条的种类很多，选用是否得当，会直接影响焊接质量、生产率和生产成本。生产中选用焊条的基本原则是保证焊缝金属与母材具有同等水平的性能。具体选用时应遵循以下原则。

① 据母材的力学性能和化学成分选用。焊接低碳钢和低合金高强度钢时，一般根据母材的抗拉强度按"等强度原则"选择与母材有相同强度等级，且成分相近的焊条；异种钢焊接时，应按其中强度较低的钢材选用焊条。焊接耐热钢和不锈钢时，一般根据母材的化学成分类型按"等成分原则"选用与母材成分类型相同的焊条。若母材中碳、硫、磷含量较高，则应选用抗裂性能好的碱性焊条。

② 据焊件的工作条件与结构特点选用。例如，对于承受交变载荷、冲击载荷的焊接结构，或者形状复杂、厚度大、刚性大的焊件，应选用碱性焊条。

8.2.2　手弧焊的操作方法

1. 引弧方法

焊接电弧的建立称为引弧。常用的引弧方法有划擦法和直击法。

划擦法是在焊机电源开启后，将焊条末端对准焊缝，并保持两者的距离在 15 mm 以内，依靠手腕的转动，使焊条在零件表面轻划一下，并立即提起 2～4 mm，电弧引燃，然后开始正常焊接。

直击法是在焊机开启后，先将焊条末端对准焊缝，然后稍点一下手腕，使焊条轻轻撞击零件，随即提起 2～4 mm，引燃电弧进行焊接。

2. 运条方法

焊条电弧焊是依靠手工操作焊条运动实现焊接的，此种操作也称为运条。运条包括控制焊条角度、焊条送进、焊条摆动和焊条前移，如图 8-8 所示。

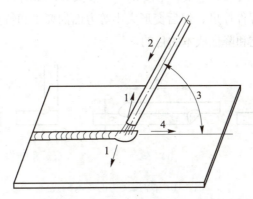

1—横向摆动；2—送进；3—焊条与零件夹角为 70°～80°；4—焊条前移

图 8-8　焊条运动和角度控制

常见的焊条运条方法如图 8-9 所示。直线形运条方法适用于板厚 3～5 mm 的不开坡口的对接平焊；锯齿形运条方法多用于厚板的焊接；月牙形运条方法对熔池加热时间长，容易使熔池中的气体和熔渣浮出，有力提高焊缝质量；斜三角形运条方法能够借助焊条的摇动来控制熔化金属，促使焊缝成形良好，适用于 T 形接头的平焊和仰焊以及开有坡口的横焊；正三角形运条方法可一次焊出较厚的焊缝断面，不易夹渣，适用于开坡口的对接接头和 T 字接头的立焊；圆圈形运条方法适合于焊接较厚零件的焊缝。

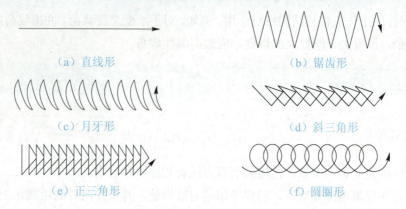

图 8-9 常见焊条运条方法

8.3 焊接工艺

8.3.1 焊接接头的形式

焊接接头是指用焊接的方法连接的接头,它由焊缝、熔合区、热影响区及其邻近的母材组成。焊接接头的形式有对接、搭接、角接和 T 形接头等,如图 8-10 所示。焊接接头应根据结构形式、强度要求、焊件厚度、焊后变形大小等方面的要求和特点,合理地加以选择,以达到保证质量、简化工艺和降低成本的目的。

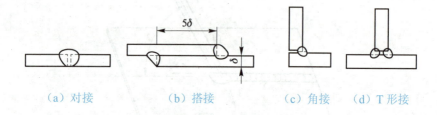

图 8-10 焊接接头的基本形式

8.3.2 坡口

焊接薄件时,在接头处只要留有一定的间隙,采用单面焊或双面焊可以保证焊透。焊接厚件时,为保证焊透,则需焊前把焊件待焊部位加工成所需要的几何形状,称为坡口。坡口形式有 I 形坡口、V 形坡口、U 形坡口、X 形坡口、Y 形坡口、K 形坡口等多种。

常见焊条电弧焊接头的坡口形式和尺寸如图 8-11 所示。对于焊件厚度小于 6 mm 的焊缝,可以不开坡口或开 I 形坡口;中厚板和大厚度板对接焊,必须开坡口。V 形坡口容易加工,但焊后易发生变形;X 形坡口可以避免 V 形坡口的一些缺点,同时可以减少焊接填充材料;U 形及双 U 形坡口的焊缝填充金属量少,焊后变形也小,但坡口加工困难,一般用于重要结构件。

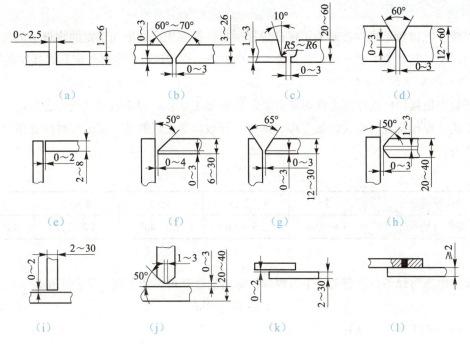

(a)(b)(c)(d) 对接接头；(e)(f)(g)(h) 角接接头；(i)(j) T 形接头；(k)(l) 搭接接头
(a) I 形破口；(b) V 形破口；(c) U 形破口；(d) X 形破口；(g) Y 形破口；(h) K 形破口

图 8-11　常见焊接接头形式及破口形式

8.3.3　焊接位置

熔焊时，焊缝所处的空间位置称为焊接位置。焊接位置有平焊、立焊、横焊和仰焊 4 种，如图 8-12 所示。平焊时融化金属不易外流，操作方便、生产率高、劳动条件好、焊接质量容易保证；立焊、横焊次之；仰焊位置最差。

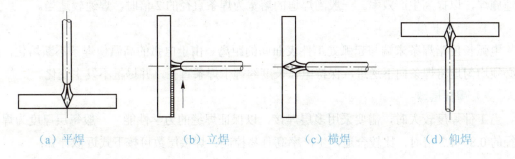

(a) 平焊　　　(b) 立焊　　　(c) 横焊　　　(d) 仰焊

图 8-12　焊接位置

8.3.4 焊接工艺参数对焊缝的影响

焊接工艺参数是指焊接时为了保证焊接质量、提高生产效率而选定的物理量的总称。手弧焊的焊接工艺参数主要包括焊条直径、焊接电流、焊接速度、电弧长度和焊接层数等。

（1）焊条直径

一般先根据焊件的厚度选择焊条直径，如表 8-3 所示。焊条直径的选择还与焊接层数、接头型式、焊接位置等有关，如立焊、横焊、开坡口多层焊的第一层施焊时应选用直径小一点的焊条。

表 8-3 焊条直径与焊件厚度的关系

焊件厚度/mm	2	3	4~7	8~12	≥13
焊条直径/mm	1.6~2.0	2.5~3.0	3.2~4.0	4.0~5.0	4.0~6.0

（2）焊接电流

焊接电流与焊条直径有关。手弧焊焊接电流的选择可参考下列经验公式和表 8-4 进行。

$$I = (30 \sim 60)d$$

式中：I——焊接电流（A）；

d——焊条直径（mm）。

焊条直径小时，系数选下限；焊条直径大时，系数选上限。

表 8-4 手弧焊焊接电流的选择

焊条直径/mm	2.0	2.5	3.2	4.0	5.0	6.0
焊接电流/A	50~60	70~90	100~130	160~200	200~250	250~300

（3）焊接速度

焊接速度指焊条沿焊缝方向移动的速度。焊接速度太快，会导致焊道窄小，焊接波纹粗糙；焊接速度太慢，会导致焊道过宽，且工件易被烧穿。在保证焊缝质量的前提下，应尽量快速施焊，以提高生产效率。一般当焊道的熔宽为焊条直径的 2 倍时，焊速较适当。

（4）电弧长度

电弧长度指焊条末端与起弧处工件表面间的距离。由于电弧的高温使焊条不断熔化，因此必须均匀地将焊条向下送进，保持电弧长度约等于焊条直径，并尽量不发生变化。

（5）焊接层数

当工件厚度较大时，需要采用多层焊接，以保证焊缝的力学性能。一般每层厚度为焊条直径的 0.8~1.2 倍时，比较合适，生产率高且易控制。焊接层数可按下式近似计算：

$$n = \delta/d$$

式中：n——焊接层数；

δ——工件厚度（mm）；

d——焊条直径（mm）。

8.3.5 焊件质量的检验

工件焊接完毕后，为保证质量，应根据焊件的技术要求进行相应的分析检验，不合格的要采取措施补救。常用的焊接检验方法有外观检验、致密性检验、水压试验、无损探伤等。

1. 外观检验

外观检验以肉眼观察为主，必要时利用低倍放大镜，主要为了发现焊接接头的外部缺陷。

2. 水压试验

水压试验用于检验压力容器、管道、储罐等结构的穿透性缺陷，还可以作为产品的强度试验，并能起降低结构焊接应力的作用。

3. 致密性检验

致密性检验用于检验不受压或受压很低的容器、管道焊缝的穿透性缺陷，常用方法如下。
- 气密性试验：容器内打入一定气压气体，试验气压应远远低于容器工作压力，焊接处涂肥皂水检验渗漏。
- 氨气试验：被检容器通以氨气，在焊缝处贴试纸，若有渗漏，试纸呈黑色斑纹。
- 煤油试验：用于不受压焊缝检验。焊缝一面涂有煤油，若有渗漏，在涂有白粉的另一面呈黑色斑纹。

4. 无损探伤

无损探伤是用专门的仪器检验焊缝内部或表层有无缺陷。常用的方法有 X 射线探伤和超声波探伤等，还可以采用磁力探伤法对磁性材料（如碳钢及某些合金钢）的浅表层缺陷进行检验。

8.4 其他焊接方法简介

8.4.1 气焊和气割

气焊和气割是利用气体火焰热量进行金属焊接和切割的方法，在金属结构件的生产中被大量应用。

1. 基本原理

气焊和气割所使用的气体火焰是由可燃性气体和助燃气体混合燃烧而形成的，根据其用途，气体火焰的性质有所不同。

2. 气焊及其应用

气焊是利用气体火焰加热熔化母体材料和焊丝的焊接方法。与电弧焊相比，其优点如下：
① 气焊不需要电源，设备简单；
② 气体火焰温度比较低，熔池容易控制，易实现单面焊双面成形，并可以焊接很薄的零件；
③ 在焊接铸铁、铝及铝合金、铜及铜合金时，焊缝质量好。

气焊存在热量分散、接头变形大、不易自动化、生产效率低、焊缝组织粗大、性能较差等缺陷。

气焊常用于低碳钢、低合金钢、不锈钢薄板的对接和端接，在熔点较低的铜、铝及其合金的焊接中仍有应用；对焊接需要预热和缓冷的工具钢、铸铁也比较适合。

3. 气焊设备

气焊所用设备及气路连接如图 8-13 所示。

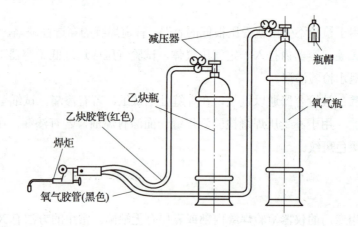

图 8-13　气焊设备及其连接

（1）焊炬

焊炬俗称焊枪，是气焊时用于控制气体混合比、流量及火焰，并进行焊接的手持工具，是气焊中的主要设备。焊炬有射吸式和等压式两种，常用的是射吸式焊炬，如图 8-14 所示。它的工作原理是：打开氧气调节阀，氧气经喷射管从喷射孔快速射出，并在喷射孔外围形成真空而造成负压（吸力）；再打开乙炔调节阀，乙炔即聚集在喷射孔的外围；由于氧射流负压的作用，乙炔很快被氧气吸入混合室和混合气体通道，并从焊嘴喷出，形成了焊接火焰。

（2）乙炔瓶

乙炔瓶是储存溶解乙炔的钢瓶。如图 8-15 所示，在瓶的顶部装有瓶阀供开闭气瓶和装减压气用，并套有瓶帽保护；在瓶内装有浸满丙酮的多孔性填充物（活性炭、木屑、硅藻土等），丙酮对乙炔有良好的溶解能力，可使乙炔安全地储存于瓶内，当使用时，溶在丙酮内的乙炔分离出来，通过瓶阀输出，而丙酮仍留在瓶内，以便溶解再次灌入瓶中的乙炔；在瓶阀下面的填充物中心部位的长孔内放有石棉绳，其作用是促使乙炔与填充物分离。

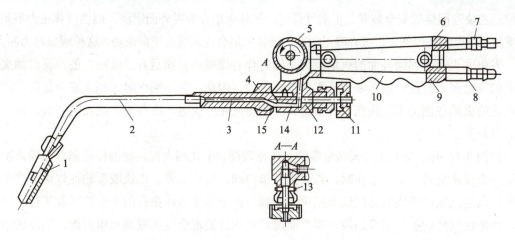

1—焊嘴；2—混合气管；3—吸射管；4—吸射管螺母；5—乙炔调节阀；
6—乙炔进气管；7—乙炔管接头；8—氧气管接头；9—氧气进气管；10—手柄；
11—氧气调节阀；12—主体；13—乙炔阀针；14—氧气阀针；15—喷嘴

图 8-14　射吸式焊炬构造

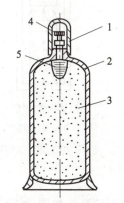

1—瓶帽；2—瓶壳；3—多孔填充物；4—瓶阀；5—石棉绳

图 8-15　乙炔瓶

乙炔瓶的外壳漆成白色，用红色写明"乙炔"字样和"不可近火"字样。乙炔瓶的容量为 40 L，工作压力为 1.5 MPa，而输往焊炬的压力很小，因此，乙炔瓶必须配备减压器，同时还必须配备回火安全器。

乙炔瓶一定要竖立放稳，以免丙酮流出。乙炔瓶要远离火源，防止受热，因为乙炔温度过高会降低丙酮对乙炔的溶解度，而使瓶内乙炔压力急剧增高，甚至发生爆炸；乙炔瓶在搬运、装卸、存放和使用时，要防止遭受剧烈的振荡和撞击，以免瓶内的多孔性填料下沉而形成空洞，从而影响乙炔的储存。

（3）回火安全器

回火安全器又称回火防止器或回火保险器，它是装在乙炔减压器和焊炬之间，用来防止火焰沿乙炔管回烧的安全装置。正常气焊时，气体火焰在焊嘴外面燃烧。但当气体压力不足、焊嘴堵塞、焊嘴离焊件太近或焊嘴过热时，气体火焰会进入嘴内逆向燃烧，这种现象称为回火。

发生回火时，焊嘴外面的火焰熄灭，同时伴有爆鸣声，随后有"吱吱"的声音。如果回火火陷蔓延到乙炔瓶，就会发生严重的爆炸事故。因此，发生回火时，回火安全器的作用是使回流的火焰在倒流至乙炔瓶以前被熄灭。同时发生回火时，应首先关闭乙炔开关，然后再关氧气开关。

如图 8-16 所示为干式回火安全器的工作原理图。干式回火保险器的核心部件是粉末冶金制造的金属止火管。正常工作时，乙炔推开单向阀，经止火管、乙炔胶管输往焊炬。产生回火时，高温高压的燃烧气体倒流至回火安全器，由于带非直线微孔的止火管吸收了爆炸冲击波，使燃烧气体的扩张速度趋近于零，而透过止火管的混合气体流顶上单向阀，迅速切断乙炔源，有效地防止火焰继续回流，并在金属止火管中熄灭回火的火焰。发生回火后，不必人工复位，又能继续正常使用。

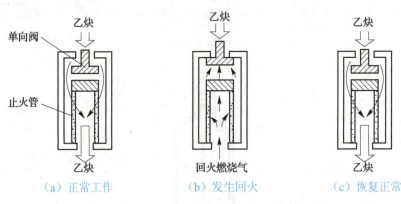

图 8-16 回火安全器的工作原理

（4）氧气瓶

氧气瓶是储存氧气的一种高压容器钢瓶，如图 8-17 所示。由于氧气瓶要经受搬运、滚动，甚至还要经受振动和冲击等，因此材质要求很高，产品质量要求十分严格，出厂前要经过严格检验，以确保氧气瓶的安全可靠。氧气瓶外表漆成天蓝色，用黑漆标明"氧气"字样。氧化瓶的容积为 40 L，储氧最大压力为 15 MPa，但提供给焊炬的氧气压力很小，因此氧气瓶必须配备减压器。

由于氧气化学性质极为活泼，能与自然界中绝大多数元素化合，与油脂等易燃物接触会剧烈氧化，引起燃烧或爆炸，所以使用氧气时必须十分注意安全、要隔离火源、禁止撞击氧气瓶、严禁在瓶上沾染油脂、瓶内氧气不能用完，应留有余量。

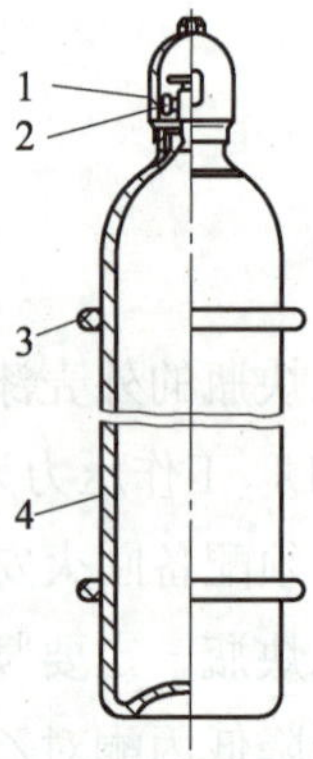

1—瓶帽；2—瓶阀；3—防震圈；4—瓶体

图 8-17 氧气瓶

（5）减压器

减压器是将高压气体降为低压气体的调节装置。因此，其作用是减压、调压、量压和稳

第8章 焊接

压。气焊时所需的气体工作压力一般都比较低，如氧气压力通常为 0.2～0.4 MPa，乙炔压力最高不超过 0.15 MPa。因此，必须将氧气瓶和乙炔瓶输出的气体经减压器减压后才能使用。

减压器的工作原理如下。

如图 8-18a 所示，松开调压手柄（逆时针方向），活门弹簧闭合活门，高压气体就不能进入低压室，即减压器不工作，从气瓶来的高压气体停留在高压室的区域内，高压表量出高压气体的压力，也是气瓶内气体的压力。

如图 8-18b 所示，拧紧调压手柄（顺时针方向），使调压弹簧压紧低压室内的薄膜，再通过传动件将高压室与低压室通道处的活门顶开，使高压室内的高压气体进入低压室，此时的高压气体进行体积膨胀，气体压力得以降低，低压表可量出低压气体的压力，并使低压气体从出气口通往焊炬。

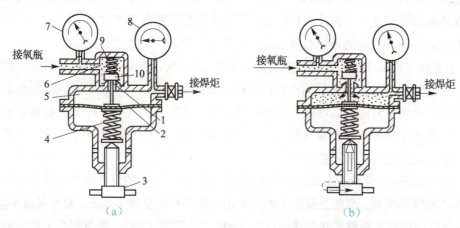

1—通道；2—薄膜；3—调压手柄；4—调压弹簧；5—低压室；
6—高压室；7—高压表；8—低压表；9—活门弹簧；10—活门

图 8-18 减压器的工作示意图

如果低压室气体压力高了，向下的总压力大于调压弹簧向上的力，即压迫薄膜和调压弹簧，使活门开启的程度逐渐减小，直至达到焊炬工作压力时，活门重新关闭；如果低压室的气体压力低了，向下的总压力小于调压弹簧向上的力，此时薄膜上鼓，使活门重新开启，高压气体又进入到低压室，从而增加低压室的气体压力；当活门的开启度恰好使流入低压室的高压气体流量与输出低压室的低压气体流量相等时，即可稳定地进行气焊工作。

减压器能自动维持低压气体的压力，只要通过调压手柄的旋入程度来调节调压弹簧压力，就能调整气焊所需的低压气体压力。

（6）橡胶管

橡胶管是输送气体的管道，分氧气橡胶管和乙炔橡胶管，两者不能混用。国家标准规定：氧气橡胶管为黑色；乙炔橡胶管为红色。氧气橡胶管的内径为 8 mm，工作压力为 1.5 MPa；乙炔橡胶管的内径为 10 mm，工作压力为 0.5 MPa 或 1.0 MPa；橡胶管长一般 10～15 m。

氧气橡胶管和乙炔橡胶管不可有损伤和漏气发生，严禁明火检漏。特别要经常检查橡胶管的各接口处是否紧固，橡胶管有无老化现象。橡胶管不能沾有油污等。

4. 气割

（1）气割的原理及应用特点

气割即氧气切割，是利用割炬喷出乙炔与氧气混合燃烧的预热火焰，将金属的待切割处预热到它的燃烧点（红热程度），并从割炬的另一喷孔高速喷出纯氧气流，使切割处的金属发生剧烈的氧化，成为熔融的金属氧化物，同时被高压氧气流吹走，从而形成一条狭小整齐的割缝，将金属割开。因此，气割包括预热、燃烧、吹渣三个过程。

气割原理与气焊在本质上是完全不同的，气焊是熔化金属，而气割是金属在纯氧中的燃烧（剧烈的氧化），故气割的实质是"氧化"并非"熔化"。由于气割所用设备与气焊基本相同，而操作也有近似之处，因此在使用上和场地上常把气割与气焊放在一起。

根据气割原理，气割的金属材料必须满足下列条件：

① 金属熔点应高于燃点（即先燃烧后熔化）。在铁碳合金中，碳的含量对燃点有很大影响，随着含碳量的增加，合金的熔点降低而燃点却提高，所以含碳量越大，气割愈困难。例如，低碳钢熔点为 1 528 ℃，燃点为 1 050 ℃，易于气割；含碳量为 0.7% 的碳钢，燃点与熔点差不多，都为 1 300 ℃，不易气割；当含碳量大于 0.7% 时，燃点则高于熔点，不能气割。铜、铝的燃点比熔点高，故不能气割。

② 氧化物的熔点应低于金属本身的熔点，否则形成高熔点的氧化物会阻碍下层金属与氧气流接触，使气割困难。有些金属由于形成氧化物的熔点比金属熔点高，故不易或不能气割。例如，高铬钢或铬镍不锈钢加热形成熔点为 2 000 ℃ 左右的 Cr_2O_3，铝及铝合金加热形成熔点为 2 050 ℃ 的 Al_2O_3，所以它们不能用氧乙炔焰气割。

③ 金属氧化物应易熔化和流动性好，否则不易被氧气流吹走，难于气割。例如，铸铁气割生成很多 SiO_2 氧化物，这些氧化物不但难熔（熔点约 1 750 ℃），而且熔渣黏度很大，所以铸铁不易气割。

④ 金属的导热性不能太高，否则预热火焰的热量和切割中所发出的热量会迅速扩散，使切割处热量不足，切割困难。例如，铜、铝及其合金由于导热性高，不能用一般气割法切割。

⑤ 金属在氧气中燃烧时应能发出大量的热量，足以预热周围的金属；金属中所含的杂质要少。

满足以上条件的金属材料有纯铁、低碳钢、中碳钢和低合金结构钢，而高碳钢、铸铁、高合金钢及铜、铝等非铁金属及合金，均难以气割。

与一般机械切割相比较，气割的最大优点是设备简单、操作灵活方便，适应性强。它可以在任意位置、任何方向切割任意形状和任意厚度的工件，生产效率高，切口质量也相当好。采用半自动或自动切割时，由于运行平稳，切口的尺寸精度误差在 ±0.5 mm 以内，表面粗糙度数值 Ra 为 25 μm，因而在某些地方可代替刨削加工，如厚钢板的开坡口等。气割在造船工业中使用最普遍，特别适用于稍大的工件和特形材料，还可用来切割锈蚀的螺栓和铆钉等。

气割的最大缺点是对金属材料的适用范围有一定的限制,但由于低碳钢和低合金钢是应用最广泛的材料,所以气割的应用也就非常普遍了。

(2) 割炬

气割所需的设备中,氧气瓶、乙炔瓶和减压器同气焊一样。所不同的是气焊用焊炬,而气割用割炬,如图8-19所示。

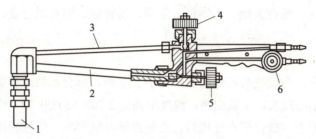

1—切割嘴;2—氧气、乙炔混合管道;3—切割氧管道;4—切割氧阀门;5—预热氧阀门;6—乙炔阀门

图8-19 割炬

割炬有两根导管,一根是预热焰混合气体管道,另一根是切割氧气管道。割炬比焊炬只多一根切割氧气管和一个切割氧阀门。此外,割嘴与焊嘴的构造也不同,割嘴的出口有两条通道,周围的一圈是乙炔与氧的混合气体出口,中间通道为切割氧(即纯氧)的出口,二者互不相通。割嘴有梅花形和环形两种。

(3) 气割过程

切割低碳钢工件时,先开预热氧气及乙炔阀门,点燃预热火焰,调成中性焰,将工件割口的开始处加热到高温(达到橘红至亮黄色约为1 300 ℃);然后打开切割氧阀门,高压的切割氧与割口处的高温金属发生作用,产生激烈燃烧反应,将铁烧成氧化铁,氧化铁被燃烧热熔化后,迅速被氧气流吹走,这时下一层碳钢也已被加热到高温,与氧接触后继续燃烧和被吹走,因此氧气可将金属自表面烧到底部,随着割炬以一定速度向前移动即可形成割口。

5. 气体火焰

气焊和气割用于加热及燃烧金属的气体火焰是由可燃性气体和助燃气体混合燃烧而形成的。助燃气体使用氧气,可燃性气体种类很多,最常用的是乙炔和液化石油气。

乙炔的分子式为C_2H_2,在常温和1个标准大气压(1atm=101.325 kPa)下为无色气体,能溶解于水、丙酮等液体,属于易燃易爆危险气体,其火焰温度为3 200 ℃。工业用乙炔主要由水分解电石得到。

液化石油气的主要成分是丙烷(C_3H_8)和丁烷(C_4H_{10}),价格比乙炔低且安全,但用于切割时需要较大的耗氧量。

气焊主要采用氧—乙炔火焰,在两者的混合比不同时,可得到以下3种不同性质的火焰。

（1）中性焰

如图 8-20a 所示，当氧气与乙炔的混合比为 1~1.2 时，燃烧充分，燃烧过后无剩余氧或乙炔，这时形成的火焰称为中性焰，其热量集中，温度可达 3 050~3 150 ℃。它由焰心、内焰、外焰三部分组成，焰心呈亮白色的圆锥体，温度较低；内焰呈暗紫色，温度最高，适用于焊接；外焰颜色从淡紫色逐渐向橙黄色变化，温度下降，热量分散。中性焰应用最广，低碳钢、中碳钢、铸铁、低合金钢、不锈钢、紫铜、锡青铜、铝及铝合金、镁合金等气焊都可使用中性焰。

（2）碳化焰

如图 8-20b 所示，当氧气与乙炔的混合比小于 1 时，部分乙炔未曾燃烧，这时形成的火焰称为碳化焰，其焰心较长，呈蓝白色，温度最高达 2 700~3 000 ℃。由于过剩的乙炔可分解为碳粒和氢气的原因，碳化焰有还原性，会使焊缝含氢增加，焊低碳钢时有渗碳现象。它适用于气焊高碳钢、铸铁、高速钢、硬质合金、铝青铜等。

（3）氧化焰

如图 8-20c 所示，当氧气与乙炔的混合比大于 1.2 时，燃烧过后仍有过剩的氧气，这时形成的火焰称为氧化焰，其焰心短而尖，内焰区氧化反应剧烈，火焰挺直发出"嘶嘶"声，温度可达 3 100~3 300 ℃。由于火焰具有氧化性，焊接碳钢易产生气体，并出现熔池沸腾现象，很少用于焊接，轻微氧化的氧化焰适用于气焊黄铜、锰黄铜、镀锌铁皮等。

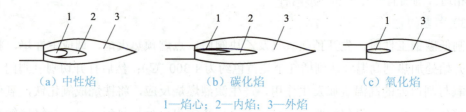

（a）中性焰　　　　（b）碳化焰　　　　（c）氧化焰

1—焰心；2—内焰；3—外焰

图 8-20　氧—乙炔火焰的构造和形状

8.4.2　埋弧焊

埋弧焊电弧产生于堆敷一层焊剂下的焊丝与零件之间，受熔化的焊剂——熔渣以及金属蒸汽形成的气泡壁所包围。气泡壁是一层液体熔渣薄膜，外层有未熔化的焊剂，电弧区可得到良好的保护，电弧光也散发不出去，故被称为埋弧焊，如图 8-21 和图 8-22 所示。

相比焊条电弧焊，埋弧焊有三个主要优点：

① 焊接电流和电流密度大，生产效率高，是手弧焊生产率的 5~10 倍；

② 焊缝含氮、氧等杂质低，成分稳定，质量高；

③ 自动化水平高，没有弧光辐射，工人劳动条件较好。

第 8 章 焊接

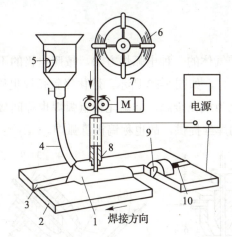

1—焊剂；2—焊材；3—坡口；4—软管；5—焊剂；6—焊丝；
7—送丝系统；8—导电嘴；9—熔敷金属；10—渣壳

图 8-21 埋弧焊焊接过程

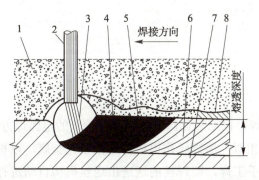

1—焊剂；2—焊丝；3—电弧；4—熔池金属；5—熔渣；6—焊缝；7—焊件；8—渣壳

图 8-22 埋弧焊的熔渣及焊缝纵割面示意图

埋弧焊的局限在于受到焊剂敷设限制，不能用于空间位置焊缝的焊接。由于埋弧焊焊剂的成分主要是 MnO 和 SiO_2 等金属及非金属氧化物，不适合焊铝、钛等易氧化的金属及其合金。另外，薄板、短及不规则的焊缝一般不采用埋弧焊。

可用埋弧焊方法焊接的材料有碳素结构钢、低合金钢、不锈钢、耐热钢、镍基合金和铜合金等。埋弧焊在中、厚板对接、角接接头中有广泛应用，14 mm 以下板材对接可以不开坡口。埋弧焊也可用于合金材料的堆焊上。

8.4.3 保护焊

气体保护电弧焊简称保护焊，是利用外加气体作为电弧介质并保护电弧与焊接区的电弧焊方法。常用的保护气体有氩气和二氧化碳气体等。

1. 氩弧焊

氩弧焊是以氩气为保护气体的一种电弧焊方法。按照电极的不同，氩弧焊可分为熔化极氩弧焊和非熔化极氩弧焊两种，如图 8-23 所示。熔化极氩弧焊也称直接电弧法，其焊丝作为电极，并在焊接过程中熔化为填充金属，非熔化极氩弧焊也称间接电弧法，其电极为不熔化的钨极，填充金属由另外的焊丝提供，故也称钨极氩弧焊。

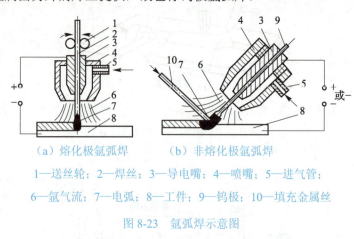

（a）熔化极氩弧焊　　（b）非熔化极氩弧焊

1—送丝轮；2—焊丝；3—导电嘴；4—喷嘴；5—进气管；
6—氩气流；7—电弧；8—工件；9—钨极；10—填充金属丝

图 8-23　氩弧焊示意图

2. 二氧化碳气体保护焊

二氧化碳气体保护焊是以二氧化碳气体作为保护气的电弧焊方法，简称 CO_2 焊。其焊接过程和熔化极氩弧焊相似，用焊丝作电极并兼作填充金属，以机械化或手工方法进行焊接。目前应用较多的是手工焊，即焊丝的送进由送丝机构自动进行，焊工手持焊枪进行焊接操作。

CO_2 气体保护焊的焊接设备主要由焊枪、电源、供气系统、控制系统等组成，如图 8-24 所示。焊丝可分为细丝和粗丝两类，根据焊件板厚选用。

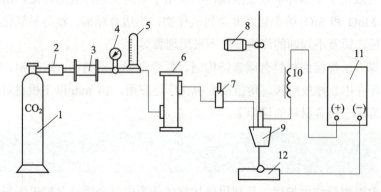

1—气瓶；2—预热器；3—高压干燥器；4—气体减压阀；5—气体流量计；6—低压干燥器；
7—气阀；8—送丝机构；9—焊枪；10—可调电感；11—焊接电源；12—工件

图 8-24　CO_2 气体保护焊的焊接设备示意图

CO_2 焊的特点类似于氩弧焊，但 CO_2 气体来源广、价格低廉，其缺点是易产生熔滴飞溅，氧化性较强。因此，它主要适于低碳钢和低合金钢构件的焊接，不适于焊接易氧化的非铁金属及其合金。

8.4.4 电阻焊

电阻焊是将零件组合后通过电极施加压力，利用电流通过零件的接触面及临近区域产生的电阻热将其加热到熔化或塑性状态，使之形成金属结合的方法。根据接头形式，电阻焊可分为点焊、缝焊、凸焊和对焊四种，如图 8-25 所示。

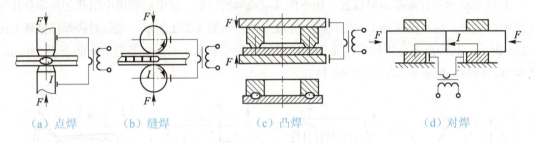

(a) 点焊　　　(b) 缝焊　　　(c) 凸焊　　　(d) 对焊

图 8-25　电阻焊基本方法

与其他焊接方法相比，电阻焊具有以下优点：
① 不需要填充金属，冶金过程简单，焊接应力及应变小，接头质量高；
② 操作简单，易实现机械化和自动化，生产效率高。

电阻焊的缺点是接头质量难以用无损检测方法检验，焊接设备较复杂，一次性投资较高。

电阻点焊低碳钢、普通低合金钢、不锈钢、钛及合金材料时可以获得优良的焊接接头。电阻焊目前广泛应用于汽车拖拉机、航空航天、电子技术、家用电器、轻工业等行业。

1. 点焊

点焊方法如图 8-25a 所示，将零件装配成搭接形式，用电极将零件夹紧并通以电流，在电阻热作用下，电极之间零件接触处被加热熔化形成焊点。零件的连接可以由多个焊点实现。点焊大量应用在小于 3 mm、不要求气密的薄板冲压件、轧制件接头，如汽车车身焊装、电器箱板组焊等。一个点焊过程主要由预压—焊接—维持—休止 4 个阶段组成，如图 8-26a 所示。

2. 缝焊

缝焊的工作原理与点焊相同，但用滚轮电极代替了点焊的圆柱状电极，滚轮电极施压于零件并旋转，使零件相对运动，在连续或断续通电下，形成一个个熔核相互重叠的密封焊缝，如图 8-25b 所示。其焊接循环如图 8-26b 所示。缝焊一般应用在有密封性要求的接头制造上，适用材料板厚为 0.1~2 mm，如汽车油箱、暖气片、罐头盒的生产等。

3. 凸焊

凸焊是在一焊件接触面上预先加工出一个或多个突起点，在电极加压下与另一零件接触，通电加热后突起点被压塌，形成焊接点的电阻焊方法，如图 8-25c 所示。突起点可以是凸点、凸环或环形锐边等形式。凸焊焊接循环如图 8-26c 所示。凸焊主要应用于低碳钢、低合金钢冲压件的焊接，另外，螺母与板焊接、线材交叉焊也多采用凸焊的方法及原理。

4. 对焊

对焊是将两零件端部相对放置，加压使其端面紧密接触，通电后利用电阻热加热零件接触面至塑性状态，然后迅速施加大的顶锻力完成焊接，如图 8-25d 所示。电阻对接焊接循环如图 8-26d 所示，其特点是在焊接后期施加了比预压大的顶锻力。对焊主要用于断面小于 250 mm 的丝材、棒材、板条和厚壁管材的连接。

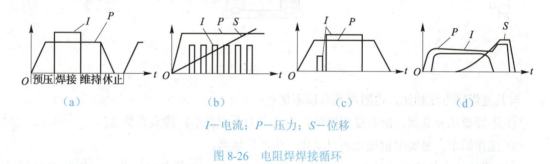

I—电流；P—压力；S—位移

图 8-26　电阻焊焊接循环

8.4.5　钎焊

钎焊是利用比被焊材料熔点低的金属作钎料，经过加热使钎料熔化，靠毛细管作用将钎料吸入到接头接触面的间隙内，润湿被焊金属表面，使液相与固相之间相互扩散而形成钎焊接头的焊接方法。

钎焊材料包括钎料和钎剂。钎料是钎焊用的填充材料，在钎焊温度下具有良好的湿润性，能充分填充接头间隙，能与焊件材料发生一定的溶解、扩散作用，保证和焊件形成牢固结合。钎料的液相线温度高于 450 ℃时，接头强度高，称为硬钎焊；低于 450 ℃时，接头强度低，称为软钎焊。按化学成分不同，钎料可分为锡基、铅基、锌基、银基、铜基、镍基、铝基、镓基等多种。

钎剂的主要作用是去除钎焊零件和液态钎料表面的氧化膜，保护母材和钎料在钎焊过程中不进一步氧化，并改善钎料对焊件表面的湿润性。钎剂种类很多，软钎剂有氯化锌溶液、氯化锌氯化铵溶液、盐酸、松香等，硬钎剂有硼砂、硼酸、氯化物等。

根据热源和加热方法的不同，钎焊也可分为火焰钎焊、感应钎焊、炉中钎焊、浸沾钎焊、电阻钎焊等。

钎焊具有以下优点：

① 由于加热温度低，对零件材料的性能影响较小，焊接的应力变形比较小。

② 可以用于焊接碳钢、不锈钢、高合金钢、铝、铜等金属材料，也可以用于连接异种金属、金属与非金属。

③ 可以一次完成多个零件的钎焊，生产率高。

钎焊的缺点是接头的强度一般比较低，耐热能力较差，适于焊接承受载荷不大和常温下工作的接头。钎焊之前对焊件表面的清理和装配要求比较高。

8.4.6 特种焊接

1. 等离子弧焊接

等离子弧是一种压缩电弧，通过焊枪特殊设计将钨电极缩入焊枪喷嘴内部，在喷嘴中通以等离子气，强迫电弧通过喷嘴的孔道，借助水冷喷嘴的外部拘束条件，利用机械压缩作用、热收缩作用和电磁收缩作用，使电弧的弧柱横截面受到限制，产生温度达 24 000～50 000 K、能量密度达 10^5～10^6 W/cm^2 的高温、高能量密度的压缩电弧。

按电源供电方式不同，等离子弧可分为非转移型、转移型和联合型三种，如图 8-27 所示。

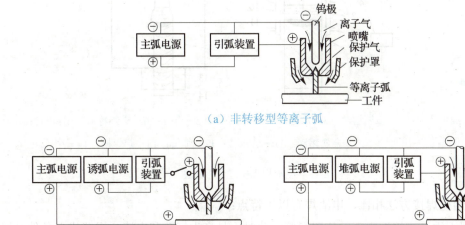

图 8-27 等离子弧分类

- **非转移型等离子弧**：电极接电源负极，喷嘴接正极，零件不参与导电。电弧在电极和喷嘴之间产生。
- **转移型等离子弧**：钨极接电源负极，零件接正极，等离子弧在钨极与零件之间产生。
- **联合型（又称混合型）等离子弧**：转移弧和非转移弧同时存在，需要两个电源独立供电。电极接两个电源的负极，喷嘴及零件分别接各个电源的正极。

等离子弧在焊接领域有多方面的应用,等离子弧焊接可用于从超薄材料到中厚板材的焊接,一般离子气和保护气采用氩气、氦气等惰性气体,可以用于低碳钢、低合金钢、不锈钢、铜、镍合金及活性金属的焊接。等离子弧也可用于各种金属和非金属材料的切割,粉末等离子弧堆焊可用于零件制造和修复时堆焊硬质耐磨合金。

2. 电渣焊

电渣焊是一种利用电流通过液体熔渣所产生的电阻热加热熔化填充金属和母材,以实现金属焊接的熔化焊接方法。如图 8-28 所示,被焊两零件垂直放置,中间留有 20~40 mm 间隙,电流流过焊丝与零件之间熔化的焊剂形成的渣池,其电阻热又加热熔化焊丝和零件边缘,在渣池下部形成金属熔池。在焊接过程中,焊丝以一定速度熔化,金属熔池和渣池逐渐上升,远离热源的底部液体金属则渐渐冷却凝固结晶形成焊缝。同时,渣池保护金属熔池不被空气污染,水冷成形滑块与零件端面构成空腔挡住熔池和渣池,保证熔池金属凝固成形。

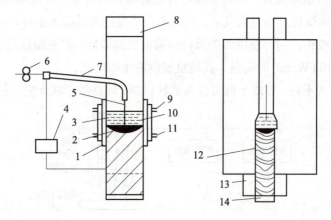

1—水冷成形滑块;2—金属熔池;3—渣池;4—焊接电源;5—焊丝;6—送丝轮;7—导电杆;
8—引出板;9—出水管;10—金属熔滴;11—进水管;12—焊缝;13—起焊槽;14—引弧板

图 8-28 电渣焊焊接过程示意图

与其他熔化焊接方法相比,电渣焊有以下特点:
① 适用于垂直或接近垂直的位置焊接,此时不易产生气孔和夹渣,焊缝成形条件最好。
② 厚大焊件能一次焊接完成,生产率高,与开坡口的电弧焊相比,节省焊接材料。
③ 由于渣池对零件有预热作用,焊接含碳量高的金属时冷裂倾向小,但焊缝组织晶粒粗大易造成接头韧度变差,一般焊后应进行正火和回火热处理。

电渣焊适用于厚板、大断面、曲面结构的焊接,如火力发电站数百吨的汽轮机转子、锅炉大厚壁高压汽包等。

3. 电子束焊

电子束焊是以会聚的高速电子束轰击零件接缝处产生的热能进行焊接的方法。电子束焊时，电子的产生、加速和会聚成束是由电子枪完成的。电子束焊接如图8-29所示，阴极加热后发射电子，在强电场的作用下电子加速从阴极向阳极运动，通常在发射极到阳极之间加上30~150 kV 的高电压，电子以很高的速度穿过阳极孔，并在磁偏转线圈会聚作用下聚焦于零件上，电子束动能转换成热能后，使零件熔化焊接。为了减小电子束流的散射及能量损失，电子枪内要保持 10^{-2} Pa 以上的真空度。

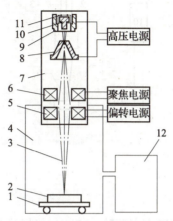

1—焊接台；2—焊件；3—电子束；4—真空室；5—偏转线圈；6—聚焦线圈；
7—电子枪；8—阳极；9—聚束极；10—阴极；11—灯丝；12—真空泵系统

图8-29 真空电子束焊接示意图

按被焊零件所处环境的真空度不同，电子束焊可分成真空电子束焊（10^{-4}~10^{-1} Pa）、低真空电子束焊（10^{-1}~25 Pa）和非真空电子束焊（不设真空室）三种。

电子束焊与电弧焊相比，其主要特点如下：

① 功率密度大，可达 10^6~10^9 W/cm²。焊缝熔深大、熔宽小，既可以进行很薄（0.1 mm）材料的精密焊接，又可以进行很厚（最厚达 300 mm）构件的焊接。

② 焊缝金属纯度高，所有用其他焊接方法能进行熔化焊的金属及合金都可以用电子束焊接。它还能用于异种金属、易氧化金属及难熔金属的焊接。

③ 设备较为昂贵，零件接头加工和装配要求高，另外电子束焊接时应对操作人员加以防护，避免受到 X 射线的伤害

电子束焊接已经广泛应用于很多领域，如汽车制造中的齿轮组合体、核能工业的反应堆壳体、航空航天部门的飞机起落架等。

4. 激光焊

激光焊是利用大功率相干单色光子流聚集而成的激光束为热源进行焊接的方法。激光的产生利用原子受激辐射的原理，当粒子（原子、分子等）吸收外来能量时，从低能级跃升至高能级，此时若受到外来一定频率的光子激励，又跃迁到相应的低能级，同时发出一个和外来光子完全相同的光子。如果利用装置（激光器）使这种受激辐射产生的光子去激励其他粒

子，将导致光放大作用，产生更多的光子。在聚光器的作用下，这些光子最终形成一束单色的、方向一致和亮度极高的激光输出，再通过光学聚焦系统，可以使焦点上的激光能量密度达到 $10^6 \sim 10^{12}$ W/cm^2，然后以此激光用于焊接。激光焊接装置如图 8-30 所示。

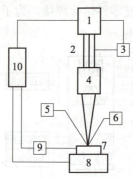

1—激光发生器；2—激光光束；3—信号器；4—光学系统；5—观测瞄准系统；
6—辅助能源；7—焊件；8—工作台；9—控制电缆；10—控制系统

图 8-30 激光焊接装置示意图

激光焊和电子束焊同属高能密束焊范畴，它与一般焊接方法相比有以下优点：

① 激光功率密度高，加热范围小，焊接速度高，焊接应力和变形小。

② 可以焊接一般焊接方法难以焊接的材料，实现异种金属的焊接，甚至可用于一些非金属材料的焊接。

③ 激光可以通过光学系统在空间传播相当长距离而衰减很小，能进行远距离施焊或对难接近部位焊接。

④ 相对电子束焊而言，激光焊不需要真空室，激光不受电磁场的影响。

激光焊的缺点是焊机价格较贵，激光的电光转换效率低，焊前零件加工和装配要求高，焊接厚度比电子束焊低。

激光焊应用在很多机械加工作业中，如电子器件的壳体和管线的焊接、仪器仪表零件的连接、金属薄板对接、集成电路中的金属箔焊接等。

8.5 技能训练项目

8.5.1 低碳钢板对接平焊技能训练

1. 焊接要求

工件材质：Q235。

工件尺寸：150 mm×200 mm×12 mm，如图 8-31 所示。

焊接位置：平焊。

焊接要求：单面焊双面成形。

焊接材料：E4303，ϕ3.2 mm/ϕ4.0 mm。

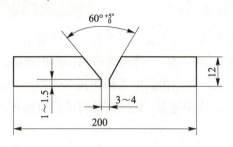

图 8-31　工件及坡口尺寸

2. 焊前准备

选用 BX3-300 型弧焊变压器。使用前，应检查焊机各处的接线是否正确、牢固、可靠，按要求调试好焊接参数。

检查焊条质量，焊接前，焊条应严格按照预定的温度和时间进行烘干，而后放在保温筒内随取随用。

将待焊区两侧 20 mm 范围内的铁锈、油污、氧化物等清理干净，使其露出金属光泽。

准备好工作服、焊工手套、护脚盖、面罩、钢丝刷、锉刀和角向磨光机等。

3. 工件装配

装配间隙：始焊端 3 mm，终焊端 4 mm。

预留反变形：3°～4°。

错变量：≤1 mm。

定位焊：采用与工件焊接相同的焊条进行定位焊，并在工件坡口内两端点焊，焊点长度为 10～15 mm，将焊点接头端打磨成斜坡状。

4. 焊接工艺参数

焊接工艺参数如表 8-5 所示。

表 8-5　焊接工艺参数

焊接层次	焊条直径/mm	焊接电流/A	电弧电压/V	焊接速度/ mm·min^{-1}
打底焊	3.2	110～120	23～26	30～40
填充焊（1）	3.2	130～140	23～26	30～40
填充焊（2）	4.0	170～185	23～26	65～75
盖面焊	4.0	160～170	23～26	65～75

5. 操作要点

（1）打底焊

底层的焊接是单面焊双面成形的关键，主要有三个重要的环节，即引弧、收弧、接头。焊条与焊接前进方向是角度为 40°～50°，选用断弧焊—点击穿法。

在始焊端的定位焊处引弧，并略抬高电弧稍作预热。当焊至定位焊尾部时，将焊条向下压一下，听到"噗"的一声后，立即熄弧。此时熔池前端应有熔孔，深入两侧母材 0.5～1 mm，如图 8-32 所示。

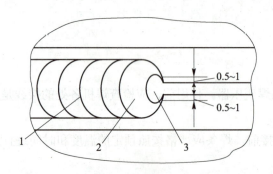

1—焊缝；2—熔池；3—熔孔

图 8-32 熔孔示意图

当熔池边缘变成暗红色，熔池中间仍处于熔融状态时，立即在熔池中间引燃电弧，焊条略向下轻微压一下，形成熔池，打开熔孔立即熄弧，这样反复击穿到焊完。运条间距要均匀准确，使电弧的 2/3 压住熔池，1/3 作用在熔池前方，用来熔化和击穿坡口根部，形成熔池。

即将更换焊条、收弧前，应在熔池前方形成熔孔，然后回焊 10 mm 左右再熄弧；或向末尾熔池的根部送进 2～3 滴铁水，然后熄弧更换焊条，使熔池缓慢冷却，避免接头出现冷缩孔。

接头时换焊条的速度要快，在收弧熔池还没有完全冷却时，立即在熔池后 10～15 mm 处引弧。当电弧移至收弧熔池边缘时，将焊条向下压，听到击穿声，稍作停顿，然后熄弧。接下来再给两滴铁水，以保证接头过渡平整，然后恢复正常焊接操作手法。

（2）填充焊

填充焊前应将打底层焊缝彻底清理干净。填充焊的运条方法为月牙形或锯齿形，焊条与焊接前进方向的角度为 40°～50°。

（3）盖面焊

盖面层施焊的焊条角度、运条方法及接头方法与填充焊相同。但盖面层施焊时焊条摆动的幅度要比填充焊大。摆动时，要注意摆动幅度一致，运条速度均匀。同时，注意观察坡口两侧的熔化情况，施焊时在坡口两侧稍作停顿，使焊缝两侧熔合良好，避免产生咬边，以得到优良的盖面焊缝。注意保证熔池边沿不得超过表面坡口棱边 2 mm；否则，焊缝超宽。

8.5.2 低碳钢板 T 形接头平焊技能训练

1. 焊接要求

工件材质：Q235。
工件尺寸：150 mm×80 mm×12 mm。
焊接位置：平焊。
焊接材料：E4303，ϕ3.2 mm。

2. 焊前准备

（1）选用 BX3-300 型弧焊变压器。使用前应检查焊机各处的接线是否正确、牢固、可靠，按要求调试好焊接参数。

（2）检查焊条质量，焊接前焊条应严格按照预定的温度和时间进行烘干，而后放在保温筒内随取随用。

（3）将待焊区两侧 20 mm 范围内的铁锈、油污、氧化物等清理干净，使其露出金属光泽。

（4）准备好工作服、焊工手套、护脚盖、面罩、钢丝刷、锉刀和角向磨光机等。

3. 焊接工艺参数

焊接工艺参数如表 8-6 所示。

表 8-6 焊接工艺参数

焊接层次	焊条直径/mm	焊接电流/A	电弧电压/V	焊接速度/ mm·min^{-1}
打底焊	3.2	130～140	15～25	150～160
盖面焊	3.2	130～140	15～25	150～160

4. 操作要点

低碳钢板 T 形接头平焊的焊道分布如图 8-33 所示。

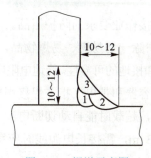

图 8-33 焊道示意图

(1) 打底焊

焊条直径为 3.2 mm，焊接电流为 130～140 A，焊条角度如图 8-34 所示。采用直线运条，压低电弧，必须保证顶角处焊透，电弧始终对准顶角。焊接过程中注意观察熔池，使熔池下沿与底板熔合好、熔池上沿与立板熔合好，使焊脚尺寸对称。

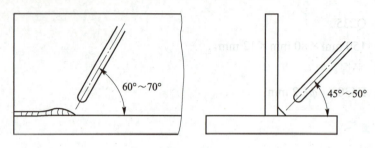

图 8-34　打底焊焊条角度

(2) 盖面焊

盖面焊前应将打底焊层清理干净。焊条角度如图 8-35 所示。焊盖面层下面的焊道时，电弧应对准打底焊道的下沿，直线运条。焊盖面层上面的焊道时，电弧应对准打底焊道的上沿，焊条稍微摆动，使熔池上沿与立板平滑过渡，熔池下沿与下面的焊道均匀过渡。焊接速度要均匀，以便形成表面较平滑且略带凹形的焊缝。如果要求焊脚较大，可适当摆动焊条，运条采用锯齿形或斜圆圈形。

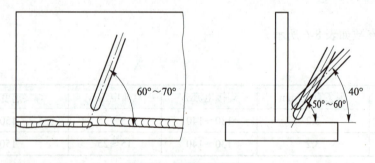

图 8-35　盖面焊焊条角度

8.5.3　焊接安全知识

① 焊接前必须穿戴好符合焊接作业要求的防护用品。

② 在距工作场所 10 m 以内清除一切易燃、易爆物品，人员密集场所应设置遮光板。

③ 应检查焊机接线的正确性和接地的可靠性。接地电阻应小于 4 Ω，固定螺栓大于等于 M8。

④ 禁止焊接密封容器、带压容器和带电（指非焊接用电）设备。

⑤ 焊机应有独立的电源开关，超载时能自动切断电源。

⑥ 焊机的电源线长度为 2～3 m，需接长电源线时应符合与周边物体的绝缘要求，且必须离地 2.5 m 以上。

⑦ 焊机二次线必须使用专用焊接电缆,严禁以其他金属物代替,禁止以建筑物上的金属构架和设备作为焊接电源回路。

⑧ 露天作业时,焊机应有遮阳和防雨、雪安全措施。

⑨ 焊机发生故障时应立即切断电源,由专职电工检修,焊工不得擅自处理。改变焊机接头、移动及检修焊机等,均须在切断电源后进行。

⑩ 室内作业时应有通风、除尘装置,狭小场所作业应有安全措施保证。

⑪ 在容器或管道内焊接时应设专人在外监护。

⑫ 焊接作业结束后,应立即切断电源,整理好电缆线,清除火种及消除其他事故隐患,做好设备及场地的文明生产工作,确保安全后方可离场。

第 9 章 铸造

将液态金属浇注到铸型型腔中，待其冷却凝固后，获得一定形状的毛坯或零件的方法，称为铸造。铸造是生产机器零件毛坯的主要方法之一，其实质是液态金属逐步冷却凝固而成形零件，因而铸造具有下列优点：

① 可以铸造出内腔、外形很复杂的毛坯。

② 工艺灵活性大。几乎各种合金，各种尺寸、形状、重量和数量的铸件都能生产。铸件重量可由几克到几百吨，壁厚可由 0.5 mm 到 1 m 左右。铸件材料可用铸铁、碳钢、合金钢，也可用铜合金和铝合金等。其中，铸铁材料应用极广。某些形状极复杂的零件只能用铸造方法制造毛坯。

③ 铸件成本较低。铸造用原材料大都来源广泛，价格低廉，并可直接利用废机件和切屑。

铸造由于具有上述各项优点，因而在工业生产中得到广泛的应用。在各类机械工业中，铸件所占比重很大。

液态成形也给铸造带来某些缺点，如铸造组织疏松、晶粒粗大，内部易产生缩孔、缩松、气孔等缺陷。因此铸件的机械性能，特别是冲击韧性，比同样材料锻件的机械性能低。又如铸造工序多，且难以精确控制，使得铸件质量不够稳定。此外，铸造的劳动条件也较差。

9.1 铸造概述

9.1.1 型砂配置

1. 型砂的性能

砂型铸造的造型材料为型砂，其质量好坏直接影响铸件的质量、生产效率和成本。生产中为了获得优质的铸件和良好的经济效益，对型砂性能有一定的要求。

（1）强度

型砂抵抗外力破坏的能力称为强度。它包括常温湿强度、干强度、硬度及高温强度。型砂要有足够的强度，以防止造型过程中产生塌箱和浇注时液体金属对铸型表面的冲刷破坏。

（2）成形性

型砂要有良好的成形性，包括良好的流动性、可塑性和不粘膜性，以使铸型轮廓清晰，易于起模。

（3）耐火性

型砂在高温作用下不熔化、不烧结的性能称为耐火性。型砂要有较高的耐火性，同时应有较好的热化学稳定性,较小的热膨胀率和冷收缩率。

（4）透气性

型砂要有一定的透气性,以利于浇注时产生的大量气体排出。透气性过差,铸件中易产生气孔;透气性过高,易使铸件粘砂。另外,型砂还应具有较小的吸湿性和较低发气量,以保证铸造质量。

（5）退让性

退让性是指铸件在冷凝过程中,型砂能被压缩变形的性能。型砂退让性差,铸件在凝固收缩时将易产生内应力、变形和裂纹等缺陷,所以型砂要有较好的退让性。此外,型砂还要具有较好的耐用性、溃散性和韧性等。

2. 型砂的组成

型砂（和芯砂）是由原砂或再生砂与黏结剂和其他附加物混合而成的。

（1）原砂

原砂即新砂,铸造用原砂一般采用符合一定技术要求的天然矿砂,最常使用的是硅砂,其二氧化硅含量为 80%～98%,硅砂粒度大小及均匀性、表面状态、颗粒形状等对铸造性能有很大影响。除硅砂外的各种铸造用砂都称为特种砂,如石灰石砂、锆砂、镁砂、橄榄石砂、铬铁矿砂、钛铁矿砂等。这些特种砂性能较硅砂优良,但价格较贵,主要用于合金钢和碳钢铸件的生产。

（2）黏结剂

黏结剂的作用是使砂粒黏结在一起,制成砂型和芯型。黏土是铸造生产中用量最大的一种黏结剂。此外,水玻璃、植物油、合成树脂、水泥等也是铸造常用的黏结剂。

用黏土作黏结剂制成的型砂又称黏土砂,其结构如图 9-1 所示。黏土资源丰富,价格低廉,它的耐火度较高,复用性好。水玻璃砂可以适应造型、制芯工艺的多样性,在高温下具有较好的退让性,但水玻璃加入量偏高时,砂型及砂芯的溃散性差。油类黏结剂具有很好的流动性和溃散性、很高的干强度,适合于制造复杂的砂芯,浇出的铸件内腔表面粗糙度值低。

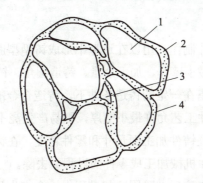

1—砂粒；2—黏土；3—孔隙；4—附加物

图 9-1 黏土砂结构

金工实习

(3) 涂料

涂敷在型腔和芯型表面、用以提高砂型表面抗粘砂和抗金属液冲刷等性能的铸造辅助材料称为涂料。使用涂料,可降低铸件表面粗糙度值,防止或减少铸件粘砂、砂眼和夹砂缺陷,提高铸件落砂和清理效率等。涂料可制成液体、膏状或粉剂,用刷、浸、流、喷等方法涂敷在型腔、型芯表面。

涂料一般由耐火材料、溶剂、悬浮剂、黏结剂和添加剂等组成。耐火材料有硅粉、刚玉粉、高铝矾土粉,溶剂可以是水或有机溶剂等,悬浮剂常用膨润土等。

除原砂、黏结剂和涂料外,型砂中还常加入一些辅助材料,如煤粉、重油、锯木屑、淀粉等,使砂型和芯型增加透气性、退让性,提高抗铸件粘砂能力和铸件的表面质量,使铸件具有一些特定的性能。

3. 型砂的制备

根据在合箱和浇注时砂型是否烘干,黏土砂可分为湿型砂、干型砂和表面烘干型砂。湿型砂造型后不需烘干,生产效率高,主要应用于生产中、小型铸件;干型砂造型后需要烘干,它主要靠涂料保证铸件表面质量,可采用粒度较粗的原砂,其透气性好,铸件不容易产生冲砂、粘砂等缺陷,主要用于浇注中、大型铸件;表面烘干型砂造型后只在浇注前对型腔表面用适当方法烘干一定深度,其性能兼具湿型砂和干型砂的特点,主要用于中型铸件生产。

湿型砂一般由新砂、旧砂、黏土、附加物及适量的水组成。铸铁件用的湿型砂配比(质量比)一般为旧砂 50%～80%、新砂 5%～20%、黏土 6%～10%、煤粉 2%～7%、重油 1%、水 3%～6%。各种材料通过混制工艺使成分混合均匀,黏土膜均匀包覆在砂粒周围,混砂时先将各种干料(新砂、旧砂、黏土和煤粉)一起加入混砂机进行干混,再加水湿混后出碾。

型砂混制处理好后,应对各组元含量如黏土含量、有效煤粉含量、含水量等,以及砂性能如紧实率、透气性、湿强度、韧性参数等做检测,以确定型砂是否达到相应的技术要求,也可用手捏的感觉对某些性能作出粗略地判断。

9.1.2 模样的制作

模样是根据零件形状设计制作,用以在造型中形成铸型型腔的工艺装备。设计模样要考虑到铸造工艺参数,如铸件最小壁厚、加工余量、铸造圆角、铸造收缩率和起模斜度等。

- **铸件最小壁厚**:是指在一定的铸造条件下,铸造合金能充满铸型的最小厚度。铸件设计壁厚若小于铸件工艺允许最小壁厚,则易产生浇不足和冷隔等缺陷。
- **加工余量**:是为保证铸件加工面尺寸和零件精度,在铸件设计时预先增加的金属层厚度,该厚度在铸件机械加工成零件的过程中去除。
- **铸造收缩率**:铸件浇注后在凝固冷却过程中,会产生尺寸收缩,其中以固态收缩阶段产生的尺寸缩小对铸件的形状和尺寸精度影响最大,此时的收缩率又称线收缩率。

第 9 章 铸造

- **起模斜度**：当零件本身没有足够的结构斜度，为保证造型时容易起模，避免损坏砂型，应在铸件设计时给出铸件的起模斜度。

如图 9-2 所示为零件及模样关系示意图。

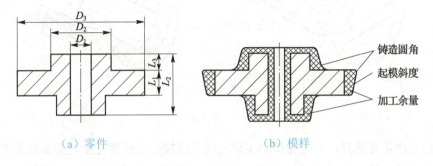

图 9-2 零件与模样关系示意图

一般的铸造模样主要有木模、金属模、塑料模、菱苦土模等。

1. 木模

木模是用木材制成的模样。常用的制模木材有红松、白松、杉木、银杏木、柚木等。

在制作木模前，首先要根据铸造工艺要求在木板上绘制木模放样图，然后确定木模结构，绘制木模结构图。对于复杂木模，为便于加工制造，可将木模分解成许多通用组合件，分别加工，最后整体组装而成。

有了正确的木模结构，还需有正确的制作步骤，如果把步骤弄错，不仅影响工作进度和成品质量，有时可能无法进行工作。例如，轴衬的木模制造，轴衬的机械图样如图 9-3 所示，由于其外形为半圆形，轴孔在木模上铲出，故可在轴衬的平面处分型。如图 9-4 所示，先用一块直纹木料做成半圆柱形主体 1，主体外圆的中间铲出凹槽 2；然后用横纹木料做两只半圆形法兰 3，与主体对准中心后粘接钉牢，再用圆凿铲出轴孔即可。

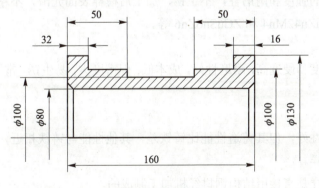

图 9-3 轴衬简图

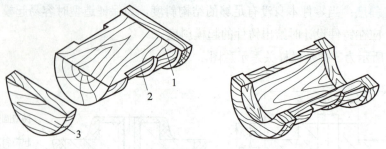

1—主体；2—凹槽；3—半圆形法兰

图 9-4　轴瓦模样

若制作步骤不是这样，而是先铲出主体与法兰的轴孔然后再钉接，那么由于主体是直纹木料，没有两端的横纹木料拉住很容易变形，而且两端法兰轴孔铲好后，钉接时很容易开裂而使工件成为废品。

2. 金属模

金属模是用金属制成的模样。

（1）制造金属模的材料

制造金属模的材料主要有铝合金、铜合金、灰铸铁、铸钢及钢材等。它们具有不同的加工性能和力学性能，应根据具体情况合理地选用。

1）铝合金

铝合金密度小，具有足够的强度和较低的硬度，易加工，模样表面光滑不生锈，不易粘砂，具有很好的使用性能。常用来制造金属模的铝合金有 ZAlSi7Mg，ZAlSi10，ZAlSi5Cu2Mn，ZAlSi9MnMg，ZAlCu10 和 ZAlZn11Si7Mg 等。

2）铜合金

铜合金有很好的强度和耐磨性，不生锈，加工后模样表面光滑，不粘砂。常用的牌号有 ZCuZn40Mn3，ZCuZn42Mn4 和 ZCuSn6Zn6 等。

3）铸铁

铸铁材料的强度和硬度高，耐磨性好，成本低；但密度大，易生锈。常用的牌号有 HT150，HT200 等。

4）铸钢

铸钢材料的韧性好，但其铸造性能比铸铁差，其他性能与铸铁相近，一般用于制造易受冲击或易损坏的模样。

此外，有的模样是直接用结构钢材经机加工制成的。

（2）金属模的制造方法

金属模一般用铸坯经机加工制成，因此要先制作母模，制造母模时要考虑双重的工艺尺寸，即要考虑由母模加工成金属模和用金属模铸造成零件时的收缩余量、加工余量等工艺尺寸。

金属模的结构要满足工艺上的要求，在此基础上应尽可能使其重量轻、制造简便、成本低。为减轻金属模的重量，模样的平均轮廓尺寸大于 50 mm，或高度大于 30 mm 时，均采用空心结构。空心模样尽量减小壁厚，可采用内壁设加强肋的办法增加强度和刚度。模样上妨碍起模的部分可做成活块。

3. 塑料模

塑料模是以环氧树脂塑料为主要原材料的模样，由于它本身具有接近金属模的使用质量，又有制作木模那样短的生产周期和较低的成本，因此在铸造生产中得到了广泛的应用。

（1）塑料模的原材料

1）黏结剂

塑料模的主要材料环氧树脂起黏结作用，常用的牌号有 6101#，634#，637#等。

2）硬化剂

环氧树脂本身不能硬化，必须加入一定量的硬化剂后才能硬化成坚固的固体。常用的硬化剂是 β-羟乙基乙二胺，加入量为树脂的 15%～18%。

3）增塑剂

常用的增塑剂是邻苯二甲酸二丁酯，加入量为树脂的 10%～25%。

4）稀释剂

稀释剂可方便配料及制模操作，常用的稀释剂有丙酮、酒精、二甲苯等，加入量为树脂的 10%～20%。

5）填充剂

填充剂可提高模样的耐磨性、硬度及抗弯强度等。常用的填充剂有石英粉、铁粉、氧化铜粉、氧化铝粉、碳化硅粉、立德粉、滑石粉及玻璃纤维等。由于填料的密度差别很大，填料的用量大致为树脂的 100%～250%，或更多一些。

6）脱模剂

脱模剂涂刷在塑料模的表面，以免型（芯）砂粘模，影响造型（芯）时的起模。用作脱模剂的材料很多，如喷漆、过氯乙烯清漆、地板蜡、凡士林等。

（2）塑料模的制作方法

塑料模的制作方法有浇注法和层敷法两种。

浇注法是将需要的混合料加热到适当温度，从浇注系统加压注入阴模中，硬化后即得到整体塑料模。

层敷法的制造工艺分为三个过程：制作母模→用母模制作阴模→用阴模制作塑料模。母模一般用木材制作，要求尺寸精确、表面光滑，只考虑铸件材料的收缩余量。阴模多采用石膏、塑料、木材、金属等制成。在涂有脱模剂的阴模上，涂刷一层 1～2 mm 的塑料作为表面层，停放 2～3 h 之后再用沾有塑料的玻璃纤维填塞棱角沟槽处，然后贴敷几层浸透有塑料的玻璃布，放入骨架或加强肋，并继续层敷玻璃布，将骨架包入层敷层内，粘成一体，经硬化后即可脱模。

4. 菱苦土模

菱苦土模是用菱苦土模料填敷在成型的支撑骨架上经硬化而成的。

（1）菱苦土模料

菱苦土模料用菱苦土（主要成分为 MgO）、卤水（主要成分为 $MgCl_2$）和木屑组成，其配比为菱苦土 20%，木屑 60%～80%，拌和均匀后，加适量卤水，拌制成豆渣状即可。

（2）菱苦土模的制作方法

先按照模样基本形状作一个骨架，在骨架上用木板做出模样轮廓，再将浸过水的填衬木条钉在木板上，衬条上斜钉一些露头圆钉，用来防止菱苦土层脱落，最后涂敷模料，待胶凝成弹性状态时可进行修整。当气温高于 25 ℃时，菱苦土模可自然干燥硬化。

9.2 砂型铸造

9.2.1 砂型铸造方法

在砂型铸造中，造型和造芯是最基本的工序。它们对铸件的质量、生产率和成本影响很大。按照紧实型砂和起模方法的不同，砂型铸造的方法可分为手工造型和机器造型两大类。

1. 手工造型

手工造型操作灵活，工艺装备（模样、芯盒和砂箱等）简单，生产准备时间短，适应性强，可用于各种大小、形状的铸件。但是，手工造型对工人的技术水平要求较高，生产率低，劳动强度大，铸件质量不稳定，故主要用于单件、小批生产。

根据铸件结构、生产批量和生产条件不同，砂型铸造可选用不同的手工造型方法。表 9-1 列出了常用手工造型方法的特点和应用范围。

表 9-1 常用手工造型方法的特点和应用范围

造型方法名称		特点			应用范围
		模样结构和分型面	砂箱	操作	
按模样特征分	整模造型	整体模，分型面为平面	两个砂箱	简单	各种大小铸件，单件、小批生产
	分模造型	分开模，分型面多是平面	两箱或三箱	较简单	各种大小套筒类铸件，单件、小批生产
	活块造型	模样上有妨碍取模的部分，做成活动的。可以是整体模，也可是分开模	两箱或三箱	费事，需埋、取活块	各种大小铸件，单件、小批生产

续表 9-1

造型方法名称		特点			应用范围
		模样结构和分型面	砂箱	操作	
按模样特征分	挖砂造型	整体模，也有分开模，但最大截面不在分型面处，造型时需挖去阻碍取模的型砂。分型面为曲面	两箱或三箱	费事，需挖出分型面	中、小铸件，单件、小批生产
	假箱造型	为免去挖砂操作，利用特制的假箱为底板，进行造型。整体模或分开模，分型面为曲面	两箱或三箱	较简单	需挖砂的铸件，成批生产
	刮板造型	和铸件截面相适应的板状模样，分型面为平面	两箱	很费事，需刮制出砂型	大、中型轮类、管类铸件，单件、小批生产
按砂箱特征分	两箱造型	各类模样，分型面为平面或曲面	两个砂箱	简单	各种大小铸件，单件、小批、成批生产
	三箱造型	铸件两端截面尺寸比中间部分大，必须用分开模，使用两箱造型，仍取不出模。分型面一般为平面	三个砂箱，中箱高度应与中箱模样高度一样	费事，需多造一个砂型	各种大小铸件，单件、小批生产
	脱箱造型	模样及浇、冒口系统固定在底板上（称模板）	活动砂箱，合型后将砂箱脱去。在无箱或加套箱的情况下浇注	简单	小件，小批；成批生产
	地坑造型	中、大型整体模、分开模、刮板模均可，分型面一般为平面	下型在地坑中造出，上型用砂箱造出	费事，需造地坑	中、大件，单件生产

2. 机器造型

机器造型是用机器全部完成或至少完成紧砂操作的造型工序。机器造型铸件尺寸精确，表面质量好，加工余量小，但需要专用设备，投资较大，适合大批量生产。

常用的机器造型方法有压实紧实、高压紧实、震击紧实、震压紧实、微震紧实、抛砂紧实、射压紧实、射砂紧实。

9.2.2　合型与浇注

1. 一般铸件的合型

将已制作好的砂型和砂芯按照图样工艺要求装配成铸型的工艺过程称为合型。

（1）下芯

下芯的次序应根据操作上的方便和工艺上的要求进行。砂芯多用芯头固定在砂型里，下芯后要检验砂芯的位置是否准确、是否松动。要通过填塞芯头间隙使砂芯位置稳固。根据需要也可用芯撑来辅助支撑砂芯。对于吊芯，可以用铁丝、螺栓等通过芯骨把砂芯固定在上箱箱带上。

（2）合型

合型前要检查型腔内和砂芯表面的浮砂和脏物是否清除干净，出气孔、浇注系统各部分是否畅通和干净，然后再合型。合型时，上型要垂直抬起，找正位置后，垂直下落按原有的定位方法准确合型。必要时（如干型）还要防止跑火。合型后，放好浇口杯，并盖好塑料板，以防杂物落入。通常将所有通气孔做出标记，以便浇注时点火引气。

（3）铸型的紧固

小型铸件的抬型力不大，可使用压铁压牢。中、大型铸件的抬型力较大，可用箱卡、螺栓或大型螺杆与压梁固定。

2. 一般铸型的浇注方法

浇注前，要把浇包嘴后面及两侧的浮渣扒除干净，以免熔渣进入铸型造成夹渣。浇注时，要掌握好浇注顺序，除底注包浇注铸钢件采用先大件后中、小件的浇注顺序外，一般为先薄壁件后厚壁件，先小件后大件（大件要求的浇注温度较低）。

浇注时，浇包嘴要靠近浇口杯，挡渣棒要放在浇包嘴附近的金属液表面上，防止渣子进入浇口杯。浇注开始时应稳、准，使流量由小迅速增大，以便尽快充满浇口杯，并保持充满状态，不可断流。此外，要点火引气，把砂芯排气孔处的纸团点着。从明冒口观察到铸件型腔充满后改从冒口浇注。稍停片刻，再点浇冒口。浇注后按规定时间在铸件已凝固时去除压铁等紧固装置，以减小铸件收缩的阻力，防止铸件产生裂纹。

9.2.3 铸件的清理

铸件的清理包括去除铸件的浇冒口、清除砂芯和芯骨、铲除飞翅和毛刺、清除内外表面的粘砂、打磨浇冒口残根、表面精整等工作。

1. 浇冒口的去除方法

一般灰铸铁件的浇冒口可用重锤等工具打掉，大的浇冒口可先在根部锯槽，再打掉；铸钢件的浇冒口可用气割去掉；有些特殊钢种的铸件无法用气割去除冒口，可采用碳弧气刨切割。等离子弧可以切割各种铁合金、非铁合金和非金属材料的浇冒口。

2. 砂芯的清除方法

① 手工清除砂芯多用风铲等工具。
② 气动落芯机清除砂芯主要依靠压缩空气推动活塞左右移动，不断撞击铸件，引起铸件

振动而使砂芯碎裂落下。

③ 水力清砂是利用高压水清除铸件上黏附的砂子和砂芯。

④ 水爆清砂是在铸件冷却到一定温度时,从铸型中取出立即浸入水中,靠进入砂芯中的水迅速气化、增压、发生爆炸,使芯砂从铸件中脱落下来。

3. 铸件的表面清理方法

铸件表面的粘砂和氧化皮一般采用清理滚筒、抛丸清理滚筒和喷砂、喷丸设备清理。

4. 铸件的表面精整方法

铸件清理后,其表面遗留的飞翅、浇冒口等残留部分,一般用砂轮机将其磨去。对于砂轮打磨不到的粘砂和氧化铁皮可用碱性或酸性液进行化学处理。

9.2.4 铸件的缺陷分析

1. 铸件缺陷的分类

铸件的缺陷种类很多,形式不一,各有其特征,按缺陷性质可分为五大类:
- **孔眼类**:包括气孔、缩孔和缩松、砂眼、渣气孔和铁豆等。
- **裂纹类**:包括热裂、冷裂和温裂。
- **表面缺陷**:包括粘砂、结疤、夹砂和冷隔等。
- **尺寸、形状和质量不合格缺陷**:包括多肉、浇不足、抬型、错型、变形、损伤等。
- **成分、组织和性能不合格**:有些铸件的金相组织、化学成分、力学性能不符合技术要求,以及在同一铸件上出现化学成分、金相组织和性能不一致,铸件局部或全部过硬等。

2. 铸件常见缺陷的种类及产生原因

(1) 气孔

根据气体的来源和形成的原因不同,气孔一般分为侵入性气孔、析出性气孔和反应性气孔三种。

1) 侵入性气孔

侵入性气孔是铸型在金属液的热作用下所产生的气体侵入金属液后造成的。其产生的原因是砂芯气路不通或烘干不适,砂型透气性太低,修型时刷水过多导致浇注过程中型砂和芯砂中的水分和黏结剂、附加物中碳的氧化物及其他挥发物所形成的气体,以及型腔中的空气等,以气泡形式侵入金属液内部,最后被凝固包围在铸件中。

2）析出性气孔

析出性气孔是溶解于金属液中的气体在金属液冷却凝固时从金属液中析出而形成的。析出性气孔产生的原因是熔炼工艺不当、金属液氧化严重、未采取脱气处理、液面覆盖保护不良等。

3）反应性气孔

反应性气孔是铸型与金属间或在金属液内部发生化学反应产生气体形成的。反应性气孔常密集地出现在铸件表层下 1～2 mm 处，故又称为皮下针孔。

产生反应性气孔的主要原因是铸型返潮、浇注系统开设不当、面砂不合适等，使金属液界面上高温化学反应的产物——氢溶入金属液表层，凝固时又过饱和而析出；此外还有其他多种原因，如钢液中的氧化铁和钢液中的碳发生化学反应生成的气体，其气泡被凝固在铸件中。

（2）缩孔和缩松

铸件在冷却凝固过程中，由于金属液的液态收缩和凝固收缩，使铸件在最后凝固的地方出现孔眼。体积大而集中的孔眼称为缩孔，细小而分散的孔眼称为缩松。

铸件产生缩孔和缩松的基本原因是，铸件由表层向里层凝固的同时，金属由液态变成固态，体积缩小而得不到金属液的补充。

（3）砂眼和渣气孔

形成砂眼和渣气孔的主要原因是铸造操作不够细致，或金属原材料和造型原材料不符合技术要求，且处理和配制方法不当。

砂眼形成的具体原因有：

① 砂型和砂芯强度太低，被高温金属液流冲刷进入型腔而形成砂眼。

② 型腔内有薄弱部分。型腔中的细薄部分和锐角很容易被金属液冲坏而形成砂眼。

③ 内浇道开设不当。由于内浇道开设不合理，使进入型腔的金属液流冲刷力很大，或浇注系统本身开得粗糙，使金属液流将型砂冲落而带入型腔。

④ 铸型搁放时间太长，湿型表面风干，湿强度降低而粉化造成砂眼。

⑤ 下芯、合型工作不够细致。由于合型前没有将型腔中散落的型砂清除干净，或下芯和合型时将砂型或砂芯碰坏，紧固时将砂型挤坏；埋型时将散砂从浇冒口中落入型腔等，均可产生砂眼。

产生渣气孔的主要原因是金属液中的溶渣进入型腔，具体原因有：

① 金属液熔炼时形成的熔渣去除不彻底，且挡渣措施不力。

② 金属液在出炉、孕育处理、浇注过程中过度氧化而生成熔渣。

③ 设置的浇、冒口系统挡渣效果不良。

（4）粘砂和夹砂

粘砂是铸件表面粘附着一层难以清除的砂粒。夹砂是铸件浇注过程中，砂型表层受热膨胀拱起并开裂，金属液进入开裂的砂层缝隙，使铸件表面产生疤片状金属凸起物，并且内部夹有型砂。

根据产生的原因不同，粘砂一般分为机械粘砂和化学粘砂两种。

机械粘砂是指由于金属液或金属氧化物渗入砂粒间隙，使铸件部分表面或整个表面，粘附一层砂粒和金属混合物。

化学粘砂是由金属液和造型材料发生化学反应所生成的低熔点化合物，凝固后把砂型表层与金属表层牢固黏结在一起而形成的。

此外，由于浇注时，浇注温度太低、浇注系统设置不合理或浇注工艺不当等，还可造成铸件出现冷隔、浇不足和铁豆缺陷。由于造型和合型工作不细、砂芯位置不稳固、压铁质量不足等，还会造成错型、偏芯和抬型等缺陷。

9.2.5 铸件工艺分析

铸造生产的工艺环节较多，过程复杂。为了保证高效率、低消耗地生产合格铸件，在生产前必须制定合理的工艺规程。

铸造工艺规程包括各种铸件都通用的工艺守则和单个铸件的工艺设计文件两部分。

1. 铸造工艺守则

铸造工艺守则是通用的指导性技术文件，一般按工序来编制，从模样制作开始到铸件清整、热处理、验收入库等。铸造工艺守则一般有模样制作工艺规程、造型（芯）工艺规程、砂型烘干工艺规程、型（芯）砂配制工艺规程、熔炼操作工艺规程、铸件浇注工艺规程、铸件清整工艺规程、铸件补焊工艺规程、铸件热处理工艺规程、无损探伤检验操作规程、其他特殊重要产品的工艺规程等。

2. 铸造工艺设计

铸造工艺设计是根据铸件的材质、结构特点、技术要求、生产批量和生产条件等，确定铸件的铸造方案和工艺参数，绘制工艺图和标注符号，编制工艺卡、各种专用工装图和专用工艺规程等。

（1）零件结构工艺分析

在制定某一个铸件的铸造工艺规程前，要对零件结构进行工艺性审查，通常对铸件的结构有如下要求：

① 为了防止铸件浇不足，铸件的壁厚应大于铸件所允许的最小壁厚。最小壁厚的数值与铸件的轮廓尺寸和所浇注合金的种类有关。生产时可查阅手册或根据经验来确定。

② 铸件应尽量避免明显的壁厚不均匀及过厚的壁，否则会引起较大的热应力，甚至会发生缩孔、裂纹或变形缺陷。

③ 铸件应尽量避免水平位置有较大的平面。大平面应改为具有一定斜度的倾斜面，以利于提高液面上升速度、防止缺陷，还要避免壁的锐角连接。

④ 铸件的结构应避免出现封闭的内腔，以保证砂芯能牢固地安置在铸型内，并尽量避免采用芯撑。

⑤ 铸件的结构应尽量使造型时起模方便。

⑥ 分析铸件结构是否便于分型、合型，并考虑如何防止变形和减少砂芯数量等问题。

(2) 铸造工艺方案的确定原则

1) 造型、造芯方法的确定

造型、造芯方法要根据铸件的材料、尺寸、质量、结构特点、技术要求、生产批量、期限，及车间生产条件和技术水平等因素来选择，以符合铸件技术要求和成本低廉为原则。

2) 铸型种类的确定

单件、批量生产以及机械化流水线大量生产的中、小型铸件一般使用湿型；大型铸件采用化学硬化砂型；一些大、重型铸件可使用表面干型；单件或小批量生产、结构形状复杂、技术条件要求高的大型、中型铸件可采用干砂型。

3) 浇注位置和分型面的确定

浇注位置要符合铸件的凝固方式，保证铸型的充填，浇注位置的选择要遵循以下原则：

① 必须使铸件最重要的部分或较大平面朝下或放在侧面或有冒口补缩的地方。

② 铸件浇注位置应有利于砂芯的定位和稳固。

③ 当铸件需要冒口补缩时，补缩的部位应处于铸件的上部。

④ 为避免薄壁件浇不足，薄壁部分应放在下边或者斜放、立放。

⑤ 铸件的浇注位置应有利于排气。平板类铸件应倾斜放置。

确定分型面应注意的一般原则是：

① 分型面尽可能是铸件最大的水平面，即与浇注位置一致，尽量使铸件的加工面和加工基准面放在同一砂箱内。

② 尽量减少分型面的数量，减少活块的数量、减少砂芯的数量；尽量使砂芯全部或主要部分位于下型，并尽量少用吊芯。

③ 分型面的选择应尽量避免凹角处出飞翅和毛刺，以便于铸件清理。

④ 应使下芯合型方便，便于检查型腔尺寸。

(3) 砂芯的设计

砂芯设计的一般原则如下：

① 在大批量生产时，为了便于机械化造芯，可将复杂的砂芯分割成几块制造，然后组装成一个整体砂芯；为了下芯、合型方便，也可将砂芯分成几块。

② 在选取砂芯的形状时，应使芯盒有宽敞的舂砂面，以便于填砂和放置芯骨。

③ 对于普通砂芯，由于作用于芯头上的压力不大，用查表法可得到芯头尺寸；对于大型砂芯，为了确保与芯头配合的砂型芯座能稳固支撑砂芯，需要对芯头表面积进行核算。

(4) 浇冒口系统和冷铁的确定

要根据铸件的结构特点、技术条件、铸造合金的特性、生产批量等选择浇注系统的类型和结构，合理地布置浇注系统的位置，确定内浇道的数目和浇注系统各组元的断面尺寸、断面比例等。浇注系统的确定应遵循以下原则：

① 使液态金属在合理浇注时间范围内充满砂型，并顺利地让型腔内气体排出型外。
② 阻挡夹杂物和气体进入型腔。
③ 调节砂型及铸件上各部分温差，控制铸件凝固顺序，不阻碍铸件收缩。
④ 起一定的补缩作用。
⑤ 不冲砂芯及砂型薄弱部分，平稳引注。
⑥ 引注位置不正对冷铁和芯撑，亦不应造成大量金属液流经冷铁和芯撑处。
⑦ 浇注系统的开设须符合铸件的凝固原则，要有利于减小冒口体积，本身结构应尽量简单。

冒口的确定应符合定向凝固的原则，具体应注意以下几点：

① 冒口的尺寸应使整个凝固期间，有充足的液态金属补充铸件的收缩。对于无自补偿能力的合金，冒口应比铸件凝固得晚。
② 冒口中的金属液须有足够的补缩压力和补缩通道。
③ 冒口应有正确的形状，使冒口所消耗的金属液最少。

在铸件难以设置冒口的部位、铸件局部肥厚部位、铸件壁与肋的交接部位以及在需要增加冒口的补缩距离、控制局部凝固顺序时，应考虑使用冷铁。

（5）铸造工艺文件的制定

铸造工艺文件的形式和内容要根据生产需要而定。生产中主要的工艺文件有铸造工艺图、铸件图、铸型装配图和铸造工艺卡。

1）铸造工艺图

铸造工艺图是将浇注位置、分型面、分模面、活块、浇冒口系统、砂芯结构尺寸和有关工艺参数等，按照规定的工艺符号或文字绘制加注在零件图上而形成的。

2）铸件图

铸件图是技术检验、铸件清理和成品验收的依据，也是设计和制造工艺装备的依据。大批量首次生产或重要的铸件都要绘制出铸件图。它是根据铸造工艺图绘制而成的，用于表明铸件的形状和主要尺寸。图上还注有机械加工余量、铸件的技术条件和检验方法等。

3）铸型装配图

铸型装配图表明经装配合型后铸型的结构。它是依据铸造工艺图绘制的，是生产准备、合型、检验等工作的依据。

4）铸造工艺卡

铸造工艺卡是铸造工艺图的补充，也是最基本、最重要的工艺文件之一。它列有铸件、造型、合型、浇注等方面的重要工艺数据和内容说明，如铸件金属的牌号、铸件毛重、砂箱尺寸、造型材料的种类、烘干规范、浇注温度、铸件在铸型中的冷却时间等。

9.2.6 铸件尺寸的确定

铸造工艺参数是与铸造工艺过程有关的某些工艺数据，直接影响模样、芯盒的尺寸和结构，选择不当会影响铸件的精度、生产率和成本。铸造工艺参数主要包括铸造收缩率、加工余量、起模斜度、最小铸出孔和槽等。

1. 铸造收缩率

铸件由于凝固、冷却后体积要收缩，其各部分尺寸均小于模样尺寸。为保证铸件尺寸要求，需在模样（芯盒）上加一个收缩的尺寸。加大的这部分尺寸称为收缩量。收缩量用铸造收缩率 ε 表示，即

$$\varepsilon = \frac{L_{模} - L_{件}}{L_{件}} \times 100\%$$

式中：$L_{模}$——模样尺寸（mm）；
$L_{件}$——铸件尺寸（mm）。

制造模样时常用特制的"收缩尺"，其刻度值为普通尺长度加上收缩量，有 0.8%，1.0%，1.5%，……等各种比例的收缩尺。

铸造收缩率主要取决于合金的种类，同时与铸件的结构、大小、壁厚及收缩时受阻的情况有关。对一些要求较高的铸件，如果收缩率选择不当，将影响铸件的尺寸精度，使某些部位偏移，影响切削加工和装配。表 9-2 列出了砂型铸造时几种合金铸造收缩率的经验值，可供参考。

表 9-2 砂型铸造时几种合金铸造收缩率的经验值

合金种类		铸造收缩率	
		自由收缩	受阻收缩
灰铸铁	中小型铸件	1.0	0.9
	中大型铸件	0.9	0.8
	特大型铸件	0.8	0.7
球墨铸铁		1.0	0.8
碳钢和低合金钢		1.6～2.0	1.3～1.7
锡青铜		1.4	1.2
无锡青铜		2.0～2.2	1.6～.8
硅黄铜		1.7～1.8	1.6～1.7
铝硅合金		1.0～1.2	0.8～1.0

2. 加工余量

加工余量是指在铸件表面上留出的准备切削去的金属层厚度。加工余量过大，会增加金属材料的消耗及切削加工的工作量；过小，则既不能消除以前各道工序的各种机械加工缺陷与误差，又不能尽量补偿机械加工过程中的装夹误差。

影响加工余量的因素有合金种类、铸造方法、铸件结构、尺寸及加工面在型内的位置等。灰铸铁件表面较铸钢件表面平整，精度较高，故灰铸铁件比铸钢件的加工余量要小。机器造型的铸件比手工造型的铸件精度高，故加工余量可小些；高压造型的铸件精度更高，加工余量可更小些。如表 9-3 所示为灰铸铁件的加工余量值。

表 9-3 灰铸铁件的加工余量值（摘自 JB 2854—80）

铸件最大尺寸	加工面在型内的位置	公称尺寸/mm					
		≤120	>120～260	>260～500	>500～800	>800～1 250	<1 250～2 000
≤120	顶面	4.5（4.0）					
	底面、侧面	3.5（3.0）					
>120～260	顶面	5.0（4.5）	5.5（5.0）				
	底面、侧面	4.0（3.5）	4.5（4.0）				
>260～500	顶面	6.0（5.0）	7.0（6.0）	7.0（6.5）			
	底面、侧面	4.5（4.0）	5.0（4.0）	6.0（5.0）			
>500～800	顶面	7.0（6.0）	7.0（6.5）	8.0（7.0）	9.0（7.5）		
	底面、侧面	5.0（4.5）	5.0（4.5）	6.0（5.0）	7.0（5.5）		
>800～1 250	顶面	7.0（7.0）	8.0（7.0）	8.0（7.5）	9.0（8.0）	10.0（8.5）	
	底面、侧面	5.5（5.0）	6.0（5.0）	6.0（5.5）	7.0（5.5）	7.5（6.5）	
>1 250～2 000	顶面	8.0（7.5）	8.0（8.0）	9.0（8.0）	9.0（9.0）	10.0（9.0）	12.0（10.0）
	底面、侧面	6.0（5.0）	6.0（5.0）	7.0（6.0）	7.0（6.5）	8.0（6.5）	9.0（7.5）

注：① 公称尺寸是指两个相对加工面之间的最大距离，或者从基准面或中心线到加工面之间的距离。
② 加工余量数值中不带括号者用于手工造型，带括号者用于机器造型。

3. 起模斜度

为便于取模，在平行于出模方向的模样表面上所增加的斜度称拔模斜度。起模斜度一般用角度 α 或宽度 a 表示，如图 9-5 所示。

起模斜度应根据模样高度及造型方法来确定。中小型木模的起模斜度值为 $\alpha = 0.5° \sim 3°$ 或 $a = 3.5 \sim 0.5$ mm，模样高时取下限，矮时取上限。金属模的起模斜度值比木模小些。

对于要加工的侧面应加上加工余量后再给起模斜度，一般按增加厚度法或加减厚度法确定。非加工的装配面上留斜度时，最好用减少厚度法，以免安装困难。

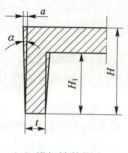 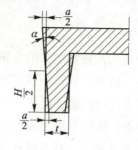 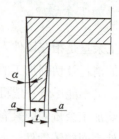

(a) 增加铸件厚度　　　　　　(b) 加减铸件厚度　　　　　　(c) 减少铸件厚度

图 9-5　起模斜度示意图

4. 最小铸出孔和槽

铸件上较小的孔、槽一般不铸出，直接在钻床上用钻头钻出反而方便。如表 9-4 所示为最小铸出孔的数据，可供参考。

表 9-4　铸件的最小铸出孔尺寸

生产批量	最小铸出孔直径/mm	
	灰铸铁件	铸钢件
大量	12～15	—
成批量	15～30	30～35
单件、小批量	30～35	50

9.3　其他铸造方法

9.3.1　机器造型

机器造型实质上是用机械方法取代手工进行造型过程中的填砂、实砂和起模。

填砂过程常在造型机上用加砂斗完成，要求型砂松散，填砂均匀。实砂就是使砂型紧实，达到一定的强度和刚度。型砂被紧实的程度通常用单位体积内型砂的质量表示，称为紧实度。一般紧实的型砂，紧实度为 1.55～1.7 g/cm³；高压紧实后的型砂，紧实度为 1.6～1.8 g/cm³；非常紧实的型砂，紧实度可达到 1.8～1.9 g/cm³。实砂是机器造型关键的一环。

机器造型可以降低劳动强度，提高生产效率，保证铸件质量，适用于批量铸件的生产。下面将首先介绍四种常用的机器造型方法，然后介绍两种机器起模方法。

1. 高压造型

高压造型是型砂借助于压头或模样所传递的压力紧实成形，按比压大小不同可分为低压

（0.15～0.4 MPa）、中压（0.4～0.7 MPa）、高压（>0.7 MPa）三种。高压造型目前应用很普遍，如图 9-6 所示为多触头高压造型的工作原理图。高压造型具有生产率高，砂型紧实度高，强度大，所生产的铸件尺寸精度高和表面质量较好等优点，在大量和大批生产中应用较多。

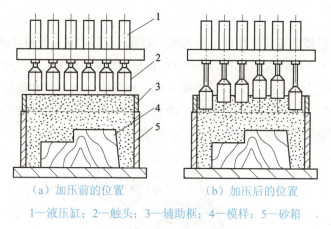

(a) 加压前的位置　　　　(b) 加压后的位置

1—液压缸；2—触头；3—辅助框；4—模样；5—砂箱

图 9-6　多触头高压造型工作原理图

2. 射压造型

射压造型是利用压缩空气将型砂以很高的速度射入砂箱并加以挤压而实现紧实的，其工作原理如图 9-7 所示。射压造型的特点是砂型紧实度分布均匀，生产速度快，工作无振动噪声，一般应用在中、小铸件的成批生产中，尤其适用于无芯或少芯铸件。

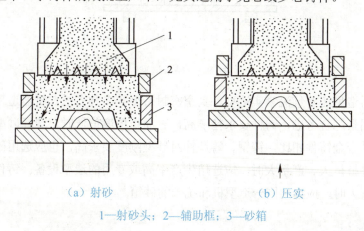

(a) 射砂　　　　(b) 压实

1—射砂头；2—辅助框；3—砂箱

图 9-7　射压造型工作原理图

3. 震压造型

震压造型是利用震动和加压使型砂压实。该方法得到的砂型密度的波动范围小，紧实度高。

震压造型最常应用的是微震压实造型方法，其振动频率为 400 Hz，振幅 5～10 mm。震压造型相比纯压造型可获得较高的砂型紧实度，且砂型均匀性也较高，可用于精度要求高、形状较复杂铸件的成批生产。

4. 抛砂造型

抛砂造型是用机械的方法将型砂以高速抛入砂箱，使砂层在高速砂团的冲击下得到紧实，其工作原理如图 9-8 所示，抛砂速度为 30～50 m/s。抛砂造型特点是填砂和紧实同时进行，对工艺装备要求不高，适应性强，只要在抛头的工作范围内，不同砂箱尺寸的砂型都可以用抛砂机造型。抛砂造型可以用于小批量生产的中、大型铸件。但抛砂造型也存在砂型顶部需补充紧实，型砂质量要求较高及不适合用于小砂型的缺点。

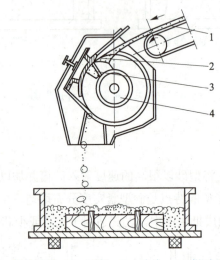

1—送砂胶带；2—弧板；3—叶片；4—抛砂头转子

图 9-8　抛砂造型

另外，机器造型还有气流紧实造型、真空密封造型等多种方法。机器造型方法的选择应根据多方面的因素综合考虑，铸件要求精度高，表面粗糙度值低时，选择砂型紧实度高的造型方法；与非铁合金铸件相比，铸钢、铸铁件对砂型刚度要求高，也应选用砂型紧实度高的造型方法；铸件批量大、产量大时，应选用生产率高或专用的造型设备；铸件形状相似、尺寸和质量相差不大时，应选用同一造型机和统一的砂箱。

5. 机器起模

机器起模也是铸造机械化生产的一道工序。机器起模比手工起模平稳，能降低工人的劳动强度。机器起模有顶箱起模和翻转起模两种。

（1）顶箱起模

如图 9-9 所示，起模时利用液压或油气压，用四根顶杆顶住砂箱四角，使之垂直上升，固定在工作台上的模板不动，砂箱与模板逐渐分离，实现起模。

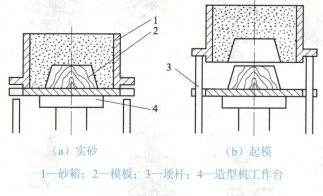

(a) 实砂　　　　　　(b) 起模

1—砂箱；2—模板；3—顶杆；4—造型机工作台

图 9-9　顶箱起模

（2）翻转起模

如图 9-10 所示，起模时用翻台将型砂和模板一起翻转 180°，然后用接箱台将砂型接住，固定在翻台上的模板不动，接着下降接箱台使砂箱下移，完成起模。

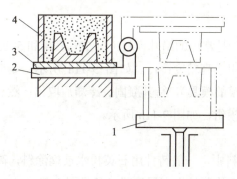

1—接箱台；2—翻台；3—模板；4—砂箱

图 9-10　翻转起模

9.3.2　熔模造型

熔模铸造是在易熔模样表面包覆若干层耐火涂料，待其硬化干燥后，将模样熔去后而制成型壳，经浇注而获得铸件的一种方法。由于模样多用蜡质材料制作，又称"失蜡铸造"。

1. 熔模铸造的工艺过程

熔模铸造的工艺过程如图 9-11 所示，主要工序如下。

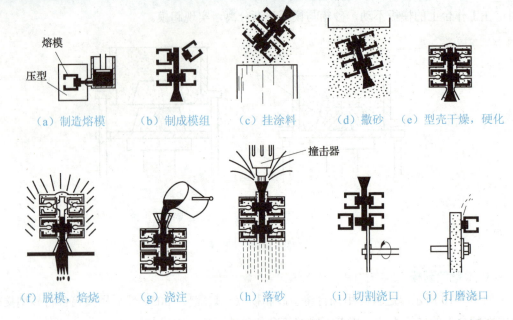

(a) 制造熔模　　(b) 制成模组　　(c) 挂涂料　　(d) 撒砂　　(e) 型壳干燥，硬化

(f) 脱模，焙烧　　(g) 浇注　　(h) 落砂　　(i) 切割浇口　　(j) 打磨浇口

图 9-11　熔模铸造工艺过程

（1）熔模的制造

熔模材料有两种：一种是常用的蜡基模料（由 50%石蜡和 50%硬脂酸组成）；另一种是树脂（松香）基模料，主要用于高精度铸件。如图 9-11a 所示，制造熔模的方法是用压力把糊状模料压入压型（制造熔模的模具），待其凝固、冷却后取出；然后将熔模按一定分布方式熔焊在浇口棒熔模上，组成模组，如图 9-11b 所示。

（2）型壳的制造

将模组浸泡在耐火涂料中，一般铸件用石英粉水玻璃涂料，高合金钢件用钢玉粉硅酸乙酯水解液涂料。待熔模表面均匀挂上一层涂料（参见图 9-11c）后，撒上一层细石英砂（参见图 9-11d），然后硬化，如图 9-11e 所示（水玻璃涂料砂壳浸在 NH_4Cl 溶液中硬化，硅酸乙酯水解液型壳通氯气硬化）。重复挂涂料、撒砂和硬化，可得到一个多层砂壳组成的型壳。小铸件的型壳为 5~6 层，大铸件的型壳需 6~9 层。第一、二层所用砂的粒度较细，而以后几层（加固层）所用砂的粒度较粗。

（3）脱模、型壳焙烧

型壳制好后须脱去熔模，常用脱模方法有：

- **热水法**：把型壳浇口向上浸在 80~90 ℃的热水中加热，模料熔化后从浇口溢出，浮在水面。

- **高压蒸气法**：将型壳浇口向下放在高压釜中，向釜内通入 20~50 MPa 压力的高压蒸气，模料熔化后流出。

如图 9-11f 所示，脱模后，把型壳加热到 800~1 000 ℃焙烧，水玻璃型壳取较低温度，硅酸乙酯水解型壳取较高温度。保温一段时间，即可出炉浇注。通过焙烧，型壳强度增加，其内腔更为干净。

（4）浇注、落砂、清理

如图 9-11g~j 所示，型壳焙烧后就可进行浇注、落砂、清理。

2. 熔模铸件的结构特点

对于熔模铸件的结构，除满足一般铸造工艺的要求外，需特别注意下列问题：

① 铸孔的直径不要太小和太深。熔模铸件上的一般孔洞，可以在制壳时由型壳直接形成，但如孔洞太小，涂料和砂粒很难进入蜡模的孔洞内，只有采用陶瓷芯或石英玻璃管芯，而且工艺复杂、清理也很困难。一般铸孔直径应大于 2 mm，通孔的深度（h）和直径（d）的最大比值 $h/d = 4$~6；盲孔的 $h/d = 2$，如果铸件壁较薄，此限制可放宽。

② 铸槽的宽度应大于 2 mm，槽深应为槽宽的 2~6 倍。槽越宽，槽深和槽宽的比值可越大。

③ 铸件壁厚不要太薄，一般为 2~8 mm。

④ 熔模铸造工艺上一般不用冷铁，少用冒口，多用直浇口直接补缩，故要求铸件壁厚均匀，或使壁厚分布满足顺序凝固要求，不要有分散的热节。

3. 熔模铸造的特点和适用范围

熔模铸造的主要特点如下：

① 铸件的精度和表面质量较高，尺寸公差等级可达 IT11~IT13，表面粗糙度 Ra 值可达 12.5~1.6 μm。例如，熔模铸造的涡轮发动机叶片，铸件精度已达无加工余量的要求。

② 适用于各种合金铸件，从各种有色合金到各种合金钢，尤其适用于高熔点及难加工的高合金钢，如耐热合金、不锈钢、磁钢等。

③ 可制成形状较复杂的铸件，铸出孔的最小直径为 0.5 mm，最小壁厚可达 0.3 mm。对由几个零件组合成的复杂部件，适于用熔模铸造整体铸出。

④ 工艺过程较复杂，生产周期长，费用和消耗的材料费较贵，多用于小型零件（从几十克到几公斤），一般不超过 25 kg。

熔模铸造是少切削、无切削加工工艺的重要方法之一，目前在航空、船舶、汽车、拖拉机、机床、农机、汽轮机、仪表、刀具和武器等制造行业中，都得到了广泛的应用。

9.3.3 金属型铸造

金属型铸造是在重力作用下将液体金属浇入金属铸型以获得铸件的方法。由于铸型用金属制成，可以反复使用，故又称永久型铸造。

1. 金属型

金属型的材料一般采用铸铁，要求较高时，可选用碳钢或低合金钢。铸件的内腔可用金属型芯或砂芯得到，薄壁复杂件或黑色金属件，多采用砂芯，而形状简单件或有色金属件，多采用金属型芯。

按照分型面的不同，金属型可分为水平分型式、垂直分型式和复合分型式等。

- **水平分型式金属型**：它的下型通常不动而只起动上型，常用于铸造中、大型铸件。这种金属型合型和安装型芯都较方便。为使铸件能顺利地取出，浇冒口常用型砂在上型预先留出的孔洞内做出。
- **垂直分型式金属型**：便于开设浇口和取出铸件，且有利于实现机械化生产，主要应用在小型铸件生产上。
- **复合分型式金属型**：这种金属型能铸造形状复杂的铸件，但制造铸型的成本较高。

由于金属型本身是不透气的，所以，除了尽量利用冒口排气外，还在金属型的分型面上开出相当多的通气槽，以防止液体金属流出。

2. 金属型铸造的工艺特点

（1）金属型预热

未预热的金属型导热性好，使金属液冷却过快，铸件易出现冷隔、浇不足、夹杂、气孔等缺陷。同时，铸型本身受到强烈热冲击，应力倍增，极易损坏。因此，金属型在浇注前要预热，预热温度应根据合金种类和铸件结构，通过试验而定，一般不能低于 150 ℃。

（2）刷涂料

金属型表面应喷刷一层耐火涂料（厚度为 0.3～0.4 mm），以保护型壁表面，免受金属液的直接冲蚀和热击，利用涂料层的厚薄可改变铸件各部分的冷却速度；涂料还可起蓄气和排气作用。不同合金采用的涂料不同，铝合金铸件常用含氧化锌粉、滑石粉和水玻璃的涂料，灰铸铁件常用涂料的组成为：石墨、滑石粉、耐火黏土、桃胶和水。

（3）浇注

由于金属型的导热能力强，因此浇注温度应比砂型铸造高 20～30 ℃，铝合金为 680～740 ℃，铸铁为 1 300～1 370 ℃，锡青铜为 1 100～1 150 ℃，对薄壁小件取上限，对厚壁大件取下限。

（4）开型时间

铸件在金属型内，停留时间愈长，温度愈低，其收缩量就愈大，取出铸件时困难愈大，而且铸件产生内应力和裂纹的倾向愈大；同时使金属型的温度升得愈高，需要更长的时间冷却，使生产率下降。因此掌握合适的开型时间十分重要，一般要通过试验来确定。

第 9 章　铸造

3. 金属型铸件的结构特点

金属型铸件结构设计的要求是：由于金属型无退让性和溃散性，因此为保证铸件结构能顺利出型，结构斜度应较砂型铸件为大；铸件壁厚要均匀，铸件最小壁厚的限制为：铝硅合金 2～4 mm，铝镁合金 3～5 mm，铸铁 2.5～4 mm。

4. 金属型铸造的特点和应用范围

和砂型铸造相比，金属型铸造有许多优点：

① 金属型铸件冷却快，组织致密，机械性能较高。例如，铝合金金属型铸件，其抗拉强度平均可提高 25%，屈服强度平均提高约 20%，同时，抗蚀性能和硬度也显著提高。

② 铸件的精度和表面质量较高，尺寸公差等级平均为 IT12～IT14，表面粗糙度 Ra 值平均可达 6.3 μm。

③ 浇冒口尺寸较小，液体金属耗量减少，一般可节约 15%～30%。

④ 不用砂或少用砂，可节约造型材料 80%～100%，减少砂处理和运输设备，减少粉尘污染。

金属型铸造的主要缺点是金属型不透气、无退让性、铸件冷却速度大、容易产生各种缺陷，因此，对铸件要有选择，对铸造工艺要严格控制。金属型铸造必须采用机械化和自动化装置，否则劳动条件反而恶劣。

金属型铸造适用于大批生产的有色合金铸件，如铝合金的活塞、气缸体、气缸盖、油泵壳体及铜合金轴瓦、轴套等。对于黑色金属铸件，只限于形状简单的中、小件。

9.3.4　压力铸造

压力铸造（简称压铸）是将熔融金属在压铸机中以高速压射入金属铸型内，并在压力下结晶的铸造方法。常用压射压力为几个至几十个兆帕（几十至几百个大气压），充填速度约为 0.5～50 m/s，充填时间为 0.01～0.2 s。

1. 压铸机和压铸工艺过程

压铸过程主要由压铸机来实现。压铸机有多种型式，目前应用最多的是冷压室卧式压铸机，其压射室不浸在高温金属液中，压射室中心线呈水平位置。如图 9-12 所示，压铸机主要由合型机构、压射机构、动力系统和控制系统等部分组成。合型机构用以开合铸型和紧固铸型，通常以合型力大小表示压铸机规格。

压铸型由固定半型（定型）和活动半型（动型）组成，定型固定在机架上，动型由合型机构带动可水平移动。压铸型上装有拔出金属芯和顶出铸件的机构。

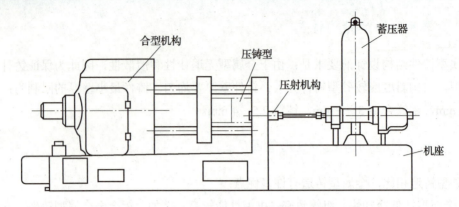

图 9-12　冷压室卧式压铸机（J116）总体结构

压铸工艺过程如图 9-13 所示。冷压室卧式压铸机结构简单，生产率高，液体金属进入型腔流程短，压力损失小，故使用较广。

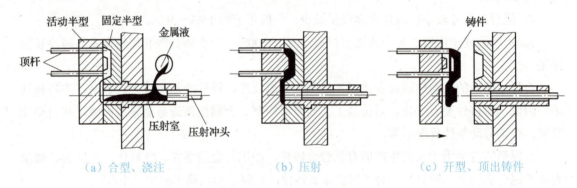

(a) 合型、浇注　　　　　　(b) 压射　　　　　　(c) 开型、顶出铸件

图 9-13　压铸工艺过程示意图

2. 压铸件的结构特点

由于压铸成形时，金属浇注和冷却速度很快，厚壁处不易得到补缩而形成缩孔、缩松，故压铸件应尽可能采用薄壁并保证壁厚均匀。各种合金的适宜壁厚：锌合金为 1～4 mm，铝合金为 1.5～5 mm，铜合金为 2～5 mm。

压力铸造可铸出细小的螺纹、孔、齿、槽、凸纹及文字，但都有一定的尺寸限制，可参阅有关《特种铸造手册》。对于复杂而无法取芯的铸件或局部要求特殊性能（耐磨、导电、导磁和绝缘等）的铸件，可采用镶铸法，把金属或非金属镶嵌件先放在压型内，然后和压铸件铸合在一起。镶铸法扩大了压铸件的应用范围，可以将许多小铸件合铸在一起，也可铸出十分复杂的铸件。

3. 压力铸造的特点和应用范围

与其他铸造方法相比，压力铸造有以下优点：

① 铸件的尺寸精度最高，表面粗糙度 Ra 值小。压铸件的公差等级一般为 IT11～IT13 级，

有时可达 IT8～IT9 级，表面粗糙度 Ra 值为 3.2～0.8 μm，有时达 0.4 μm，因此压铸件可不经机械加工而直接使用。

② 铸件强度和表面硬度都较高。因为压铸件表面的一层金属晶粒较细，组织致密，所以压铸件的抗拉强度可比砂型铸件提高 25%～30%，但延伸率有所降低。

③ 生产效率很高，生产过程易于机械化和自动化，一般冷压室压铸机平均每 8 h 可压铸 600～700 次。

压铸的主要缺点有：

① 压铸时，高速液流会包住大量空气，凝固后在铸件表皮下形成许多气孔，故压铸件不能进行较多余量的切削加工，以免气孔暴露出来。有气孔的压铸件也不能进行热处理，因高温加热时，气孔内气体膨胀会使铸件表面鼓泡或变形。

② 压铸黑色金属时，压铸型寿命很低，困难较大。

③ 设备投资大，生产准备周期长，只有在大量生产条件下，经济上才合算。

由于压铸所具有的优点，使它获得了广泛的应用，目前主要用于有色合金铸件。在压铸件中，占最大比重的是铝合金压铸件，为 30%～50%，其次为锌合金压铸件；而铜合金压铸件仅占 1%～2%。

应用压铸件最多的是汽车、拖拉机制造业，其次为仪表制造和电子仪器工业，再次为农业机械、国防工业、计算机、医疗器械等制造业。用压铸法生产的零件有发动机气缸体、气缸盖、变速箱箱体、发动机罩、仪表和照相机的壳体与支架、管接头、齿轮等。

9.3.5　离心铸造

离心铸造是将金属液浇入旋转的铸型中，使其在离心力作用下成形并凝固的铸造方法。离心铸造可以用金属型，也可以用砂型，既适合于铸造中空铸件，又能铸造成形铸件。

离心铸造机根据旋转轴在空间的位置，可分为立式和卧式两大类。立式离心铸造机的铸型是绕垂直轴旋转的，它主要用来生产高度小于直径的圆环铸件，也用于浇注成形铸件，如图 9-14a 所示。卧式离心铸造机的铸型是绕水平轴旋转的，它主要用来生产长度大于直径的套类和管类铸件，如图 9-14b 所示。

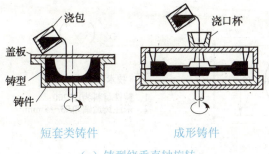
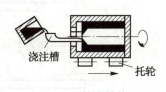

图 9-14　离心铸造示意图

离心铸造的优点有：

① 铸件组织致密，无缩孔、缩松、气孔、夹渣等缺陷，机械性能好。这是因为在离心力作用下，铸件从外向内顺序凝固，补缩条件好，金属中的气体、熔渣等夹杂物因重度小均集中在内表面。

② 铸造中空铸件时，可不用型芯和浇注系统，大大简化生产过程，节约了金属。

③ 离心力作用下，金属液的充型能力得到提高，可以浇注流动性较差的合金铸件和薄壁铸件，如涡轮、叶轮等。

④ 便于铸造双金属铸件，如钢套镶铜轴承等，其结合面牢固、耐磨，可节约许多贵重合金。

离心铸造的缺点是铸件易产生偏析、内孔不准确、内表面较粗糙。

由于离心铸造的上述优点，其应用越来越广泛。在生产一些管、套类铸件如铸铁管、铜套、缸套、双金属钢背铜套等时，离心铸造是主要方法。此外，在耐热钢管道、特殊钢无缝钢管毛坯，造纸机干燥滚筒等生产方面，离心铸造的应用也很有成效。

9.4 技能训练项目

9.4.1 轴承盖的挖砂造型技能训练

轴承盖工艺简图如图 9-15 所示。

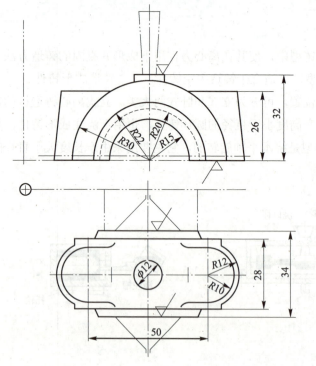
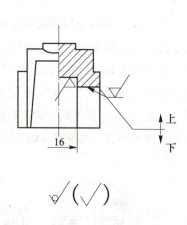

图 9-15 轴承盖工艺简图

第9章 铸造

1. 准备

(1) 读图

读懂零件简图,考虑造型方法。

① 弄清铸件的形状、大小、材料及重量。
② 了解铸件机械加工的要求、加工面位置及分布情况。
③ 通过工艺分析决定造型方法。

(2) 准备模样

① 根据所给的图样把本铸件的木模找出。
② 准备合适的浇冒口棒、合适的木砂箱及造型底板等。

(3) 其他准备工作

① 准备造型工具及其他用具、用品等。
② 准备型砂,手测型砂性能至合格。
③ 确定所需铁液量,并通知熔化工予以配合

2. 训练项目

① 手测型砂性能,要求判断其水分含量(%)、湿压强度(kPa)及该型砂是否适宜。
② 判断所用造型方法,包括浇注位置与分型面是否正确。
③ 砂型紧实度符合要求,紧实较均匀。
④ 分型面的大部分面积保持起模时的原状且平整、无松散或毛糙的型腔边缘。型腔表面光洁且形状正确。下砂型的砂台结实,砂箱翻转360°砂胎不掉落;曲折分型处挖砂形状规矩、表面平滑、转折清晰。
⑤ 浇冒口开设正确。
⑥ 扎通气孔位置,数量和深度合适。
⑦ 合型操作正确,盖浇冒口、脱箱、埋型正确。
⑧ 压铁位置及质量合适。
⑨ 铸出的铸件质量符合要求:形状正确,棱角规矩,尺寸符合公差要求,外表面粗糙度小于 Ra 25 μm,内表面小于 Ra 50 μm,无砂眼、气孔、粘砂、夹砂、结疤、缺肉、错型(指错偏大于 1.5 mm)等铸造缺陷。

3. 操作要领

(1) 关键工艺分析

1) 本铸件的特点

① 本轴承盖尺寸较小(74 mm×34 mm×32 mm),为轴向长度较短、径向两端带凸肩的、半圆瓦状体,其顶面还带有一个小圆凸台。

② 凸肩锥台的中心有不铸出的螺栓孔，两端各一个（图中未画出），用以装配、固定轴承盖。本轴承盖仍属受力件（承受振动等），要求材质为 HT200 牌号一级灰铸铁，而且壁厚不算薄。由材质牌号及壁厚可知，本铸件凝固时，共晶石墨化膨胀较为充分，有自补缩能力，无须冒口补缩。

③ 本件的重要加工面为 $R20$ mm 与 $R15$ mm 圆弧面以及轴心线所在的最大装配平面。此大平面的加工要求高，须加工到与轴心线重合；然后两个轴承盖对起来、夹紧后再加工内圆表面。其次重要的加工面是与轴心线垂直的两个侧平面。最为次要的是小圆台顶面，它只是锪平表面，为了划线钻注油小孔。重要加工面，皆是与其他零件相互配合的表面，有严格的公差与表面粗糙度要求；而最次要的加工面往往按自由尺寸加工，无严格的公差要求。

2）本件的凝固原则

由本铸件特点②可知本件不需冒口补缩，应采用同时凝固原则。

3）适宜的浇注位置

当铸件要求同时凝固时，重要加工面（大平面）应向下，所以本件的浇注位置正如图样中正视图所示位置，即小圆台顶面朝上。只有这样的浇注位置才能更好地保证重要加工面的铸造质量。

4）适宜的分型面

由于本件的内圆表面可用下型自带砂台的方法来形成，不用砂芯，可降低成本，因此，分型面应取在铸件最大截面处，即上述大平面加上加工余量后的表面上。

5）适宜的造型方法

由本件适宜的浇注位置与分型面可知：造下型时须有成形造型底板，须把木模卧放在成形底板中，使木模的大平面与成形底板的大平面重合为一个水平面。与此同时，为了在开箱起模及合型时不致损坏砂台，须把半圆柱形砂台两侧立面改为 60°或 45°的圆锥坡面，亦即在成形底板的相应位置应做出此锥坡槽坑。单件或小量生产时不可能有此专用造型底板，通常须用假箱来代替，即采用假箱造型。通常需采用含黏土粉较多的型砂，用挖砂造型的方法来制作假箱，而且舂砂时要格外地紧实。当只生产一件时，可直接采用挖砂造型，有以下两种方法可供选择：

① 先不用模样造一个平面下型，翻型放平后，把木模放在分型平面上、找到正确的位置，用提钩在下型上与半圆砂台接触的部位划出外廓记号。取下木模，把接触砂台部位的型砂挖松（要连同形成曲折分型圆锥坡面处一起挖松，但不要扩大到其他不与砂台接触的部分）。在木模的凹腔中填型砂，同时埋入铁钉的钉头部分，并紧实到与分型面相同的紧实度。埋入的铁钉钉头部分约为钉长的 1/4，而钉长应略大于砂台高的 2 倍。铁钉应采用旧钉且被锤子校直过。

用手按住砂台两侧立面，并把木模连砂台带钉子按入到下箱分型面上的正确位置处。用木锤打击木模顶面，使其底面（大平面）与分型面吻合。用型砂修补砂台两侧的圆锥坡面，至紧实度符合要求且形状正确；扫去浮砂、清整分型面、撒分隔砂、放浇口，造上型。造上型前要轻微地前后左右松模，以免在起模时擦伤砂台。

② 在造型平板上放好木模，使大平面向下，先造上型。放好直浇道棒及横浇道模等，直浇道最好是略靠近砂箱某一个角。按常规预紧实模样边角部位及浇道周围，填砂、舂砂、刮平、扎通气孔、起出浇冒口棒、翻型、放平在造型平板的无砂表面上。

在必要的挖砂和修补、抹平、撒分隔砂后，用手紧实一团型砂并在造型平板上拍出一个平面（型砂的平表面应略大于直浇道）。把这紧实的砂团放在上箱的浇口上，使砂团的平表面挡住整个浇口。在模样的凹腔处填砂、紧实和埋钉子（应采用钉长略大于砂台高 2 倍的、被锤子校直过的旧钉子，埋入铁钉的钉头部分约为钉长 1/4）。然后，按常规造下型，注意不要直接舂着浇口上的砂团和钉子，也不要直接舂着上箱的分型面。完成后扎通气孔。

开型前，要垫木块轻敲砂箱四角，以免开型时砂台被模样擦伤。在下型与直浇道对应位置要挖出少量型砂，按实周边，做出直浇口窝。起出内浇道模，按实两端尖角、倒成圆角连接。注意：内浇道模与上型模样底部大平面的搭接长度应略大于内浇道模高度；若搭接长度明显小于浇道模高度，则须重新造型。同理，内浇道与横浇道亦须正确地搭接好，使搭接面积略大于内浇道的断面积。

6）浇冒口的设置

由于本件很小，可按最小断面考虑，取直浇道下端最小直径为 20 mm。内浇道引注位置，对于本件来说，应尽可能开在加工面上，有以下两种开设可供选择：

① 引注位置设在曲折分型的锥坡两旁，即设在与铸件轴心线垂直的侧立面之一上。优点是内浇道可开在上型，对挡渣有利。缺点是内浇道只能有 8 mm 宽，所开挖的深度不应小于 5 mm；实际约为 6 mm 且不能超出铸件型腔的边缘。此时，需采用法兰梗等造型工具细心地使内浇道成型、把引注口砂尖角压成圆角，但在分型面上的不做成圆角；须设有横浇道且横浇道应有富余的延长段，延长段应有 30～40 mm 长。

直浇道底部应开有深度不小于直径（20 mm）的直浇道窝，以起缓冲作用。横浇道应开成高梯形断面形状，即梯形的高约为大底边的 1.5～1.8 倍，其断面以 10 mm/14 mm×25 mm 较宜；横浇道与内浇道连接处离直浇道窝边缘的距离应大于直浇道直径的 1.5 倍，而且横浇道断面积之和应略大于直浇道最小断面；只有这样，横浇道才有可能起挡渣作用，否则上浮到横浇道上表面的渣还会被金属液流卷入型腔，造成渣眼缺陷。

② 引注位置设在凸肩的底面。其特点是内浇道须采用搭接的方式，使其两端分别与铸件和横浇道相连；内浇道开设的位置较宽敞，但在铸件机械加工之前，须用砂轮把较多的内浇道残根打磨掉。其直浇道、直浇道窝、横浇道的开设与上述相同，其横浇道只要满足前述要求，同样也能起挡渣作用。虽然搭接的面积越小对挡渣越有利，但搭接面积太小不利于型腔的充填。为了不影响充填、不延长浇注时间，搭接面积应略大于内浇道断面积。由于只需一个内浇道，所以其截面以 17 mm/16 mm×5 mm 为宜。

另外，为了有利于充型，在铸件的最高处可开设一个扁缝状的出气口，或者在铸件型腔的小圆台顶面用通气针从内向外扎一个小通孔，以免型腔内的气体被困住影响铸型的充填。但若是铸件全部处于下型，则不需开出气口，依靠分型面出气即可。

(2) 造型与合型操作要领

① 要选择合适的木砂箱，并使下箱高度较小，以节省型砂，即选择脱箱造型或在软砂床上翻造简易砂箱。

② 正确用手测法确定合适的型砂。通常应在混砂机卸砂前，从取样小门接取一把型砂，用手攥紧型砂后摊开手掌，若型砂不能保持团状而松散且手感干燥，说明水分过少；若虽能成团但手感潮湿，严重时指缝处，有明显粘砂，则说明水分过多；若有粘砂且不能保持团状、自动松散，则为粘土量不足；若成型性虽好，但手感干燥，用手指一拨就散，松散物中粉状物多，则为粘土过量；若型砂成团且可拿起来观看、砂团上有掌纹痕迹，则型砂基本可用，但还要用手把砂团掰开，以试探型砂的强度，并从观察型砂断口进一步了解型砂的粒度、总的含泥量，以及与含泥量相应的适宜含水量与实际含水量等的大致情况，以进一步判断该型砂的性能是否能满足本铸件的需要。

③ 铸件模样与砂箱在造型底板上的相对位置要正确。

a．造型舂砂时（刮板造型除外），砂箱的平整箱口面应向下。

b．模样在砂箱中的位置，要留出浇注系统的位置与合适的吃砂量，即铸件模样不可太靠近砂箱壁、浇口也不可离箱壁过近、直浇道或横浇道与铸件模样之间有适当的吃砂量，但间隔距离不可过大（即内浇道不可过长），本件以 20～30 mm 为宜。

④ 按操作规程舂砂紧实，造下型、上型，即先预紧实模样周边，然后逐层舂实，每层舂实应先舂实砂箱边角及模样周围。须注意的是，本件是整体模，在开型的同时必有一型起模，由于看不见模样，容易碰坏砂台，所以：

a．砂胎内应埋有铁钉，铁钉应能加强砂台，防止脱落。因此钉头部分应埋在砂台中，且铁钉须有合适的长度。或用薄木片加强也可。

b．在造上型之前应适当轻靠模样，使砂台与模样分离。

c．在造型开始之前要检查模样有无伤痕，清理模样表面的泥砂，用棉纱擦拭干净，以防起模时带砂。

⑤ 合型前要检查上、下砂型；若造型时未设置出气冒口，则在铸件高于分型面的上半部最高处，从内向外用通气针扎出通孔。

⑥ 合型时，首先确定自身的位置正确，便于目测使上型调整到下型的正上方，然后垂直下落，无晃动地轻落在正确位置上。为此，在起模、开浇口、修型后，下型应水平放好在垫有较干旧砂的、用钉耙耙平的、无砂块的地面上，而且，事先还应考虑到使直浇道的位置处于便利浇注的方位。当脱箱造型的件数较多时，还应尽量靠近已造好的砂型。

⑦ 合型后不允许碰动砂箱，更不允许踩踏砂型，也不可在上型接触下型后，因见到合型未对齐而横向推撞上型。

⑧ 合好型后应在浇口杯及冒口上盖大小合适的废石棉板、塑料板、木板、薄铁皮或纸盒片，临浇注时再揭去。在向外拆开木砂箱时，要注意不碰砂型，包括不碰近旁的已脱箱砂型。在浇注前，须在砂型之间及砂型四周填好旧砂，并在适当紧实后，继续填砂埋箱至砂型顶面。

加压铁，准备浇注。

⑨ 型外应标明所需材质、质量或铸件名称等。

4. 容易出现的问题和解决方法

本件内表面容易出现成形质量不良、粘砂、结疤、气孔等缺陷，而外表面则易出现砂眼、缺肉等。外表面的这些缺陷也是由于内表面砂台的冲砂、裂损，脱离下来的砂粒、砂块上浮至外表面而造成的，解决方法有：

（1）砂胎要有足够的紧实度

若砂胎的紧实度不足，很容易造成粘砂、结疤和冲砂等缺陷。其主要原因是造下型时模样凹处的砂胎得不到足够的紧实。所以该处需事先预紧实或用较小铁棍单独仔细地予以紧实。

（2）砂胎处要预埋铁钉

砂胎造好后再插铁钉容易造成砂胎的变形和裂纹。虽然用压勺可把砂胎表面的裂纹弥补，但内部裂纹难以完全消除，使砂胎的强度减弱。另外，为了埋住插入的铁钉头需要补型砂，所补的这薄层型砂往往与砂胎的结合欠佳，在浇注充型时易造成缺陷。所以，砂胎处要预埋铁钉。

（3）避免松模的晃量过大

晃量过大会导致砂胎裂纹，当未埋铁钉时甚至造成整个砂胎断裂，在浇注时漂起，导致废品。

（4）避免修型时刷水过多

为了易于修型往往在起模前刷水，但刷水过多就容易导致气孔，特别是砂胎处要避免刷水。

9.4.2 排气管的砂型铸造技能训练

排气管工艺简图如图 9-16 所示。

1. 准备

（1）读图

读懂所给零件图或工艺简图，了解铸件特点，进行铸造工艺分析。
① 了解铸件的材料及其特性。
② 弄清铸件的形状、轮廓尺寸大小、质量及主要壁厚等。
③ 了解本件机械加工的要求，加工面的位置及形位公差，以及其他技术要求等。
④ 通过工艺分析选择决定砂型种类和造型方法，包括铸件浇注位置、分型面的确定及浇冒口的设置等。在砂芯设计时，要考虑如何使砂芯的位置稳固。

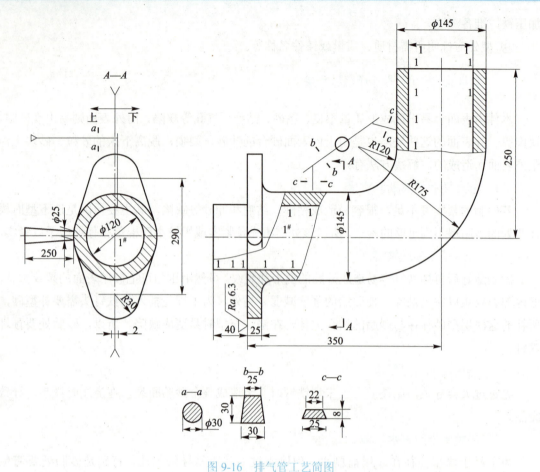

图9-16 排气管工艺简图

（2）准备模样

① 根据所给工艺图或零件图，检查模样、芯盒、造型底板、烘芯板、芯骨、浇冒口模等是否齐全。

② 选择合适的砂箱、浇口杯等。

（3）其他准备工作

① 准备造型工具及其他用具、用品（如芯撑）等。

② 决定型砂的种类，制备型砂，手测型砂性能至合格。

③ 确定所需金属液质量，并通知熔化工予以配合。

2. 训练项目

① 手测型砂性能，正确判断所混型砂的水分含量（%）、湿压强度（kPa），以及该型砂是否适宜。

② 型砂、芯砂的配方及混砂工艺正确。

③ 造型方法、铸件浇注位置与分型面的选择恰当。

④ 上、下型造型工序及操作正确、模样周围及芯座处砂型紧实度符合要求且紧实均匀。

⑤ 上、下型的分型面平整、无松散或毛糙的型腔边缘。型腔表面光洁、棱角分明,而且形状正确。

⑥ 造芯工序及操作正确,芯骨的设置及气路的开设方法正确。

⑦ 涂料的配方、涂刷方法及烘干规范、砂芯的烘干方法正确。

⑧ 出气口及砂芯排气道的设置正确,能保证排气通畅。

⑨ 浇注系统的开设得当。

⑩ 下芯、稳芯的操作正确,砂芯在型中的位置稳固,能防止漂芯。

⑪ 合型定位泥号标记正确,定位线与分型面垂直、线条细且清晰,在上下型的分型面处线条没有间断、空缺,或泥号脱落或被蹭掉,数量为三面三处。

⑫ 合型及压型操作正确,压铁重量和位置合适;或锁型夹具的位置正确、正向受力、不能滑动,锁型方法正确;对称位置的夹具同时紧固,且紧固力的大小合适。

⑬ 铸出的铸件质量符合要求:铸件壁厚均匀,无偏(漂)芯和气孔等缺陷。

3. 操作要领

(1) 关键工艺分析

1) 本铸件的特点

① 本排气管属于弯管铸件,管子的内径为 $\phi 120$ mm,轴心线呈 90°弯曲,一头带有尖角被倒成圆角的棱形法兰盘,铸件的轮廓尺寸为 425 mm×462.5 mm×145 mm,主要壁厚为 12.5 mm。

② 本件的主要加工部位是弯管带有法兰盘的端面,这是个装配表面。法兰盘上有螺栓孔为不铸孔(图中未画出)。法兰盘装配表面的机械加工要求较高,此面与弯管另一端的轴心线有平行度的要求。弯管的内外表面均不加工,法兰盘背面亦不加工,要求铸造表面光洁。

③ 本铸件材质为 HT200 一级灰铸铁,要求抗拉强度大于等于 200 MPa,属于接近共晶成分的亚共晶合金,凝固时的石墨化膨胀较充分且能直接作用在液相上,有较好的自补缩能力。又由于石墨的结晶潜热很大,约为铁的结晶潜热的 14 倍,显著地延长了铁液的能流动时间,因此具有较好的流动性。综上所述可知,本材质是铸造性能较好的材质。

2) 本件的凝固控制原则

由于本件材质具有较好的自补缩能力,因此,宜采用同时凝固原则,即内浇道应设在较薄处,而且内浇道应先于该处铸件壁凝固。这样,浇口凝固时的石墨化膨胀可补充较薄壁的液态收缩,而较薄壁的石墨化膨胀又可补厚壁(法兰盘)的液态收缩,从而获得无缩孔的铸件。

3) 适宜的砂型种类

管类铸件因管长与直径相比大很多,通常须卧造卧浇。单个弯管的弯芯受金属液浮力作用较大、且浮力的合力很明显地落在弯芯的芯头连线之外,形成力矩,当芯头在上型的压紧下支反力不足以平衡此力矩时,砂芯就会倾转,即漂芯,造成管壁厚薄不均而报废。湿型铸造时,由于砂型有退让性,压不住砂芯,漂芯的百分率严重超标,因此,宜采用干型。又由于干型是刷涂料后烘干的，能较好地防止粘砂、气孔，对满足铸件对不加工管壁外观质量的要求来说也是十分有利的。

4）适宜的浇注位置

本件是 90°弯管，这就是说，若使铸件的某一头处于直立位置，则另一头将是水平位置，若使另一头直立，则这一头又变成水平位置。若使重要的加工面（法兰盘装配面）向下，则铸件难以起模。因此，较适宜的浇注位置是弯管水平放置的位置。

5）适宜的分型面

在浇注位置确定后，分型面也跟着确定了。在确定卧浇之后，可行的分型面只有一个，即弯管的对称面，也可以说是沿着弯管中心线所在平面，或沿着法兰盘长轴所在水平面分型。这时铸件最易于起模，也便于开设浇注系统。

6）正确的砂芯设计

本砂芯是形成弯管的内径孔道的，通常皆不机械加工，因为用机械加工的方法加工弯曲的孔几乎是不可能的。为了使芯头处的支座反作用力能形成较大的力偶，以抗衡浮力的倾转力矩，芯头宜做成方形的；或者，同时铸造两个弯管，使它们对称放置、共用一个砂芯，如使砂芯成门字形，即设计成所谓挑担砂芯。

这时，砂芯有 3 个芯头，且 3 个芯头不在一直线上，形成一个相当大的支承面。与此同时，两个弯管浇注时的浮力形成的合力必然落在该三角形支承面之内，被支反力直接抵消，不会造成砂芯的倾转，从而使砂芯的位置稳固；而且，这时完全可采用湿型铸造，无须采用干型，能显著降低生产成本和生产周期，所以，近来挑担砂芯被广泛用于弯管的铸造中。

需注意的是：挑担砂芯要求采用模板造型。因为挑担砂芯对两个弯管模样的相对位置有严格的要求，模样随手放置时对得再准确也难以保证精度（在舂砂紧实时模样相对底板的位置难免有少量错动）。采用模板造型必须有带合箱销定位装置的、经机械加工的砂箱。

若没有带定位销装置的砂箱，也没有挑担砂芯的芯盒，一次只铸一个弯管，为了防止砂芯的倾转、抵抗浮力的作用，须借助芯头以外的第三个支点，即采用外拐的芯骨。通常须使芯骨从芯头端面探出，并且从其中之一拐出到弯管铸件的外侧、距铸件外凸壁一定距离（略大于吃砂量）后，再拐到弯管外凸角附近。

拐芯骨通常用芯骨木模在软砂床上印出型腔，芯骨在芯盒内的部分开有横肋或刺，横肋或刺皆须留有足够的吃砂量，然后整体铸出。拐芯骨外拐的尺寸大小和到达的位置与上砂箱箱带的位置有关，总的原则是芯骨应拐到箱带的下方，以能被箱带压住为准；并且外拐到达位置在受浮力作用的一侧。这样就能依靠上型的压箱力制止漂芯。

弯管芯的气路可在分两半造芯时，在芯盒分开面上开挖出或用成形压板压出。对于尺寸较大的弯管芯，也可使用草绳、焦炭块来形成气路，对于尺寸小的弯管芯，则可使用蜡线来形成气路。

7）浇冒口的设置

① 浇道应避开芯骨外拐处，通常多设在弯管铸件的内凹侧。

② 可采用在直浇道底部带滤渣网的浇注系统或半封闭式浇注系统，以利于挡渣。出于同样的原因，横浇道及内浇道应开在上型。

③ 内浇道断面厚度应明显小于弯管壁厚，因此，宜分设两个内浇道，分别在让过弯曲段的两旁直段上的距端面较远的地方。

④ 在铸件法兰盘最高处应设一个出气口，直径ϕ25 mm左右，以便排出型腔内的气体，利于浇注充型。为了同样的原因，应有较大的充型压头，压头高度约320 mm，因此，宜采用浇口杯。

（2）造型与合型操作要领

① 采用对称分开模两箱造型。最好是用带有外拐芯骨模样的分开模，以便留出外拐芯骨的位置。若没有，则在起模前须按实际外拐芯骨的形状尺寸开出槽，其宽度可略宽，但深度要准确（比实际该处芯骨厚度小1 mm左右）。

② 上下模样考虑分型负数，高度方向尺寸各减1 mm。

③ 按干型要求混配型砂、芯砂。

④ 在刷涂料烘干前，砂型紧实度要足够且均匀。合塑定位泥号也要牢固，在烘干搬运时不剥落。

⑤ 石墨粉涂料的配制正确，稠度合适，涂刷均匀，在型腔深处，如法兰盘的槽腔，不聚集过多的涂料。

⑥ 下芯时可在弯芯转角拐弯处下芯撑，预先使芯撑端面符合圆弧面，厚度等于铸件壁厚。在砂芯的芯头上围一圈细石棉绳以堵塞芯头间隙。事先要校验气路，使之通顺；校验外拐芯骨槽，使之合适；清除芯座和整个砂型的浮砂、砂芯芯头处的飞边毛刺以及砂芯表面的浮砂和灰尘等。

⑦ 合型前要沿型腔周围（包括浇口）围一圈细的泥条或石棉绳，以防止因干型硬碰硬而合不严造成跑火。合型时要沿合型线垂直下落轻放，垫实砂箱四角后，加放浇口杯等，再抹箱缝，加压铁。压铁质量要足够、位置要正确，即直接与箱壁、箱带接触（压在砂箱上），不妨碍浇注，而且质量的布置要合理，尽可能使压箱的合力与金属液浮力的合力同在一个位置，否则压偏容易出意外事故。

4. 容易出现的问题和解决方法

本铸件容易出现因漂芯而造成的壁厚不均，除了要按上述关键工艺分析及操作要领的要求去做外，还应做到以下几点：

① 合型时要保证上型压住（即接触）外拐芯骨，而且外拐芯骨的末段应穿过上箱的某一箱带的下方。外拐芯骨槽不可开的太深；若接触不上，可通过验型予以垫实。

② 芯骨要有足够的刚度，各处都有足够的厚度（指其断面的高度尺寸），不可太细。否则在两个芯头之间，砂芯在铁液浮力的作用下，会产生向上凸的挠度，凝固后造成铸件漂芯（或壁厚不均）。

③ 浇注温度不可过高。由于铸件材质的流动性很好且铸件壁较厚（最小厚度为 12.5 mm，比相应铸件的最小厚度大 1 倍以上），因此，宜低温快浇。这样，不单能减少漂芯缺陷，而且能使铸件组织致密，性能提高。

9.4.3　铸造安全知识

铸造生产工序繁多，技术复杂，安全事故较一般机器制造车间多，如爆炸、烫伤、机械损伤，以及由于高温、粉尘和毒气等的存在，易引起中毒和职业病，因此铸造工除具备良好的职业道德外，还必须严格遵守如下规定：

① 进入车间必须穿工作服，做好个人防护。

② 工作前必须按要求准备好各种工具，并确保工具完好。

③ 吊运铸件、工装、型砂时，正确指挥行车。

④ 利用链条翻箱时，应注意手的位置及与他人的配合，注意安全。

⑤ 砂芯必须烘干，并确保排气畅通。

⑥ 合箱操作时，应用泥条封紧缝隙，将两箱扣紧或放上压箱铁，防止浇注时发生抬箱、射箱、跑火事故。

⑦ 手提浇包、抬包、拔渣棒时，必须预热，保证干燥。

⑧ 抬包内铁水不可太满，以免抬运中飞溅伤人。

⑨ 抬包时，两人应注意步调一致，前后呼应。

⑩ 浇注铸件时，应站在安全位置。

⑪ 浇注时应对准浇口，并且铁水不可断流。

⑫ 开箱落砂不宜过早，防止铸件未凝固发生烫伤事故。

⑬ 清除浇冒口应注意锤击方向，以免敲坏铸件，并注意不要正对他人。

⑭ 铸件飞边毛刺不可用手直接清除，应用工具清除干净。